宇宙工学シリーズ 7

宇宙ステーションと支援技術

工学博士 狼　　嘉彰
博士(工学) 冨田　信之　共著
工学博士 堀川　　康
博士(工学) 白木　邦明

コロナ社

宇宙工学シリーズ　編集委員会

編集委員長　髙野　　忠（宇宙航空研究開発機構教授）
編 集 委 員　狼　　嘉彰（慶應義塾大学教授）
（五十音順）　　木田　　隆（電気通信大学教授）
　　　　　　　　柴藤　羊二（宇宙航空研究開発機構技術参与）

（所属は編集当時のものによる）

刊行のことば

　宇宙時代といわれてから久しい．ツィオルコフスキーやゴダードのロケットから始まり，最初の人工衛星スプートニクからでも40年以上の年が経っている．現在では年に約100基の人工衛星用大形ロケットが打ち上げられ，軌道上には1600個の衛星が種々のミッション（目的）のために飛び回っている．

　運搬手段（ロケット）が実用になって最初に行われたのは宇宙研究であるが，その後衛星通信やリモートセンシングなどの宇宙ビジネスが現れた．当初は最小限の設備を宇宙まで運ぶのがやっとという状態であったが，現在では人工衛星の大形化が進められ，あるいは小形機が頻繁に打ち上げられるようになった．またスペースシャトルや宇宙基地により，有人長期ミッションが可能になっている．さらに最近では，国際協力のもとに宇宙基地建設が進められるとともに，宇宙旅行や他天体の資源開発が現実の話題に上りつつある．これを可能にするためには，新しい再使用型の宇宙輸送機が必要である．またそれとともに宇宙に関する法律や保険の整備も必要となり，にわかに宇宙関係の活動領域が広まってくる．本当の宇宙時代は，これから始まるのかもしれない．

　このような宇宙活動を可能にするためには，宇宙システムを作らなければならない．宇宙システムは「システムの中のシステム」といえるくらい，複雑かつ最適化が厳しく追求される．実に多くの基本技術から成り立ち，それを遂行するチームは，航空宇宙工学，電子工学，材料工学などの出身者が集まって構成される．特にミッション計画者や衛星設計者は，これらの基本技術のすべてに見識をもっている必要があるといっても過言ではない．また宇宙活動の技術分野からいえば，ロケット，人工衛星，宇宙基地あるいは宇宙計測・航法のような基盤技術と，衛星通信やリモートセンシング，無重力利用などのような応用分野とに分けることもできる．この宇宙システムを利用するためにも，幅広

い知識・技術が必要となる。

　本「宇宙工学シリーズ」は，このような幅広い宇宙の基本技術を各分冊に分けて網羅しようというものである。しかも各分野の最前線で活躍している専門家により，執筆されている。これまでわが国では，個々の技術書・解説書は多く書かれているが，このように技術・理論の観点から宇宙工学全体を記述する企画はいまだない。さらに言えば世界的にも前例がほとんど見当たらない。

　これから，ロケットや人工衛星を作って宇宙に飛ばしたい人，それらを使って通信やリモートセンシングなどを行いたい人，宇宙そのものを研究したい人，あるいは宇宙に行きたい人など，おのおのの立場で各分冊を見ていただきたい。そして，そのような意欲的な学生や専門技術者，システム設計者の方々の役に立つことを願っている。

2000 年 7 月

編集委員長　髙野　忠

まえがき

　21世紀の宇宙開発は，国際宇宙ステーションの建設とともに幕を開け，本格的な運用によって新時代に入る．「恒久的な宇宙ステーション」構想は，アポロ計画の立役者フォン・ブラウンをはじめとして，ロケット開発に携わる人々の夢であった．先駆者達の夢は，「国際宇宙ステーション（ISS：International Space Station）」により実現されつつある．ISSには，米国，カナダ，欧州諸国，日本，ロシアの計15カ国が参加している．その規模は，全長110 m，全質量400 t，発生電力110 kWを超える巨大な宇宙構造物である．規模の大きさに加え，クルーの常時滞在から生じる要求条件が，ISSを通常の人工衛星とまったく異なるシステムとしている．スペースシャトルやソユーズなどによる定期的な物資の補給と人員交代のときを除けば，ISSは宇宙軌道に孤立し，物理的に平衡状態を保つ「小地球」と考えられる．

　本書は，宇宙ステーション構想の歴史，ISS開発の経緯，その実現を可能としたさまざまな支援技術，特に，宇宙ステーションを構築するに至った動機，国際協力の動き，運用上の課題などの概要を述べたものである．工学的な立場からは軌道力学・制御・構造などの原理や技術の詳細は興味深いが，これらについては参考文献に譲り，本書では数式を一切用いていない．このような概説書として，米国NASAのInternational Space Station Familiarizationがすでに発刊されているが，本書では，これに日本参加の経緯や日本の実験モジュール「きぼう」についての解説を加えたものである．

　日本の宇宙開発における有人宇宙活動は，スペースシャトルの利用や国際宇宙ステーション計画への参加を通して「有人技術を修得する」と位置付けられている．空前の規模をもつISS計画に参加することにより，当初の予想を超えた有人技術を学び取ったことは疑いの余地はない．しかし，ISS計画自身が

冷戦構造の崩壊に伴うロシアの参入による計画変更など国際政治に大きく左右され，スケジュールの大幅な遅延を招いた。日本は独自の有人輸送手段を持たないために参加規模に応じて，定常運用段階においても多大な運用経費を負担することになる。このような状況に対応するためのリスク管理や国際交渉の経験もまた，ISS計画参加の意義の一つであると考えられる。

　本書が企画され，初稿が形を整えたのは3年前であった。現時点に至るまでの間，米国の計画縮小によるクルー3人体制の長期継続など大きな変更があり，また，2003年2月にコロンビア号の事故が発生しISS構築スケジュールに再度の遅れが生じたために，最終原稿の手直しが幾度か行われた。その結果，出版の遅れにより各方面の方々にご迷惑をお掛けしたことを深くお詫びしたい。国際宇宙ステーションの本格的な運用が開始されようとするときにあたり，本書がいささかなりとも役立つことができれば，著者一同の望外の幸せである。

　なお，それぞれの章の主たる執筆担当者は，1章（冨田・白木），2章（堀川・白木），3・4章（白木），5章（堀川・白木），6章（白木・堀川），7章（白木），8章（堀川・冨田），9章（冨田），全般のまとめ・まえがき・おわりに（狼）である。

2004年8月

著　　者

目　　　次

1.　宇宙ステーションの概念

1.1　歴　史　的　背　景 ……………………………………………………… *1*
　　1.1.1　歴史的宇宙ステーション構想 …………………………………… *1*
　　1.1.2　米国の初期の有人宇宙計画 ……………………………………… *4*
　　1.1.3　スカイラブ ………………………………………………………… *6*
　　1.1.4　アポロ・ソユーズ試験プログラムおよびシャトル・ミール計画 … *9*
　　1.1.5　スペースラブとスペースハブ …………………………………… *10*
　　1.1.6　旧ソ連のサリュート・ミール計画 ……………………………… *12*
1.2　国際宇宙ステーション計画の検討経緯と現状 ……………………… *19*
　　1.2.1　国際宇宙ステーション計画の決定まで ………………………… *19*
　　1.2.2　予備設計から開発段階に至る経緯 ……………………………… *23*

2.　国際宇宙ステーションの構成とサブシステム

2.1　国際宇宙ステーションの全体構成と分担 …………………………… *32*
2.2　国際宇宙ステーションの設計条件 …………………………………… *36*
2.3　国際宇宙ステーションのサブシステム ……………………………… *38*
　　2.3.1　コマンドおよびデータ処理系 …………………………………… *38*
　　2.3.2　電　力　系 ………………………………………………………… *43*
　　2.3.3　通信および追跡システム ………………………………………… *46*
　　2.3.4　熱　制　御　系 …………………………………………………… *50*
　　2.3.5　環境制御と生命維持システム …………………………………… *57*

- 2.3.6 誘導・航法・制御系 ………………………………………… *61*
- 2.3.7 ロボットシステム …………………………………………… *67*
- 2.3.8 構造および機構系 …………………………………………… *74*
- 2.3.9 船外活動システム …………………………………………… *78*
- 2.3.10 フライトクルーシステム …………………………………… *85*

3. 日本の実験モジュール「きぼう」

- 3.1 日本の実験モジュール開発の経緯 ………………………………… *90*
- 3.2 構成とサブシステム ………………………………………………… *93*
  - 3.2.1 「きぼう」(JEM) システム構成 …………………………… *93*
  - 3.2.2 サブシステム構成 ……………………………………………… *99*
  - 3.2.3 コンフィギュレーションの変遷とシステムズエンジニアリング …… *106*
- 3.3 安 全 性 設 計 ……………………………………………………… *109*
- 3.4 保 全 性 設 計 ……………………………………………………… *110*
- 3.5 設 計 検 証 ………………………………………………………… *110*
  - 3.5.1 検 証 の 方 法 …………………………………………………… *111*
  - 3.5.2 宇宙ステーションにユニークな検証 ………………………… *114*
- 3.6 開 発 管 理 ………………………………………………………… *115*
  - 3.6.1 開発の基本方針 ………………………………………………… *115*
  - 3.6.2 プロジェクト管理 ……………………………………………… *116*
- 3.7 ま と め …………………………………………………………… *116*

4. セントリフュージ

- 4.1 開 発 の 経 緯 ……………………………………………………… *120*
  - 4.1.1 NASAによる研究の経緯 ……………………………………… *120*
  - 4.1.2 NASDAによる開発の経緯 …………………………………… *121*
  - 4.1.3 開 発 体 制 ……………………………………………………… *121*

4.1.4　ミッション …………………………………………………… *122*
4.2　構成とサブシステム ……………………………………………… *123*
　　4.2.1　生命科学グローブボックス ……………………………… *123*
　　4.2.2　人工重力発生装置 ………………………………………… *124*
　　4.2.3　人工重力発生装置搭載モジュール ……………………… *124*
4.3　おもな技術課題 …………………………………………………… *125*
4.4　セントリフュージ開発におけるプロジェクト管理 …………… *126*

5．国際宇宙ステーションの運用

5.1　概　　　要 ………………………………………………………… *128*
5.2　ISSの組立てと軌道上の運用 …………………………………… *130*
　　5.2.1　ISS組立てシーケンス ……………………………………… *130*
　　5.2.2　軌道上の運用 ………………………………………………… *131*
　　5.2.3　宇宙飛行士の活動 …………………………………………… *133*
5.3　運用計画立案から実運用まで …………………………………… *134*
　　5.3.1　国際的運用体制 ……………………………………………… *134*
　　5.3.2　運用計画立案 ………………………………………………… *135*
　　5.3.3　運用性・搭載性の技術評価 ………………………………… *136*
　　5.3.4　実時間運用 …………………………………………………… *138*
5.4　保　全・補　給 …………………………………………………… *139*
　　5.4.1　軌道上保全の方法 …………………………………………… *139*
　　5.4.2　補　給　運　用 ……………………………………………… *140*
　　5.4.3　補給品トラヒックモデル …………………………………… *142*
　　5.4.4　各輸送システムのフライト数と課題 ……………………… *144*
5.5　ISSの運用を支援するシステム ………………………………… *145*
　　5.5.1　輸送システム ………………………………………………… *145*
　　5.5.2　地上運用システム …………………………………………… *150*
　　5.5.3　日本のISS運用システム …………………………………… *153*

6. 国際宇宙ステーションの利用

6.1 宇宙環境の特質 …………………………………………………… *156*
   6.1.1 微小重力環境 ……………………………………………… *157*
   6.1.2 真空環境 …………………………………………………… *159*
   6.1.3 広大な視野 ………………………………………………… *159*
6.2 国際宇宙ステーションの利用分野 ………………………………… *161*
   6.2.1 ISS利用の枠組み …………………………………………… *161*
   6.2.2 研究分野の例 ……………………………………………… *163*
6.3 日本の実験計画 …………………………………………………… *168*
   6.3.1 与圧部利用 ………………………………………………… *168*
   6.3.2 曝露部利用 ………………………………………………… *175*
   6.3.3 利用募集とテーマ選定 …………………………………… *178*

7. 宇宙飛行士の選抜と訓練

7.1 概要 ………………………………………………………………… *180*
7.2 宇宙飛行士の選抜 ………………………………………………… *181*
   7.2.1 応募の条件および選抜 …………………………………… *181*
   7.2.2 選抜関連設備（閉鎖環境適応訓練設備）………………… *183*
7.3 宇宙飛行士の訓練 ………………………………………………… *185*
   7.3.1 基礎訓練 …………………………………………………… *186*
   7.3.2 基礎訓練関連設備 ………………………………………… *189*
   7.3.3 宇宙飛行士運用訓練 ……………………………………… *192*
   7.3.4 JEM運用訓練システム …………………………………… *193*
7.4 健康管理 …………………………………………………………… *196*

8. 国際宇宙ステーションの国際協定と管理

8.1 国際協定 …………………………………………………………… *197*
　8.1.1 宇宙条約および関連協定 ……………………………………… *197*
　8.1.2 国際宇宙ステーションへの宇宙条約等適用上の問題点 …… *198*
　8.1.3 国際宇宙ステーションにかかわるIGAとMOU …………… *199*
　8.1.4 運営 …………………………………………………………… *204*
　8.1.5 残された課題 ………………………………………………… *206*
8.2 プログラム管理 …………………………………………………… *207*
　8.2.1 スケジュール管理 …………………………………………… *207*
　8.2.2 コスト管理 …………………………………………………… *208*
　8.2.3 リスク管理 …………………………………………………… *212*
8.3 安全・開発保証 …………………………………………………… *213*
　8.3.1 安全管理 ……………………………………………………… *213*
　8.3.2 信頼性管理 …………………………………………………… *215*
　8.3.3 保全性管理 …………………………………………………… *216*
　8.3.4 EEE（電気，電子，電気機構）部品および材料管理 ……… *217*
　8.3.5 品質管理 ……………………………………………………… *217*
　8.3.6 ソフトウェアの安全・開発保証管理 ……………………… *218*

9. 将来に向けての宇宙ステーション構想

9.1 宇宙環境と人間 …………………………………………………… *220*
9.2 文化的・社会的・経済的存在としての人間 …………………… *221*
9.3 閉鎖生活空間と閉鎖生態系 ……………………………………… *222*
9.4 定住形大形宇宙ステーション …………………………………… *225*

略　号　集	227
引用・参考文献	235
お　わ　り　に	240
索　　　引	243

1 宇宙ステーションの概念

1.1 歴 史 的 背 景

1.1.1 歴史的宇宙ステーション構想[3],[4],[8]†

　太陽系に関する真の理解と，人類が宇宙に進出して新しい生活圏を作るという発想とは，ほぼ同時期に生まれたように思われる．1529年といえば，ポーランドの天文学者コペルニクス（N. Kopernikus）が，天体の運動に関する彼の理論を公にし始めていたときである．ちょうどこの頃，トランシルヴァニア（現在のルーマニア）の砲術士官ハース（C. Haas）が多段ロケット構想に関する論文を書き，そのペイロードの一つとして丸屋根で窓と扉を持つ小さな円筒形の家を考えた．知られている限りでは，これが初めての宇宙ステーション構想である（「荷物」を意味するペイロードという言葉もハースに始まるという）．

　1609年ドイツの天文学者ケプラー（J. Kepler）が，「夢」という世界最初と思われるSF小説を書き，月の世界から眺めた天体の動きについて述べているが，彼は月での生活については興味を持たなかったようである．

　18世紀の天文学が，銀河系と太陽系に関する理論と観測によって，ほぼわれわれの現在の理解に近い水準まで解明したことを受け，19世紀になると宇宙熱は急速に高まった．最初の頃は，宇宙人をめぐる興味本意の書物が多かっ

---

† 肩付き数字は，巻末の引用・参考文献の番号を表す．

たが,やがて本格的なSF小説が創作されるようになり,1869年にフランスの作家ヴェルヌ(J. Verne)の「地球から月へ」が生まれた。

1869年,イギリスの作家ヘイル(E. Hale)が書いた「積み木の月」(The Brick Moon)は,地球の人工衛星について書かれた最初の書物といわれており,また,1881年には,ドイツのグランズヴィント(H. Granswindt)が惑星間空間の宇宙船について述べた書物を出版し,回転によって人工重力を作り出すアイデアを出した。

ロケット推進と多段ロケットの理論的基礎を作り上げたことで有名なロシアの学者ツィオルコフスキー(К. Э. Циолковский)は,1895年出版の「地球と空の夢」で,人工衛星の中での生活について述べた。彼は,重力は人間の体ばかりではなく精神をも束縛していると信じており,宇宙空間で人は初めて心身ともに自由になると考えていた。

ツィオルコフスキーは,1903年に宇宙ステーション構想を立て(図1.1),また1920年には,月面上や地球軌道上にコロニー(植民地)を作るアイデアを発表したが,彼が,科学的宇宙ステーションの原型を作り上げたといってもよいであろう。

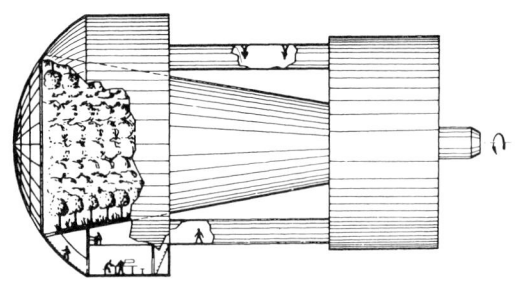

図1.1 ツィオルコフスキーによる宇宙ステーション構想(1903年)
(I. Bekey and D. Herman (ed.):Progress in Astronautics and Aeronautics, Vol. 99.; J. M. Logsdon and G. Butler:Space Station and Space Platform Concept:a historical Review, American Institute of Aeronautics and Astronautics, Inc. New York (1985))

1.1 歴史的背景

トランシルヴァニア生まれのドイツ人科学者オーベルト（H. Oberth）は，1929年「惑星空間へのロケット飛行」を出版し，宇宙空間に出て行く手段としての宇宙船について詳細に述べ，宇宙ステーションにも1章を割いて記述している。宇宙ステーション（Stationen im Weltraum）という用語を用いたのはオーベルトが最初といわれている。

オーストリアの陸軍将校H. Potocnikは，ノルドゥンク（H. Nordung）という筆名で1929年に出版した書物の中で，ヴォーンラト（Wohnrad：ドイツ語で車輪の意味）と呼ばれる直径約30mの車輪形をした本体の中に，居住区，電力区，観測所を設けた宇宙ステーション構想（図1.2）を発表した。ノルドゥンクは車輪形宇宙ステーション構想の創始者といわれている。

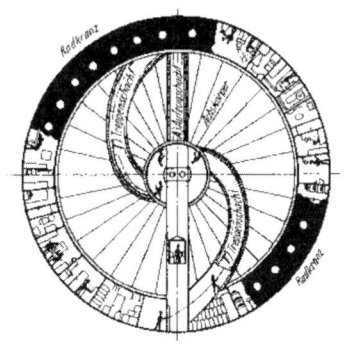

図1.2 ヴォーンラト（Wohnrad：ドイツ語で車輪の意味）と呼ばれる直径約30mの車輪形宇宙ステーション構想（1929年）
(Encyclopedia Astronautica, © Mark Wade)

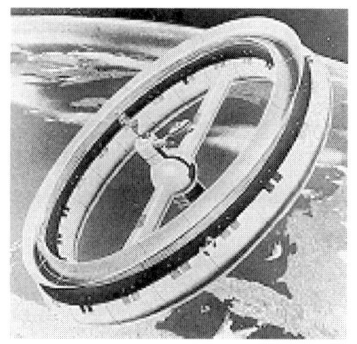

図1.3 フォン・ブラウン（W. v. Braun）が発表したドーナツ形宇宙ステーション構想（1952年）
(NASA MSFC, © Bonestell Space Art)

これらの宇宙ステーション構想の総決算のような形で出されたのが，1952年3月，Collier誌にフォン・ブラウン（W. v. Braun）が発表したドーナツ形宇宙ステーション構想（図1.3）である。この宇宙ステーションは，直径約75mで，高度約2000kmの極軌道を飛行する構想であった。ただし，これらの宇宙ステーション構想はすべて「夢」であり，なんら資金的ならびに具体的な

技術の裏付けのない絵に描いた餅であった。

1.1.2　米国の初期の有人宇宙計画[(4)]

　米国の宇宙ステーションをめぐる状況が一変したのは，1957年10月，旧ソ連がスプートニクを打ち上げたときであった。米国は1958年10月1日，米国航空宇宙局（NASA：National Aeronautics and Space Administration）を発足させたが，この新組織の目標の一つに有人宇宙プログラムがあった。

　NASAの有人宇宙計画は，まず，レッドストーンロケットを用いて有人弾道飛行を行い，ついでマーキュリー計画（Mercury project）でアトラスロケットを用いて軌道飛行を行ったのち，短期目標として月周回有人飛行と軌道上実験室製作を行い（この両者を併せてアポロ計画（project Apollo）と呼んでいた），長期目標として，月周回飛行の延長上に有人月着陸から有人惑星飛行，軌道上実験室の延長上に宇宙ステーションを作るもので，宇宙ステーションを有人月着陸計画に用いるオプションもあった。しかし，1961年4月12日のヴォストーク1号による旧ソ連の有人軌道飛行がすべてを覆した。1961年5月25日の演説でケネディ（J. F. Kennedy）大統領は有人月着陸計画を発表し，月着陸のためには月周回軌道を用いることをNASAが決定したことによって，アポロ計画は宇宙ステーションなしの月着陸計画となった。

　1960年代の米国では，アポロ計画が終わったならば，人類が宇宙に出て行くための論理的に必然の段階として陽の目をみるであろうとの望みをつないで，ひたすら宇宙ステーション構想の検討を行っていた。代表的な例としては，NASAラングレー研究センター（Langley Research Center）の有人軌道研究所（MORL：Manned Orbital Research Laboratory）がある。MORLは，乗員4〜9人で，高度300〜370 kmを飛行する有人宇宙ステーションで（図1.4），地球観測，防衛，惑星間飛行支援，宇宙科学などのミッションを想定しており，1963年から1966年にかけてダグラス（Douglas）社が主契約者となって検討が行われたが，製造にまでは至らなかった。国防省は，また，独自に宇宙ステーション構想を検討しており，1966年，上空からの偵察用宇宙

1.1 歴史的背景　　5

図 1.4　NASA ラングレー研究センターの MORL：
乗員 4〜9 人で，高度 300〜370 km を飛行する有人
宇宙ステーション
(Encyclopedia Astronautica, © Mark Wade)

ステーション有人軌道実験室（MOL：manned orbiting laboratory）の開発に着手した．しかし，偵察衛星により安価に目的を達成できることがわかって，1969 年，突然 MOL の開発を中止し，以後，国防省は，宇宙ステーション計画に興味を示すことはなかった．

1969 年，NASA は，アポロ計画終了後の宇宙計画（post Apollo program）の検討に着手し，宇宙ステーションの開発（フェーズ D）をその年の 7 月に開始した．その宇宙ステーションは 6〜9 人の乗員で，寿命は 2 年間，1975 年にサターン V 型（Saturn V）ロケットで打ち上げるとの要求であった．

検討の契約は，1970 年 7 月末になってさらに 6 カ月間延長された．延長の理由は価格の高いサターン V 型の製造打切りにより，より打上げ能力の小さいスペースシャトル（space shuttle）を想定した小形の宇宙ステーションとすることが求められたからである．そのときに NASA が契約者に対して出した要求は，モジュール形で発展性を持ち，高度 450-500 km，軌道傾斜角 55°，乗員は最初 6 人，その後 12 人まで増加，最初の打上げ予定日は 1978 年 1 月であった．

一方，1969 年 2 月に組織されたアグニュウ副大統領を委員長とする検討チ

ーム（space task group）は，同年9月にニクソン大統領にアポロ計画終了後の宇宙開発計画に関する計画書（アグニュウ報告）を提出した。この計画書にはNASAの検討も踏まえて，スペースシャトル，宇宙ステーションなどが含まれていたが，アポロ二日酔い（Apollo hangover）のなか，世論の後押しもなく，予算の増加は認められず，大きなプロジェクトは一つしかできそうにもないという情勢下で，大統領はなかなか決定をくださなかった。

NASAは，仕方なく宇宙ステーションを取り下げ，国防省が興味を示したスペースシャトルの開発のみにしぼって折衝を行った。その努力が実り，ニクソン大統領によって，ようやくスペースシャトルの開発が1972年初めに決定された。

1972年11月，NASA内の宇宙ステーション検討チームは解散し，宇宙ステーション計画が再び陽の目をみるまでには，その後十余年の歳月を要することになったのである。

1.1.3 スカイラブ

1969年9月のアグニュウ報告以後，大統領の決定が降りるまでの間NASAが検討したアポロ後の作業計画中にスカイラブ（Skylab）計画があった。スカイラブは，実質的には米国最初の宇宙ステーションであり，1963年NASAマーシャル宇宙飛行センター（MSFC：Marshal Space Flight Center）によって提案された。その構想は，サターンV型ロケットの第3段（S-IVB）を改造した直径約7m，長さ約20m，質量約90tのワークショップと呼ばれる本体に3人の宇宙飛行士を収容するものであった。

宇宙飛行士を輸送する手段としては，アポロ司令船（Apollo command module）を用いる構想で，二つの方式が検討された。一つは，サターン用S-IBを1段とし，S-IVBを2段とするロケットを打ち上げ，空になったS-IVBの推進薬タンクを軌道上で再整備してワークショップとするウェット方式であった。もう一つは，サターンV型の形態で3段のS-IVBの代わりに地上で改装・整備されたワークショップを打ち上げるドライ方式であった。最終

的にウエット方式はリスクが大きいという理由でドライ方式が採用され，1973年5月14日に打ち上げられ，スカイラブと名付けられた．

　スカイラブの技術は，基本的にはアポロ計画で開発された技術の延長上にあり，生命維持システム（CO_2除去は行っていたが，O_2や水の再生は行っていない），電源，熱および環境制御装置，姿勢制御システム，通信システム，シャワー，トイレなど，人間の長期滞在に必要と考えられる最低限の機能・装備をすべて備えていた．スカイラブの外観を**図1.5**に，基本仕様を**表1.1**に示す．

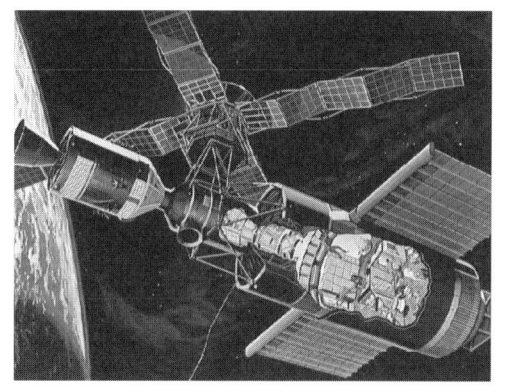

図1.5　スカイラブの外観（1973年）
(Encyclopedia Astronautica,
© Mark Wade)

表1.1　スカイラブの基本仕様

項　目	記　事
大きさ	長さ20 m，直径7 m，与圧部容積約280 m³，質量90 t
乗　員	3人
推進系	軌道維持用はなし，姿勢制御用スラスタあり（コントロール・モーメントジャイロを併用）
電　力	25 kW
生命維持系	気圧$0.345 \pm 0.014 \times 10^5$Pa（74 % O_2，26 % N_2），温度12.8～32.2℃（55～90°F），水蒸気分圧0.011×10^5Pa（8 mmHg）最小，CO_2分圧0.0073×10^5Pa（5 mmHg）最大，CO_2除去実施（モレキュラシーブ）
その他	シャワー，実験機器

　スカイラブは1974年2月8日にその全計画を終了するまでに，28日間，59日間，84日間の3回のミッションを行い，各3人ずつの宇宙飛行士が，合計171日間，延べ513人・日間，ワークショップに滞在した（**表1.2**）．スカイラ

表1.2 スカイラブの活動記録

軌道上滞在期間	近地点高度	遠地点高度	軌道傾斜角	ドッキング回数	宇宙飛行士滞在日数
1973.5.14～1979.7.11	427 km	449 km	50 deg	3	28＋59＋84日 合計171日

ブは,そのミッション期間中,船外活動,宇宙生理学,宇宙ステーション設計に関する多くの貴重なデータを残した。それらのうちの主要なものを挙げるとつぎのようになる。

（1） **船外宇宙活動**　スカイラブワークショップの打上げ60秒後に,隕石防御板が破損して太陽電池パネルを傷つけた。宇宙飛行士たちの最初の仕事は,船外宇宙活動（EVA：extravehicular activity）による傷ついた太陽電池パネルの修理と試験であった。その後,ジャイロの交換,冷却システムの漏れ補修,アンテナやテレビカメラなどの修理作業を行った。このために,6人の宇宙飛行士が,延べ10回,合計約42時間の船外宇宙活動を行った。この船外宇宙活動の成果は,無重量状態下で緊急事態に際しての修理作業が可能であることを実証したことであった。

（2） **宇宙生理学**　スカイラブは,宇宙生理学の分野においても目覚しい成果を挙げた。ワークショップは,自転車,下半身陰圧負荷装置などを備えており,宇宙飛行士の中には医師も居て,無重力下での人体の各種データの計測,能力の実験を行った。その結果,1日1～1.5時間の運動を行えば体力の衰えはなく,無重力下で90日間の滞在が可能であることが実証された。睡眠具,シャワー,トイレ,衣服,食事なども,試行の結果,使える目途がついた。

スカイラブ は,NASAが予測していたより早く軌道が低下し始め,スペースシャトルの救援を待たずに,1979年7月11日,大気圏に突入した。スカイラブの残骸は,インド洋からオーストラリア大陸西部にかけて飛散し,安全性に関しての教訓を残した。

1.1.4　アポロ・ソユーズ試験プログラムおよびシャトル・ミール計画

　米国と旧ソ連が競争で宇宙開発を行っていくなかで，いくつかの共同実験が行われた．このなかで，宇宙ステーション計画に結びつくものとして，アポロ・ソユーズ試験プログラム（ASTP：Apollo Soyuz test program）と，スペースシャトルとミールのドッキングは特筆されるべきものである．アポロ・ソユーズ試験プログラムは，米国と旧ソ連との間に1972年に結ばれた協定に基づき実施されたもので，アポロ宇宙船とソユーズとをドッキングさせ，双方の宇宙飛行士が交歓訪問を行うことを目的としていた．

　当初は，ソユーズとスカイラブ，あるいはアポロとサリュートの組合せが考えられていたが，スカイラブは運用が打ち切られ，サリュートは軍用ミッションとの関係でソ連側が渋ったため，アポロとソユーズの組合せとなった．このときに開発されたドッキングシステム（APDS-75：androgynous peripheral docking system-75）は，その後スペースシャトル・ミールドッキングを経て，宇宙ステーションまでその設計が受け継がれている．

　1975年7月15日，レオーノフ，クバソフ両宇宙飛行士を載せて，ソユーズ19が打ち上げられた．この打上げは，旧ソ連がその打上げを事前に公表し，かつ打上げの映像を生放送した，最初の打上げとしても知られている．また同日，スタフォード，スレイトン，ブラントの3人の宇宙飛行士を乗せたアポロ宇宙船も，サターンIBロケットで打ち上げられた．そして7月17日，アポロ側が制御状態で第1回目のドッキングが行われ，ついで19日にソユーズ側が制御状態で第2回目のドッキングが行われ，スタフォード，スレイトンならびにレオーノフ，クバソフの各宇宙飛行士が交歓訪問を行った．

　その後20年を経た1993年，国際宇宙ステーション計画においてロシアの参加が決定した．NASAはロシアのミールの技術の評価ならびに計画の協力関係を推進するため，国際宇宙ステーション計画のフェーズ1として，シャトルをミールにドッキングさせるシャトル・ミール計画を立案した．1995年6月に，スペースシャトルSTS-71のオービタとミールのドッキングが行われた．ミールのクリスタルモジュールにはAPDS-75を改良したAPDS-89が取り付

けられていたが，ミールの太陽電池パドルが邪魔になるため，クリスタルの位置を邪魔にならないミール本体と同軸方向に付け直してドッキングした．1995年11月には，STS-74でオービタが再度ミールにドッキングした．このときには，オービタ側が太陽電池パドルとの干渉を避けるためのドッキングポートを準備したため，クリスタルの取付け位置変更は行われなかった．

1.1.5　スペースラブとスペースハブ
〔1〕**スペースラブ**　国際宇宙ステーションへの橋渡しとして忘れてはならないのが，スペースラブ（Spacelab）である．1969年，米国は欧州に対してポストアポロ計画への参加を呼びかけた．スペースシャトルの主要部を分担したいとの欧州の希望はかなえられなかったが，その代わりにスペースシャトルのカーゴベイに搭載する実験室を欧州が開発することになった．スペースラブは単独では飛行能力がなく，スペースシャトルオービタのカーゴベイに搭載される再使用形宇宙実験システムである．

当初は6セット造り，最初の1セットは米国に無償提供し，以降はNASAが購入する約束であった．しかし，米国は，無償供与された1セットのほかには，実際にかかったコストをはるかに下回る価格で1機分を購入したのみで打ち切ったことから，欧州の米国に対する不信感が生まれ，国際宇宙ステーション計画初期における米国と欧州との不協和音の原因となった．スペースラブは三つの主要要素，すなわち与圧モジュール（module），パレット（pallet），トンネル（tunnel），ならびに二つの補助要素であるイグルー（igloo）とミッション固有実験支持構造部（MPESS：mission peculiar experiment support structure）とからなる．

与圧モジュールには，直径4.06 m，長さ2.70 mの円筒形セグメント1個のショートモジュール（SM：short module）と，SMを2個つないだロングモジュール（LM：long module）とがある．内部には実験装置を収めたラックを収納できるようになっているが，セグメント1個の場合は電力系，環境制御系などにかなりのスペースをとられるので，実験装置のためのスペースは，

SM が 8 m³ に対して，LM は 22 m³ となる．パレットは，U 字形をした長さ 2.90 m の，宇宙空間に曝露（ばくろ）して行う実験用機器を取り付ける台で，5 個までつなぐことができる．

トンネルは，スペースシャトルのミッドデッキと与圧モジュールとをつなぐ通路である．実験目的に応じて 2 通りのモジュールと 5 個のパレットを適宜組み合わせて，例えば，SM＋3 P，LM＋1 P のようにスペースラブのコンフィギュレーションが作られる．トンネルは，モジュールに付随して用いられる．パレットのみのときには，パレットの機能の制御用機器を与圧環境に収容するためのイグルーと呼ばれる直径 1.1 m，長さ 2.4 m，質量 640 kg の小さな缶状の装置がミッドデッキとパレットとの間に取り付けられる（イグルーとは「エスキモーの家」の意味である）．

ミッション固有実験支持構造部は，ある特定の実験を支援するためにカーゴベイの中に取り付けられる逆 A 字形をしたトラス構造体である．ロングモジュール，パレット（1 個），トンネル結合状態，イグルー，MPESS を図 1.6 に示す．スペースラブはスペースシャトルから電力の供給を受け，自らは搭載

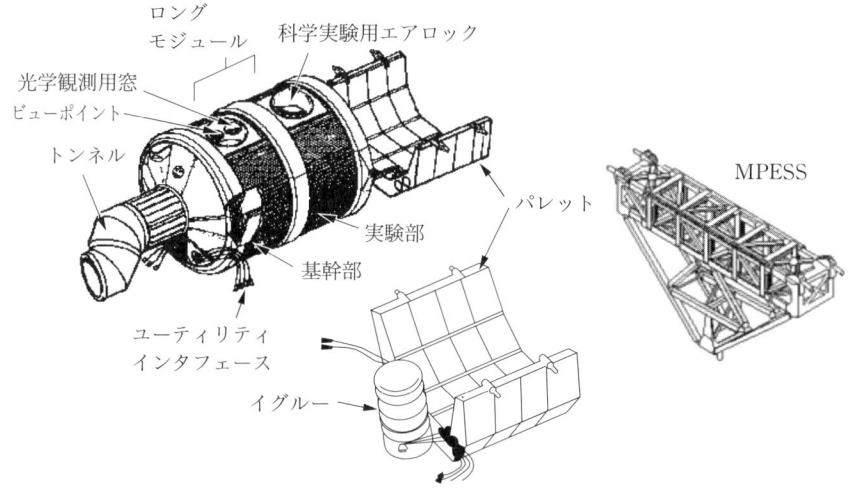

図 1.6　ロングモジュール，パレット，トンネル結合状態，イグルー，MPESS（NASA 提供）

している実験装置への電力の分配を行っている。また，スペースラブ内には環境制御装置があり，温湿度の制御，炭酸ガスの除去などを行っている。実験で取得したデータは，スペースシャトル経由で地上へ伝送される。スペースラブは，1974年に開発が開始され，1983年11月に初飛行した。

わが国も，初号機で，宇宙科学研究所が粒子加速器による宇宙実験（SEPAC：space experiment with particle accelerators）を行った。1992年9月12日，エンデバー号で打ち上げられたSTS-47ミッションには，毛利衛宇宙飛行士が搭乗し，第一次材料実験（FMPT：first material processing test）を行った。また1994年7月8日，コロンビア号で打ち上げられたSTS-65ミッションには向井千秋宇宙飛行士が搭乗し，ライフサイエンス系実験を行った。

〔2〕 **スペースハブ** スペースハブ（Spacehab）は，初の民間会社による宇宙実験企業化の試みとして歴史的な意義を有する。1986年，米国のスペースハブ社（Spacehab, Inc.）は，スペースハブという小形のスペースシャトル搭載形の再使用形宇宙実験システムを独自に開発した。スペースハブは，与圧モジュールとトンネル（スペースラブ用のトンネルの改修形）とからなり，スペースシャトルオービタのカーゴベイ内に収納され，内部のロッカーあるいはラックなどに搭載した実験機器で実験を行うものである。この実験は，企業などとの契約により事業として行われるところに特色がある。1993年の初フライトから，1998年までに8回の実験が行われ，今後も引き続き実験が行われる予定である。

1.1.6 旧ソ連のサリュート・ミール計画

〔1〕 **概　観** 旧ソ連では，有人月着陸競争で米国に敗れたとき，ソユーズロケットと有人月周回飛行計画用に開発されたソユーズ宇宙船とを組み合わせて利用する宇宙ステーション計画への本格的な取組みを開始した。

ソユーズ宇宙船は，1960年代後半に開発された，軌道モジュール，再突入モジュール，ならびにサービスモジュールからなる質量約6.6tの有人宇宙活

動専用の宇宙船であり，旧ソ連の有人宇宙計画はソユーズを軸に展開されたといっても過言ではない．ソユーズは，それ自身，安定した軌道への乗員の輸送手段となったと同時に，サリュート，ミールなどの宇宙ステーションに発展していったからである．

　一般的には，ソ連の宇宙ステーションは3世代に分けられる．第一世代の宇宙ステーションとは，1969年に開発が開始され1971年4月に打ち上げられたサリュート1号から，1976年6月に打ち上げられたサリュート5号までを指し，宇宙飛行士が訪問して短期間滞在する形式である．第二世代の宇宙ステーションのサリュート6号，7号は，宇宙飛行士が長期間滞在することが可能で，特に6号は大きな成果を挙げた．第三世代宇宙ステーションがミールである．ミール本体は合計6個のドッキングポートを持ち，サリュートをいくつか合体させてもっと多くの乗員を乗せられるようにしたものである．最初のモジュールは1986年2月に打ち上げられ，その後つぎつぎとモジュールが増設されていった．

　ミールの後継機として，大規模なミール2計画があったが，この計画は1991年にキャンセルされ，より縮小されたミール2計画に変更となった．しかし，この新しいミール2計画も，国際宇宙ステーションに合流することが1993年に決定され，その結果，ミールは廃棄処分されることになり，2001年に約15年間にわたる歴史の幕を閉じた．サリュート打上げ後の，ソ連・ロシアの宇宙飛行士の宇宙ステーション滞在期間は，延べ約30年間に達するといわれている．

〔2〕 **サリュート**[13]~[16]　サリュートは直径約4m，長さ13~16mの円筒形をした小形の宇宙ステーションである．第一世代のサリュートには，平和利用（1, 4号）と軍事用（2, 3, 5号）の2種類があった．平和利用形は，移動区（ソユーズとのドッキングポートがあり，乗員はここからサリュートに乗り移ったのでこの名がある），作業区，サービスモジュールから構成され，ドッキングポートは移動区前方に1個所ある．軍用形は，サービスモジュールが作業区に外付けされ，ドッキングポートは後方にあった．また，炭酸ガス除去

機能を持つ生命維持系を備えていた。サリュート本体はプロトンロケットで打ち上げられ、乗員はソユーズロケットで打ち上げられるソユーズ宇宙船で行き来した。

当初のソユーズ宇宙船は3人乗りであったが、サリュート1号からの帰還途中、高度168 kmで、ソユーズ11宇宙船のキャビンの空気が抜け乗員3人が死亡した事故の結果、乗員を2人として往復には気密服を着用するようにした。

第二世代のサリュートである6号、7号は、平和利用目的であったが、形式は軍用との折衷形で、前後2個所のドッキングポートと、大きな太陽電池パドルを持っており、有人惑星飛行に匹敵する期間の滞在を狙った本格的長期滞在形宇宙ステーションであった。そのため、サリュート6号からは、乗員輸送用に気密服を着ても3人乗れるソユーズT形宇宙船が、帰還用には搭載量の大きいスター宇宙船が投入され、食料・燃料などの物資は、ソユーズロケットで打ち上げられる無人宇宙船プログレスで運搬されるようになった。

サリュート6号は、サリュートシリーズのなかでは最も成功した宇宙ステーションで、当初予定の寿命22カ月をはるかに超えて使用され、長期滞在記録

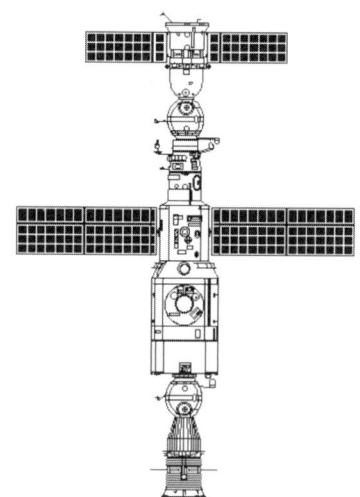

図 1.7　サリュート7号
(Encyclopedia Astronautica, © Mark Wade)

1.1 歴史的背景

をつぎつぎと塗り替え，宇宙医学，宇宙環境利用実験でも多くの成果を挙げた。

1982年に打ち上げられたサリュート7号（図1.7）は，成果も挙げたが，故障も多く，酸化剤タンクのリーク，制御システムの不良で太陽電池パドルが太陽を向かず発電力が低下するなどの不具合を経験し，その最後も，チリとアルゼンチンの上空で大気圏再突入し，地上に破片を飛散させ話題をまいた。

サリュートシリーズでは，地球周辺の宇宙空間の研究，宇宙医学，宇宙生理学，長期滞在の人体への影響，天体観測，地球表面の観察，無重量下での実験などが行われた。基本仕様を表1.3に，その飛行記録の概要を表1.4に示す。サリュートの特色として，推進機関を持ち自ら高度維持ができたことがある。高度を350 kmまで上げて，自然低下すると（高度減少率142 m/day）また上昇することを繰り返していた。

表1.3 サリュートの基本仕様[*1)]

項 目	記 事
大きさ	長さ13.6〜16 m，最大径4.15 m 本体質量18.9 t，実験機器質量2.5 t 与圧部容積82.5 m³（1〜5号），87 m³（6，7号）
乗 員	最大6人（乗員の最長滞在日数237日（6号））
太陽電池パドル	4枚28 m²（1〜4号）60 m²（5〜7号），Ni-Cd電池
生命維持系	室内気圧1.0〜1.26×10^5Pa，温度15〜25℃，湿度20〜70 % 酸素分圧0.21〜0.37×10^5Pa，CO_2除去（モレキュラシーブ）

＊1) 文献(13)のデータに文献(16)で補足

〔3〕 ミール[(2),(14),(15),(17)]　　ミールは，旧ソ連の第三世代の宇宙ステーションで，サリュートにおける無重量下での材料実験などの成果が挙がったので，これを研究開発から実用段階に移すためにサリュートを発展させて作られたものといわれている。ミールは，ミール本体に，拡張用のクヴァント1をつなぎ，前方（ミール本体側）ポートに乗員の帰還用のソユーズ，後方（クヴァント側）ポートに無人貨物宇宙船プログレスを結合したものを心棒とし，ミール本体前方のノードにある周方向の4個のポートに，クヴァント2，クリスタ

表 1.4 サリュートの飛行記録[*1)]

サリュート	飛行期間	H_p[*2)] 〔km〕	H_a[*3)] 〔km〕	i[*4)] 〔deg〕	N_d[*5)]	備考
1	1971.4.19～1971.10.11	200	222	51.6	2[*6)]	ソユーズ11号の乗員3人が23日間活動したが，帰途，事故で全員死亡
2	1973.4.3～1973.4.14	215	260	51.6	0	軍用。4月10日タンブル運動を起こし使用前に分解。5月28日消滅
3	1974.6.25～1975.1.24	219	270	51.6	1	軍用。帰還まで成功した最初のステーション。活動日数14日
4	1974.12.26～1977.2.3	219	270	51.6	3[*7)]	63日間滞在の記録を作る。合計活動日数93日
5	1976.6.22～1977.8.8	219	260	51.6	2	軍用。合計活動日数31日
6	1977.9.29～1982.7.29	219	275	51.6	31[*8)]	5回の長期滞在（96，140，175，185，75），11回の短期滞在，合計活動日数676日
7	1982.4.19～1991.2.7	212	260	51.6	11[*9)]	3回の長期滞在（211，150，237），2回の短期滞在，合計活動日数812日

* 1) 文献(13)に記載のものを，文献(14)，(15)，(16)，(2)で補足
* 2) H_p：近地点高度（初期軌道），* 3) H_a：遠地点高度（初期軌道），* 4) i：軌道傾斜角，* 5) N_d：ドッキング回数（無人ソユーズのドッキングも含む）
* 6) ソユーズ10号とはドッキングしたが，ハッチの不具合で乗員移乗できず
* 7) 有人ドッキング2回，* 8) 有人ドッキング30回
* 9) 無人衛星コスモス1443のドッキングを含む

ル，スペクトル，プリローダの4個のモジュールを放射状に展開した構造となっている。クヴァント1，クヴァント2，クリスタル，スペクトル，プリローダは，それぞれがサリュートをベースとする同じような基本構造を持った独立のモジュールである。

開発が始められたのは1983年で，本体が打ち上げられたのは1986年2月19日，最後のモジュールであるプリローダがドッキングしたのが1996年4月27日であるから，組立開始から完成までちょうど10年を要したことになる。図1.8は，スペースシャトルSTS-74（1995年11月）が，ミールにドッキン

1.1 歴史的背景　　17

図 1.8　スペースシャトル STS-74 から見たミール（NASA 提供）

表 1.5　ミールの全体仕様[*1)]

項　目	記　　事
寸　法	全長 32.9 m，モジュール最大径 4.35 m
質　量	基本ミール（ソユーズ＋ミール本体＋クヴァント 1＋プログレス）：51.0 t 基本ミール＋クヴァント 2：72.8 t 基本ミール＋クヴァント 2＋クリスタル：90.0 t 基本ミール＋クヴァント 2＋クリスタル＋スペクトル：119.6 t 基本ミール＋クヴァント 2＋クリスタル＋スペクトル＋プリローダ：135 t
軌　道	高度 300〜400 km，軌道傾斜角 51.6 deg
組立て	ミール本体打上げ 1986 年 2 月 19 日（プロトンロケット） クヴァント 1 打上げ 1987 年 3 月 31 日（プロトンロケット） クヴァント 1 結合完了 1987 年 4 月 9 日 クヴァント 2 打上げ 1989 年 11 月 26 日（プロトンロケット） クヴァント 2 結合完了 1990 年 1 月 26 日 クリスタル打上げ 1990 年 5 月 31 日（プロトンロケット） クリスタル結合完了 1990 年 6 月 7 日 スペクトル打上げ 1995 年 5 月 20 日（プロトンロケット） スペクトル結合・分光計組立て完了 1995 年 6 月 プリローダ打上げ 1996 年 4 月 23 日（プロトンロケット） プリローダ結合完了 1996 年 4 月 27 日

＊1）データは主として文献(17)による。ミールは「平和」「世界」を，クヴァントは「量子」を，クリスタルは「結晶」を，スペクトルは「分光」を，またプリローダは「自然」を意味するロシア語である。

1. 宇宙ステーションの概念

表 1.6　ミールの構成要素の詳細仕様[*1)]

要素名称	記　　事
ミール本体	長さ 13.13 m，最大直径 4.15 m，与圧部容積 90 m^3，質量 20.9 t 電力 9 kW (1986) → 10.1 kW (1987)，電圧 28.5±0.5 VDC 推進系 2×2.94 kN main engine＋32×137 N thruster (UDMH/NTO) 生命維持系：気圧 1.053～1.276×10^{5}Pa，温度 18～28℃，湿度 20～70 % 　　　　　　 O$_2$圧 40 % max.　CO$_2$ 3 % max. 　　　　　　 酸素還元，CO$_2$除去実施
クヴァント1	天体物理観測を主目的とするモジュールである。 長さ 5.8 m，最大直径 4.15 m，与圧部容積 40 m^3，質量 11.1 t (いずれも，のちに切り離されたサービス・モジュールを除く) 電力 6 kW，電圧 28.5±0.5 VDC 推進系：元々はなし。のちに 400 kg thruster 追加 生命維持系：気圧 1.053～1.276×10^{5}Pa，温度 18～28℃，湿度 20～70 % 　　　　　　 O$_2$分圧 40 % max.　CO$_2$ 3 % max. 　　　　　　 水電気分解による酸素発生実験装置，CO$_2$除去装置所有 特別装備・実験機器：コントロールモーメントジャイロ (gyrodyne×6) 　　　　　　 電気泳動装置，X 線および紫外線望遠鏡，紫外線分光器など
クヴァント2	シャワー，水再生，酸素還元，EVA などの生命維持系追加装備が主体 長さ 13.73 m，最大直径 4.35 m，与圧部容積 61.3 m^3，質量 18.5 t 電力 6.9 kW，電圧 28.5±0.5 VDC 推進系 2×2.94 kN main engine＋cluster of 137N thrusters (UDMH/NTO) 特別装備・実験機器：gyrodyne，水再生装置，水電気分解酸素発生装置， 　　　　　　 シャワー，地球資源撮影用カメラ，エアロック＋宇宙服 (宇宙 　　　　　　 空間移動機能付き)，など 予定寿命：3 年
クリスタル	半導体・医薬品原料などの材料研究を主目的とする技術モジュールである。 長さ 13.73 m，最大直径 4.35 m，与圧部容積 60.8 m^3，質量 19.64 t (内 7 t はペイロード) 電力 5.5～8.4 kW，電圧 28.5±0.5 VDC 推進系：2×2.94 kN main engine＋cluster of 137N thrusters (UDMH/NTO) 特別装備・実験機器：半導体製造装置，Si 結晶生成装置，材料製造炉， 　　　　　　 紫外線望遠鏡 (クヴァント1の後継)，電気泳動装置，植物栽 　　　　　　 培装置，地上撮影用カメラ，など
スペクトル	地球大気観測を目的とするリモートセンシングモジュールである。 長さ 14.44 m，最大直径 4.10 m，与圧部容積 61.9 m^3，質量 19.64 t (内 8.14 t はペイロード) 電力 6.9 kW，電圧 28.5±0.5 VDC 推進系：2×2.94 kN main engine＋cluster of 137N thrusters (UDMH/NTO) 特別装備・実験機器：雲高測定用光線レーダ，赤外線大気分光器，高層大 　　　　　　 気観測用格子分光器，など
プリローダ	地球自然環境調査用モジュールである。 長さ 13 m，最大直径 4.35 m，与圧部容積 66.2 m^3，質量 19.7 t 電力：なし 推進系：2×2.94 kN main engine＋cluster of 137N thrusters (UDMH/NTO) 特別装備・実験機器：地球環境観測用リモートセンシング機器
ソユーズ	乗員輸送用宇宙船 (詳細略)
プログレス	貨物輸送用無人宇宙船 (詳細略)

* 1) 主として文献(17)により，文献(14)，(15)で補足

グのため近づいたときに撮ったミールの写真である。

　後継宇宙ステーションとして，大規模なミール2計画があったが，1991年計画は破棄され，1993年，ロシアは，独自の宇宙ステーション計画を持たずに，国際宇宙ステーション計画に参加することを決定した．その結果，ミールは，制御落下させて廃棄することになり，3回の制動噴射が行われたのち大気圏に突入，2001年3月23日15時00分13秒，南緯40度，西経160度を中心とする南太平洋海域に落下した．

　ミールの全体仕様を**表1.5**に，構成要素の詳細仕様を**表1.6**に示す．ミールの活動記録は文献（17），（19）などを参照されたい．

1.2　国際宇宙ステーション計画の検討経緯と現状

1.2.1　国際宇宙ステーション計画の決定まで[(1)~(4)]

　1973年以降のNASAの宇宙ステーションに関係する作業は，もっぱらスカイラブであった．しかし，スカイラブは，本来の宇宙ステーションではなく，いつかは，本来の宇宙ステーション計画を復活させたいという思いはNASA関係者の間に強かった．ただし，復活させるためには，スペースシャトルではできない，しかも優先度の高いミッションを作り出す必要があった．そこで選ばれたのが静止軌道上ならびに低軌道上における大形柔構造物の建設（space construction）であり，1975年にNASAは，方針を一大転換して，つぎの事項を，宇宙ステーションのミッションとして打ち出した．

（1）　大形アンテナを用いた通信中継，大形望遠鏡による天体観測，大規模な太陽発電と送電，宇宙での材料製造など，有人宇宙作業の際の組立て，保全，補給基地
（2）　軌道間移行の出発基地ならびに地球への帰還の推進薬補給基地
（3）　無人人工衛星の回収，補修，再展開
（4）　衛星その他宇宙システムの統括管理

　その頃，NASAの二つの主力センター，ジョンソン宇宙センター（JSC：

Johnson Space Center) とマーシャル宇宙飛行センター (MSFC) とは, 有人宇宙とりわけ宇宙ステーションに対してそれぞれ別々のアプローチを取っていた。JSC は, 宇宙を作業の場所とすることを直接目標に掲げ, すべて新しい設計で, 新しい技術を積極的に取り込んで, 大形の施設を作ろうとしていた。

一方, MSFC は, 科学目的利用を対象とし, 既存の技術を極力利用した段階発展的な方法を目指して, 複数のペイロードを搭載し, 電源, データ処理, 通信, 熱制御, 姿勢制御などの機能を備え, 主として科学ミッションを対象とする無人のプラットホームの開発を進めていた。

上述の NASA の方針の一大転換に際して, JSC と MSFC とはまったく異なったアプローチをした。JSC は, NASA 方針に応える形で, 大きな宇宙構造を一気に作ることを考え, 1979 年に, SOC (space operation center) の構想を発表し, ボーイング社が契約を受けて, 1981 年に図 1.9 に示すような構想を発表した。

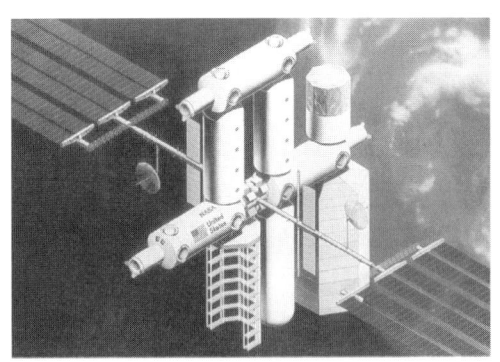

図 1.9　SOC の構想 (1981 年)
　　　　 (Encyclopedia Astronautica,
　　　　 © Mark Wade)

一方, MSFC は, 1981 年, 無人のプラットホームに, 環境制御, 有人サポートの機能を持ったリソースモジュール (resource module) を付け加えて短期間滞在の有人支援機能 (MTC : man tended capability) を持たせ, その

後，徐々に時間をかけて完全有人にする方向を取った。

　スペースシャトル開発が完了に近づくに従って，NASA のなかには，つぎの大プロジェクトは宇宙ステーションという空気が固まってきており，1981年4月のスペースシャトル初飛行とともに NASA の次期有人宇宙計画の最優先項目として躍り出た。1982年初め，NASA 内に宇宙ステーションに関する作業チーム（task　force）が作られたが，このチームの任務は，JSC と MSFC とで行われてきた検討の上に立って，宇宙ステーションを NASA 全体のプロジェクトにするための構想を立てることであった。一方，1982年8月，NASA は米国内宇宙関係主要8社に，宇宙ステーションのミッション要求の検討を行う契約を出し，この成果の報告会は，1983年4月，公開で行われた。

　1984年1月25日に，レーガン大統領は年頭教書でつぎのように述べた。「米国は，偉大であろうと心がけたときにはつねに最も偉大なことをやりとげた。われわれは再び偉大さを追い求めようではないか。われわれは，宇宙に生活して，平和的，経済的かつ科学的成果のために働きながら，遠く離れた星への想いを追い続けようではないか。本日，私は，NASA に，恒久的な有人宇宙ステーションを開発すること，しかもそれを10年以内に行うことを指示したいと思う。宇宙ステーションは，科学分野における研究，通信，宇宙においてのみ製造できる金属，薬品などにおいて飛躍的な発展をさせるであろう。われわれは，この挑戦を達成し，成果を分け合うために，われわれの友人が，われわれを援助することを期待する。NASA は，目的を共有するすべての国々が，平和を増進し，繁栄を作り出し，自由を拡大するために他の国々に参加を呼びかけるであろう。…」

　ここにおいて，宇宙ステーション計画はようやく陽の目をみることになった。国際協力を呼びかけた背景には，同盟国の技術力が高まると，達成できる成果も大きくなることが期待でき，また，国際協力事業は，米国内の政治・経済的事情で容易に変更できないので，計画中止などのリスクを回避できるとの読みがあった。しかし，一方，参加国の思惑が入り込み，また，意思決定経路が複雑化する結果を生むもととなり，宇宙ステーション計画は開発コストの当

22　　1. 宇宙ステーションの概念

初見込みからの大幅増加とあわせて，以後，多難な道を歩むことになった。

　国際協力の呼びかけが行われたのは，カナダ，日本，欧州に対してであって，カナダは移動形サービスセンター，日本は実験モジュール（JEM：Japanese experiment module，「きぼう†」と愛称），欧州はコロンバス実験モジュールの提供をもって参加することになった．欧州は，スペースラブ開発の延長として，独自の有人宇宙ステーション"コロンバス"計画を推進することを1983年に決定していたが，このモジュールを宇宙ステーション計画に合体させることにしたのである．

　1984年，NASAは，1982年から1983年にかけて行われた作業の成果をもとに宇宙ステーション構想を発表した．この構想は，JSC方式の延長上にあるもので電力塔形と呼ばれた．1985年に予備設計が開始されると，これをデュアルキール（dual keel）形と呼ばれる本体に変更し，これに極軌道プラットホームと共軌道プラットホームを持つ，図1.10に示すような構想とし，開発総額を80億ドルと見積った．

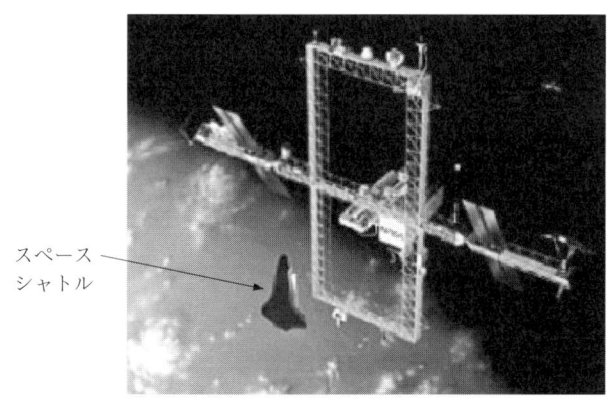

　図1.10　デュアルキール形宇宙ステーション構想
　　　　　（1985年）
　　　　　（Encyclopedia　Astronautica，Ⓒ Mark
　　　　　Wade）

---

†　「きぼう」という名称は，宇宙開発事業団（現 宇宙航空研究開発機構）がJEMの愛称を公募し，1999年4月24日に選定した．

1.2.2 予備設計から開発段階に至る経緯

　国際宇宙ステーションは，国際協力で開発され，地球周回低軌道上に構築，運用される恒久的，多目的，発展的な有人施設で，実験，観測，居住，補給，電力供給などの機能を持った軌道上研究所である．本項において，その計画の構想段階から実現に至るまでの，政策的・技術的な経緯の概略を述べる．

　国際宇宙ステーション計画当初の参加国は，米国，日本，カナダ，およびESA（European Space Agency：欧州宇宙機関）加盟国であったが，1993年12月からロシアがこの計画に参加することになった．また，イタリアはESAと独立して，多目的補給モジュール（MPLM：multi-purpose logistics module）をもって参加し，さらにブラジルは米国開発要素の開発分担による参加を検討した．宇宙ステーションプログラムは，予備設計，基本設計，開発・運用の段階に分かれて定義されたが，その概要は以下のとおりである．

〔1〕 **予備設計（フェーズB）**　　NASAは1985年4月から約2年間，予備設計を実施し，開発の目標を確定した．予備設計開始後，1985年7月，第1回基準更新審査（RUR：reference update review）と宇宙ステーション管理会議（SSCB：Space Station Control Board）がJSCで開催され，ここに初めて各国のプログラム担当者が集まり，国際間の技術調整が始まった．引き続いて，1985年11月に，第2回基準更新審査が開催され，本体が電力塔形1本キールからデュアルキール方式に更新された．1986年2月には，予備設計段階のインタフェースを設定するためのインタフェース要求審査（IRR：interface requirements review）を実施した．さらに，1986年3月には，増大したNASA資金の縮小（80億ドル規模）に対応して，システム要求を見直すシステム要求審査（SRR：system requirements review）を実施した．1986年5月～7月には基本設計を目指して，企業向けの開発提案要請書を作成するとともに，中間システム審査（ISR：interim system review）を実施した．

　1986年1月29日に発生したスペースシャトル「チャレンジャー号」の爆発事故の教訓を宇宙ステーション計画へ反映するよう勧告が出され，コスト，安

全性などの面から宇宙ステーション計画を見直すための評価タスクチーム（CETF：critical evaluation task force）の検討結果が報告された。この結果 NASA の組織体制を変更し，1986 年 10 月には全体をとりまとめるプログラムオフィスをワシントン D. C.郊外のバージニア州レストンに移した。しかしながら，NASA のステーション開発経費は膨らみ続けたため，2 段階開発方式を採用することとして，1987 年 7 月には開発提案要請を米国内企業に向けて発出，12 月には米国企業を選定した。

　一方，1985 年に締結された参加各国とのフェーズ B 了解覚え書（MOU：memorandum of understanding）は失効していたが，1988 年 3 月 25 日に延長されたフェーズ B 協定のもとで国際間調整が継続された。1988 年 4 月～8 月には，宇宙ステーションの全体とりまとめを行っているレベル II がプログラム要求を更新するためのプログラム要求審査（PRR：program requirements review）を実施し，主要文書の更新を行った。

　〔2〕 **基本設計以後（フェーズ C/D/E）**　　1989 年 1 月の NASA による基本設計着手に合わせて，3 月 14 日に，「宇宙ステーションの詳細設計，開発，運用および利用における協力に関する NASA と日本国政府の間の了解覚え書（Phase C/D/E MOU）」が調印され，日本の国会は，6 月 22 日に宇宙ステーション計画の政府間協定（IGA：inter-government agreement）を承認した。一方，NASA は，1989 年 7 月～10 月にかけて，予算に見合うように宇宙ステーションの見直し（rephasing：リフェージング）を実施した。8 月 4 日に召集された第 1 回国際会議において，組立てを 2 段階に分け，組立て完了（AC：assembly completion）を延期することが通知された。日本は，同年 9 月 5 日，IGA 暫定取決めへの加入，および MOU の発効を米国に通知した。

　技術面では EVA に許容される時間と EVA を必要とする作業時間の差が大きい理由から，組立てが危ぶまれ，EVA 時間削減の調整が 1989 年 10 月から 1990 年 7 月まで継続的に行われた（Fisher-Price の外部保全作業チーム）。引き続いて，宇宙ステーション本体の開発を現実的なものとするため，重量，消費電力などのリソース削減活動を実施した。

さらに NASA は 1990 年 11 月〜12 月にかけて，各ハードウェア担当の基本設計審査（PDR：preliminary design review）を踏まえて宇宙ステーション全体システムの統合された基本設計審査（ISPDR：integrated system PDR）をレストンで実施し，本審査会を 12 月 20 日に開催した．

一方，1990 年 10 月 27 日の米上下院議会において，NASA の 1991 年度宇宙ステーション予算が 19 億ドルに縮小された．この 91 年度予算認可に当たり，米国議会は，NASA が宇宙ステーション計画の再構築（restructuring：リストラクチャリング）を行い，91 年 1 月下旬までに米議会に報告することを付帯事項とした．NASA はただちに再構築の基本原則と前提条件をつぎのようにまとめ，米国内および国際パートナー（ESA，CSA（Canadian Space Agency：カナダ宇宙庁），日本）とともにコスト評価を含めた見直し作業を行い，1991 年 3 月までに作業を完了した．NASA 長官は，再構築の結果を米国宇宙評議会（NSC：National Space Council）に説明後，3 月 20 日付で米議会に提出した．再構築後のプログラムの概要を**表 1.7** に示す．

① 基本原則
- 宇宙ステーション開発および運用費（米国分）を資金枠内[†]に収める．
- 段階的開発により電力 75 kW，搭乗員 8 人の恒久的滞在を達成する．
- 生命科学と材料科学の実施を優先する．
- 国際パートナーへの影響を最小にし，国際間合意を順守する．
- 第 1 回打上げと有人支援能力（MTC）をできるかぎり早期に達成する．
- 組立てのためのスペースシャトル飛行を年 4 回以下とする．

② 前提条件
- 1990 年 12 月の ISPDR の結果をベースラインとする．
- 既存の地上システムを最大限に活用する．
- 基本的にシャトルの改修は行わず，現能力を最大限活用する．
- 維持設計，運用は最小限のものとする．

---

† 1991 年度 $1.9 B 認可，以後毎年 10 ％の伸び，上限は＄2.5〜2.6 B/年（1996 年まで）

表1.7 再構築後のプログラムの概要

開発・運用を段階的に実施，プログラムをつぎの2段階に分ける。
（1） **初期フェーズ**（2000年まで）
・有人支援能力（MTC）による運用を会計年度1997年中期までに達成
・MTC後の運用は年2回のシャトル飛来時の運用と，シャトルがいない場合はフリーフライヤモードによる運用
・微小重力下の材料科学実験を支援
・恒久的有人能力（PMC）運用を会計年度2000年までに達成（搭乗員4人）
・連続的な利用が可能，特に生命科学実験を完全に支援し，微小重力材料科学実験を引き続き支援する能力を持つ。
（2） **後続フェーズ**（2000年以降）
・新型輸送手段の利用
・つぎの能力増強を目標とする。
　-75 kW電力の達成　　　-与圧ノードの追加
　-搭乗員8人能力と第二居住モジュールの追加
　-フリーフライヤ支援　　-閉ループ方式酸素供給
　-第二実験モジュール　　-300 Mbpsダウンリンク能力

設計および開発の簡素化
　宇宙ステーション有人本体（SSMB：space station manned base）の能力と形状と組立てシーケンスを見直し，以下の点を改善。
・モジュールを2分割し縮小化することによりシャトル打上げ前に地上で完全にインテグレーションして検証することが可能になった。
・軌道上組立て・検証が容易となり船外活動作業（EVA）が削減された。

- 外部取付けペイロードの開発は当面見送る。
- 補用品の準備は極力あとまわしとする。
- 有人支援能力（MTC）はスペースラブ利用により利用効率を良くする。
- ロボット運用および訓練を簡素化する。
- 利用および補給の飛行を含めシャトル飛行を年7回以下とし，利用のための軌道上シャトル滞在は13日間とする。

1992年5月16日には，NASAの新長官ゴールディン（D. Goldin）の就任により，NASA全体の予算規模を縮小する方向が打ち出された。新長官の要請により上級管理者会合がNASA本部で召集され，会計年度1993年の予算要求を有利に進め，会計年度1994年の予算要求に備えるため，NASAの業務に優先順位を付けること，また，NASAプログラムを低コスト，高品質で管

1.2 国際宇宙ステーション計画の検討経緯と現状

理していくことが示された．具体的には NASA 全体の開発プログラムから 30％，その他のプログラムから 7％のコスト削減を行うために，二つのチーム（blue team：プログラム担当者，red team：プログラム外の NASA 要員）を組織し，検討を開始した．

1992 年 10 月 7 日には，blue/red チームの結果を受けて宇宙ステーション打上げスケジュールが変更され，FEL (first element launch) が 4 カ月，MTC が 6 カ月，PMC (permanent manned configuration) が 9 カ月，さらに JEM #1，#2 が 9 カ月それぞれ遅れた．

1993 年 2 月 17 日，クリントン米国大統領は，米議会における経済政策の演説の中で宇宙ステーション計画の大幅縮小を打ち出し，ホワイトハウスの指示により，NASA ゴールディン長官のもとで設計の見直し（redesign：リデザイン）が開始された．同年 3 月から技術レベルの見直し作業が開始され，いままでの設計とは大きく異なる設計案も含めた検討が行われた．同年 6 月 17 日，クリントン大統領は宇宙ステーション見直しにかかわる諮問委員会（Blue Ribbon Panel：ブルーリボンパネル）の答申を受けて，宇宙ステーションの新コンフィギュレーションとしてオプション A を選び，これを国際宇宙ステーションアルファと名づけ，新しいプログラムへ移行するための計画を 9 月 7 日まで提出するよう指示した．

〔3〕 **ロシアの参加**　1989 年 10 月の東西ドイツの統一は，米ソ冷戦構造の崩壊をもたらし，同時に旧ソ連邦を構成していたロシアを初めとする共和国は，独立するに至った．この混乱のなかで宇宙技術の無秩序な拡散を懸念した米国は，NASA の設計見直し作業と並行して，ロシアとの調整を進めていた．

1993 年 9 月 2 日ゴア米副大統領とチェルノムイルジンロシア首相は，宇宙ステーション計画へロシアが将来関与することを含む米ロ間の宇宙分野における協力に関する共同声明を発表した．引き続き同年 10 月 16 日，宇宙基地協力に基づく政府間協議がパリで開催され，「宇宙ステーション計画の参加国政府は共同でロシアに対し，国際宇宙ステーション計画にロシアが参加する可能性を検討し，招請することを希望する」旨の共同声明を発表，各国政府の意思決

定のために，各国の協力機関が共同でロシア参加のための「統合計画」を作成することを決めた．同年 11 月 1 日には，9 月 2 日の共同声明を受けて，NASA および RSA（Russian Space Agency，2004 年 3 月より FSA（Federal Space Agency）と改称，ロシア宇宙庁）が，米ロ宇宙協力の「統合計画」を作成した．同年 11 月，日本は科学技術協力協定締結を受けてロシアへ調査団を派遣，宇宙活動の状況を調査した．これを受けて 1993 年 12 月 1 日に，宇宙開発委員会でロシア参加招請の方針を了承する旨の見解を発表した．同年 12 月 6 日，米国ワシントン D.C. で開催された宇宙基地協力協定に基づく政府間協議において，宇宙ステーション計画にロシアを四極共同で招請し，12 月 16 日，ゴア米副大統領とチェルノムイルジン ロシア首相が，宇宙ステーション計画への参加招請の受け入れを含む共同声明を発表した．1993 年 12 月 22 日，JSC において宇宙ステーションのシステム要求審査（SRR）を実施，宇宙ステーションにロシア要素を組み込んだ形状とし，これをロシアンアルファと命名した（文献（12）参照）．

〔4〕 **国際宇宙ステーションの誕生**　1994 年 3 月 17 日〜18 日，パリで開催された政府間協議で，ロシア参加によって生じる方針・手順・スケジュールなどの変更に伴う調整を実施した．同年 3 月 23 日，JSC において宇宙ステーションのシステム設計審査（SDR：systems design review）を実施，ロシアを取り込んだ新しい宇宙ステーションの全体構成，開発に関する技術要求，技術的実現性や組立てシーケンスなどを審査した．これをもとに技術的ベースライン化の手続きが取られることになった．

1995 年 1 月 13 日，米国内では，NASA とボーイング社の契約合意が成立し，NASA に代わり，ボーイング社が全体とりまとめを行うことになった．同年 3 月 28 日〜29 日，JSC において宇宙ステーションの第一段階設計審査（IDR#1：incremental design review#1）を実施し，組立てシーケンス 6A までの設計を審査し，全体システムに関する組立てシーケンス，電力リソースなどの成立性を評価した．ここで宇宙ステーションは，国際宇宙ステーション（ISS：International Space Station）と名称を変更した．同年 6 月 13 日，

SSCB が開催され，組立てシーケンスが見直された。日本の実験棟は，3回のスペースシャトルで打ち上げられ，1 JA が 2000 年 2 月に，2 JA が 2001 年 3 月に変更され，1 J の 2000 年 3 月は変更がなかった。1995 年 6 月 27 日には，スペースシャトル STS-71 が打ち上げられ，6 月 29 日に，STS-71 とミールが初めてドッキングに成功，7月4日に分離し，このシャトル・ミール計画の最初の実験（フェーズ1実験）は成功裏に完了した。

1995 年 12 月には，RSA から NASA に宇宙ステーションのロシア要素としてミールを利用したいという提案が出された。この提案を受けて，1996 年 1 月，ミールの運用を 2000 年まで延長するとともに，NASA フェーズ 1 実験を 1999 年まで延長し，このためのシャトル・ミールミッションを2回追加して，ロシアの初期負担を軽減した。この結果，JEM の打上げが5カ月延長された。

1996 年 3 月 13 日～15 日，JSC において JEM 打上げスケジュールの遅延を調整するため，NASA/NASDA[†] 技術調整会合が開催され，ここでさらに 3 カ月遅れの組立てシーケンスが提示された。遅れの理由は，ロシアのゼニットロケットがステーションプログラムに使えず，ゼニットで打上げ予定の科学電力プラットホーム（SPP：solar power platform）をシャトル搭載に変更，さらにステーションの電力不足を補うため3番目の太陽発電モジュールを JEM の前に打ち上げることであった。同年3月 26 日～28 日に，JSC で IDR#2 A および SSCB が開催された。NASA はこの SSCB で組立てシーケンスを再度変更しようとしたが，NASDA はわが国への影響が大きいとして IDR#2 A，SSCB での組立てシーケンスの変更を思いとどまらせた。

今回の組立てシーケンス変更提案の原因は，ロシアが開発経費の予算支出をしていなかったために，居住施設であるサービスモジュール（SM：service module）の開発が進んでいなかったことにあった。このため，同年4月，米国ゴア副大統領からのロシアのチェルノムイルジン首相への書簡要請，センセ

[†] NASDA（National Space Development Agency of Japan）は宇宙開発事業団の略称で，現 JAXA（Japan Aerospace Exploration Agency：宇宙航空研究開発機構）の前身。

ンブレナー議員の訪ロなど，政治家レベルの動きがあった．この結果，1996年4月末，ロシアからステーション要素の開発に資金投入をするとの前向きの回答が得られ，同年6月13日には，米国とロシアは宇宙ステーションの利用，リソースおよびフライト機会に関する取決めを締結した．

〔5〕 **運用・利用フェーズへ**　1996年9月23日～26日，NASA/JSCにおいてIDR#2Bが開催され，組立てシーケンスrevision Bが承認された．また，ステーション計画は開発から運用，利用フェーズへ進んだことを全員で確認した．

1997年5月14日，NASA KSC (Kennedy Space Center) でSSCBが開催され，サービスモジュールの遅れに伴う組立てシーケンスの変更が承認された．このSSCBには，NASA，ESA，NASDA，CSA，RSA，ASI (Agenzia Spaziale Italiana) が参加し，オブザーバとしてブラジルも出席した．打上げシーケンスRev.Cでは，JEMの1JA：2001年5月，1J：2001年8月，2JA：2002年2月となった．同年5月31日，筑波宇宙センターにおいて参加機関の宇宙機関長会議が開催され，組立て開始は当初予定の1997年11月から遅れるが，各国でISSの開発に協力していくことが確認された．

1998年5月30日，組立てシーケンスをrevision Dに変更，サービスモジュールのさらなる遅れにより，打上げ開始を1998年6月から11月に変更し，それに伴い全体のスケジュールを遅らせた．

1998年11月20日には，最初の打上げ要素である機能貨物ブロックFGB (функционально-грузового блока (ФГБ)：愛称ザーリャ) がロシアのロケット，プロトンによりカザフスタン共和国のバイコヌール宇宙センターから打上げられ，さらに同年12月3日にはKSCからスペースシャトルエンデバーにより米国の最初の要素であるNode 1 (愛称Unity：ユニティ) が打上げられ，国際宇宙ステーションの組立てが開始された．

1999年6月9日，SSCBにおいて組立てシーケンスrevision Eが承認され，開発が遅れたサービスモジュールは1999年11月の打上げとなった．この結果，JEMの最初の打上げは，12カ月遅れ，2002年10月となった．

その後，Revision F が 2000 年 8 月に承認され，サービスモジュールの 7 月打上げと，2000 年 11 月からの 3 人の宇宙飛行士の滞在により，いよいよ宇宙ステーションの完成が近づいたと思われた．しかし，2001 年 2 月に NASA の宇宙ステーション資金超過問題が発生し，NASA はプログラム実施能力に対する厳しい批判にさらされ，これにより計画を見直し，縮小して米国部分の着実な完成を急いだ．しかしながら，2003 年 2 月 1 日のスペースシャトルコロンビア号の事故により，ステーションの完成はさらに遅れることとなった．図1.11 は，組立てスケジュールの変更によって，日本の実験棟の打上げが延期され，ひいては ISS の完成が大幅に遅れる様子を示している．

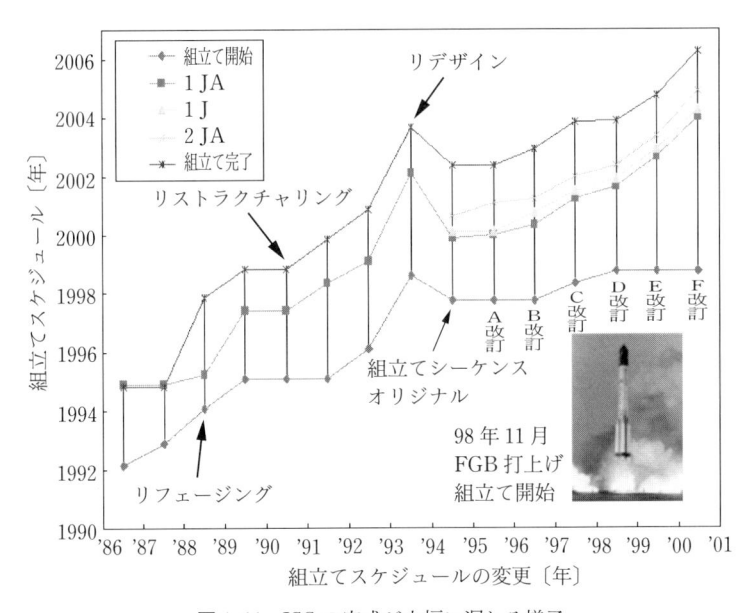

図 1.11 ISS の完成が大幅に遅れる様子

2 国際宇宙ステーションの構成とサブシステム

2.1 国際宇宙ステーションの全体構成と分担

2004年5月時点において確定している国際宇宙ステーション（ISS）の全体形状を図2.1に，その全体概要と各国の分担を表2.1に示す．宇宙ステーショ

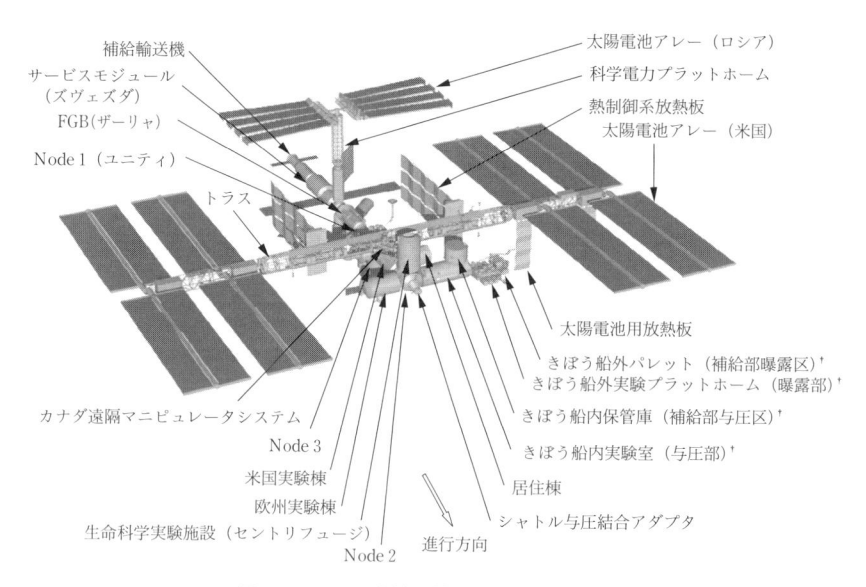

図2.1 ISSの全体形状（JAXA提供）

---

† 日本の実験棟「きぼう」の各要素名はカッコ内の名称を開発業務上で使っていたが，わかりにくいことから，表記名称を2000年5月9日，宇宙開発事業団が選定した．

2.1 国際宇宙ステーションの全体構成と分担

表 2.1 ISS の全体概要と各国の分担

項　目	諸元など			
寸法・重量	幅約 110 m×長さ約 75 m，質量約 400 t			
電　力	総発電電力 110 kW，日米欧加ユーザ利用可能電力 45 kW			
与圧実験棟数 与圧部全容量	与圧実験棟数：6　米国実験棟 1，欧州実験棟 1，日本実験棟 1 セントリフュージ 1，ロシア研究棟 2，与圧部全容量：1 140 m³			
曝露実験装置	トラス上 4 カ所，JEM 船外実験プラットホーム 10 カ所，コロンバス			
滞在搭乗員数	6 人（組立て期間中は 3～6 人）			
軌　道	円軌道：高度 330 km から 480 km，軌道傾斜角 51.6 deg			
輸送手段	組立てに，スペースシャトルを 26 回以上，ソユーズ，プロトン（ロシア）を約 5 回。定常的な物資輸送には，欧州と日本の輸送機，およびプログレスも使用（表 5.3 参照）			
通信手段	米国のデータ中継衛星システムとロシア，日本，欧州のデータ中継衛星			
各国開発費 （ロシアを除く）	米国	欧州	カナダ	日本
	約 261 億米 $ （3 兆 1 320 億円）	約 30 億米 $ （約 3 600 億円）	約 11 億米 $ （約 1 320 億円）	約 3 300 億円

ンの組立ては 1998 年 11 月 20 日に開始され，2004 年 5 月現在，3 人のクルーが常時滞在可能なコンフィギュレーションになっている。今後も，全体形状は必要に応じて継続的に見直される可能性がある。

シャトルとロシアのプロトンロケットを合わせて 30 回を超えるフライトで組み立てられるが，ISS の構成要素を**表 2.2** に示す。また，ISS 組立てシーケンス（revision F 改）を**表 2.3** に示す。

スペースシャトル「コロンビア号」の事故により，シャトルの飛行が停止しており，NASA は飛行再開（return to flight）に向けてシャトルの信頼性向上を行っている。したがって，表 2.3 のフライト LF 1（補給フライト 1）以降の打上げ日と組立てシーケンスもその進捗により見直しが行われる。図 2.1 に示す ISS の軌道上最終コンフィギュレーションとその完成時期については，シャトルの飛行再開時期，クルーの 3 人以上への増加対応施設（ISS 内の居住施設と環境制御能力の増強，緊急帰還機追加など）の実現時期，さらにはシャトルおよびその他の輸送システムのフライト可能数（表 5.2 参照）を考慮して決定されることとなっている。

表 2.2　ISS の構成要素

構成要素名	要素の機能概要
機能貨物ブロック（FGB：ロシア）	独立した無人運用能力を持った宇宙船で，姿勢制御，電力供給のバックアップ，推進薬貯蔵庫。ザーリャと呼ばれる
ノード（Node：米国）	モジュール同士の接合用ドッキングポートで，各モジュール間移動用の接点。Node 1 はユニティ（Unity）と呼ばれ 1998 年 12 月に打上げ，Node 2 は国際モジュール取付け，Node 3 は居住化を検討中
サービスモジュール（SM：ロシア）	ロシア要素の構造および機能上の中核。居住，生命維持，通信システム，電源供給，データ処理，飛行管制，推進システム，宇宙遊泳の出入り口。ズヴェズダと呼ばれる
ソユーズ（ロシア）	搭乗員交替用の地球と軌道間の輸送船，ISS 係留の搭乗員緊急帰還機で，定員 3 人。6 カ月ごとに交換
米国実験棟（US Lab）	科学実験や技術開発のための機器，装置を搭載し，実験支援・システム管制に必要な機能搭載。デスティニーと呼ばれる
多目的補給モジュール（MPLM：米国・イタリア）	シャトルから取り出し，ノードに係留される荷物輸送専用の与圧モジュール。ISS へ搭載品を搬入後は，シャトルで地上に回収し，多回数使用，3 機製作（レオナルド，ラファエロ，ドナテロ）
共同エアロック（米国）	米ロ両方の宇宙服に適合し，船外活動のための出入口
ドッキング室（DC：ロシア）	組立て期間中における船外活動のロシア側出入り口で，補助的な結合機構
トラス（米国）	配管，放熱板，太陽電池アレーなどを装備し，各種モジュール・機器を取り付ける基本構造体
科学電力プラットホーム（SPP）	ロシア要素への電力供給と，ロール軸方向の姿勢制御
万能結合モジュール（UDM）	ロシア宇宙船用のドッキングポートで，米国のノードと同じ機能
日本実験モジュール「きぼう」（JEM）	材料・生命科学・観測研究などを行う実験棟。エアロック，保管施設，ロボットアームなどを含む
キューポラ（米国・欧州）	ロボットの運用操作やシャトルの貨物室を直接視で観察するガラス窓の多い設備
研究棟（RM：ロシア）	科学，実験用施設であり，米国の実験棟に対応
コロンバス（欧州実験棟）	欧州の科学実験施設であり，米国の実験棟に対応
セントリフュージ（生命化学実験施設）（日・米）	日本が開発する科学研究のための人工重力発生装置を搭載するモジュール
居住棟（Hab）	3 人を超える搭乗員の生活・居住施設で，シャワーや汚物処理などの個人用衛生施設，Node 3 の使用を検討
補給機	ISS への補給フライトには，各国のさまざまな宇宙輸送機を使用予定

2.1 国際宇宙ステーションの全体構成と分担

表2.3 ISS組立てシーケンス (revision F改 2002年10月)

打上げ日(現地時刻)	フライト	おもな打上げ要素	打上げ日(現地時刻)	フライト	おもな打上げ要素
1998.11.20	1 A/R	ザーリャ (FGB：機能貨物ブロック)	※2003.10	13 A	S 3/4トラス，太陽電池アレー
1998.12.4	2 A	ユニティ (Node 1)，与圧結合アダプタ1, 2 (PMA 1, PMA 2)	※2003.11	13 A.1	補給艤装フライト，S 5トラス
1999.5.27	2 A.1	補給艤装フライト	※2004.1	15 A	S 6トラス，太陽電池アレー
2000.5.19	2 A.2 a	保全修理フライト	※2004.2	10 A	Node 2
2000.7.12	1 R	ズヴェズダ (SM：サービスモジュール)	※2004.7	ULF 2	利用補給フライト
2000.9.8	2 A.2 b	補給艤装フライト	※2004.9	ATV 1	欧州補給機
2000.10.11	3 A	Z 1トラス，PMA 3 (若田宇宙飛行士搭乗)	※2004.10	1 E	欧州実験棟 (コロンバス)
2000.10.31	2 R	ソユーズTM (搭乗員3人常駐開始)	※2005.1	UF-3	補給艤装フライト
2000.11.30	4 A	P 6トラス (太陽電池アレー，放熱板，Sバンドアンテナ含む)	※2005.4	UF-4	カナダ特殊目的精密マニピュレータ
2001.2.7	5 A	デスティニー (US Lab：米国実験棟)	※2005.7	UF-5	補給艤装フライト
2001.3.8	5 A.1	補給艤装フライト，レオナルド (MPLM)	※2005.10	UF-4.1	補給艤装フライト
2001.4.19	6 A	米国実験棟用ラック，ラファエロ (MPLM), ISS遠隔マニピュレータ (SSRMS), UHFアンテナ	※2006.1	UF-6	補給艤装フライト
2001.7.12	7 A	共同エアロック，高圧ガスタンク	※2006.3	1 JA	「きぼう」船内保管庫 (補給部与圧区)
2001.8.10	7 A.1	補給艤装フライト，レオナルド (MPLM)	※2006.7	1 J	「きぼう」船内実験室 (与圧部) およびロボットアーム (マニピュレータ)
2001.9.15	4 R	ドッキング室 (DC 1)	※2006.10	ULF 3	利用補給フライト
2001.12.5	UF 1	実験ラック，ラファエロ (MPLM)	※2006.11	3 R	万能結合モジュール (UDM)
2002.4.8	8 A	S 0トラス	※2007.1	9 A.1	科学電力プラットホーム (SPP)
2002.6.5	UF 2	実験ラック，レオナルド (MPLM)，移動ベースシステム (MBS)	※2007.4	UF-7	生命科学実験施設 (セントリフュージ)
2002.10.7	9 A	S 1トラス	※2007.6	2 JA	「きぼう」船外実験プラットホーム (曝露部), 船外パレット (補給部曝露区)
2002.11.23	11 A	P 1トラス，UHFアンテナ	※2007.11	ULF 5	利用補給フライト
※2003.3以降	LF 1	補給フライト，MPLM (野口宇宙飛行士)	※2007.11	HTV-1	日本のISS補給機 (HTV) 技術実証機
※2003.5	12 A	P 3/4トラス，太陽電池アレー	※2008.1	14 A	キューポラ
※2003.7	12 A.1	P 5トラス，補給艤装フライト			

注1) フライトの記号 A：米国要素のスペースシャトルフライト，R：ロシアロケットによるフライト，J：日本要素フライト，E：欧州要素フライト，UF：利用フライト，LF：補給フライト，ULF：利用補給フライト
注2) 打上げ要素の記号 Z：天頂方向，P：進行方向に向かって左側，S：右側
注3) 構成要素の取付け位置は図2.1，内容については表2.2を参照
※ コロンビア号事故により打上げ時期について見直し中

2.2 国際宇宙ステーションの設計条件[1]

　国際宇宙ステーション (ISS) の大きさ・形状・発生電力・搭乗員などの設計仕様を決定している基本条件について，それらを規定する主要な制約条件および要求条件の概略を述べる。

　現 ISS の設計仕様は，「宇宙ステーションのミッションは，科学実験を主目的とする軌道上研究所」とする科学者の要求に基づいて大部分が決定されている。ミッション要求は，スペースシャトルやミール上での微小重力環境を利用した材料科学やライフサイエンスの中核となった科学者の要望を集約したものである。

〔1〕 制約条件

（1） 実験に使用できる電力：最終的には 45 kW
（2） 最大搭乗員数：搭乗員脱出用ソユーズ宇宙船の搭乗員数が 3 人，2 機で合計 6 人
（3） 軌道傾斜角：カザフスタンのバイコヌール宇宙センターから打上げ可能な 51.6 deg
（4） 軌道高度：空気抵抗による軌道低下とランデブー能力の妥協点で最高許容高度 460 km
（5） 運用寿命：運用寿命は 10 年，実際には，部品などの交換により延長可能，非交換部品である構造の設計寿命は 15 年

〔2〕 要求条件

（1） ミッション要求：材料・ライフサイエンス実験を行うための微小重力レベル（年間 180 日および連続して 30 日を維持），実験用ガス・水・電力の供給，真空排気，排熱，通信などを提供
（2） 搭乗員対応要求：搭乗員の居住環境，運用，操作，生活に関連する諸要求
（a） 居住環境は，大気圧（0.096〜0.103 MPa（13.9〜14.9 psia）），酸素

分圧（0.019～0.023 MPa（2.83～3.35 psia））の維持，室温（18.3～29.4℃），相対湿度（25～75％），露点（4.4～15.6℃），内部風速（3～12 m/分），炭酸ガス分圧（1日平均5.3 mmHg，ピークで7.6 mmHg以下）

(b) 与圧室内部ハードウェアのサイズは，日本人女性の5％下限（最小）から，米国人男性の95％上限（最大）に対応可能．外部ハードウェアは米国人女性の50％下限から男性の95％上限まで対応可能

(c) 機器の操作力は，保全・緊急操作の場合には，米国人男性の5～95％に対応可能

(d) 搭乗員の排泄物の回収・処理，放射線環境のモニタ，搭乗員のプライバシー保護，個人所有物の保管，内部の衛生管理，微生物サンプル，健康管理，レクリエーション，食料および飲用水確保，内部移動支援具，炭酸ガス分圧，有害ガスの管理要求など

〔3〕 一般設計条件

(1) 信頼性：システムへのインパクトが大きい機器には冗長性設計を要求．一般的な定量的信頼度の規定はないが，30日間の微小重力モードで，0.80の信頼度を規定

(2) 環境条件：自然環境（外部熱入力，自然大気，外部汚染，電磁場，プラズマ，イオン化放射線，太陽紫外線，隕石・デブリ（表2.4参照），重力場）と，誘導環境（シャトルオービタの噴射ガス動圧，ドッキング衝

表2.4 隕石・デブリ環境条件の概要

軌道高度・傾斜角	高度：400 km　　傾斜角：51.6 deg
ISSの姿勢条件	LVLH[*3]維持時間：10％（オービタ付き） TEA[*3]維持時間：90％（オービタなし）
ソーラフラックス	70×10^4 Jansky（$F_{10.7} = 70$）
軌道上デブリの密度[*1]	2.8 g/cm³（アルミニウムを想定）
デブリの最大直径[*2]	20 cm

＊1) 隕石・デブリにクリティカルなアイテムのみ
＊2) 非貫通確率評価のみに使用
＊3) LVLH，TEAについては，2.3.6項参照

撃，EVA クルーの作業荷重）
（3）材料，プロセス，および部品選定に対する条件：オフガス量，可燃性，非金属材料の寿命，電気・電子部品の信頼度を規定
（4）安全性：シャトル搭載ための安全性設計，減圧再加圧時の対応，接触温度，内部/外部シャープエッジ，火災防止，ソフトウェア安全性設計などを規定
（5）一般設計要求：構造設計，構造材料，空気のリーク（0.23 kg/日以下），電力配分
（6）緊急事態：火災時，急減圧（3.4 kPa（0.5 psi）まで），および空気汚染を想定

2.3 国際宇宙ステーションのサブシステム[2]

国際宇宙ステーション（ISS）の機能を分担する各サブシステムについて以下に述べる。

2.3.1 コマンドおよびデータ処理系

ISS 組立て完了時には合計 100 台以上のコンピュータが搭載される。これらはシステムおよびペイロードのデータ収集，データ処理，および適切な機器への制御信号を送出する。ISS 全体のコンピュータシステムは，**図 2.2** に示すように，米国要素を中心として国際パートナー（日本，欧州，カナダ，ロシア）のシステムから構成される。これには，米国のコマンドおよびデータ処理系（C & DH：command and data handling system），ロシアの軌道上施設管理システム（OCCS：orbit computer control system），カナダのコンピュータシステム，日本のデータ管理システム，および欧州のデータ管理システムが含まれる。

この中で米国 C & DH は ISS 全体レベルの制御ソフトウェアを搭載するとともに，米国要素およびそのペイロードの管理・制御を行う。他の各国要素の

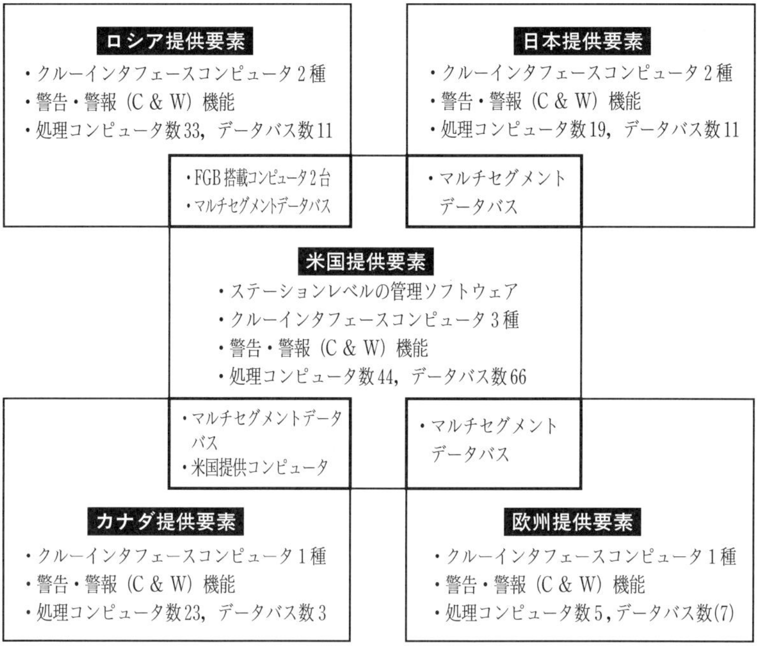

2.3 国際宇宙ステーションのサブシステム

```
┌─────────────────────────────┐  ┌─────────────────────────────┐
│     ロシア提供要素           │  │     日本提供要素             │
│ ・クルーインタフェースコンピュータ2種 │  │ ・クルーインタフェースコンピュータ2種 │
│ ・警告・警報（C & W）機能    │  │ ・警告・警報（C & W）機能    │
│ ・処理コンピュータ数33，データバス数11 │  │ ・処理コンピュータ数19，データバス数11 │
│        ┌────────────────────┤  ├──────────────────┐          │
│        │・FGB搭載コンピュータ2台│  │・マルチセグメント  │          │
│        │・マルチセグメントデータバス│  │ データバス       │          │
└────────┤                    │  │                  ├──────────┘
         │    米国提供要素                              │
         │ ・ステーションレベルの管理ソフトウェア        │
         │ ・クルーインタフェースコンピュータ3種         │
         │ ・警告・警報（C & W）機能                     │
         │ ・処理コンピュータ数44，データバス数66         │
┌────────┤                    │  │                  ├──────────┐
│        │・マルチセグメントデータ│  │・マルチセグメント │          │
│        │ バス                │  │ データバス       │          │
│        │・米国提供コンピュータ│  │                  │          │
│        └────────────────────┤  ├──────────────────┘          │
│     カナダ提供要素           │  │     欧州提供要素             │
│ ・クルーインタフェースコンピュータ1種 │  │ ・クルーインタフェースコンピュータ1種 │
│ ・警告・警報（C & W）機能    │  │ ・警告・警報（C & W）機能    │
│ ・処理コンピュータ数23，データバス数3 │  │ ・処理コンピュータ数5，データバス数(7) │
└─────────────────────────────┘  └─────────────────────────────┘
```

注：
1) クルーインタフェースコンピュータには，ペイロード運用コンピュータおよび専用ハードウェアパネルスイッチを含まない
2) マルチセグメントデータバスは，各国際パートナの要素内ポートを接続し，クルーインタフェースコンピュータ，C & W 機能，ペイロードデータなどが統合されたシステムとして機能することを可能にしている。
3) 処理コンピュータには，キーボードやモニタはない。

図 2.2 ISS 全体のコンピュータシステム[(2)]

コンピュータは，それぞれの提供要素およびペイロードの管理・制御を行う。また，クルーインタフェースとして多くのラップトップコンピュータ（PCS：portable computer system）が搭載されているが，これらはすべて警告・警報（C & W：caution and warning）の機能を備えている。

〔1〕 **ISS 全体レベルの制御モード**　ISS 全体レベルの制御モードには七つあり，**表 2.5** に，各 ISS モードの特徴と動作例を示す。搭乗員あるいは地上管制によって手動でほとんどのモードへ移行できる。ソフトウェアによって自動的に変更できるモードもあるが，一度にとれるのはいずれか一つのモード

表 2.5　ISS 運用モードの特徴と動作例

ISS モード	特　　徴	動 作 例
標　準	すべての定常的システム維持，内部保全，微小重力環境が不要なペイロード運用を支援	・ペイロードへの給電と始動 ・EVA 支援装置の停止 ・可動台車の停止
微小重力	すべての微小重力ペイロード運用を支援	・能動式ラック制振装置の始動 ・GNC を CMG による姿勢制御に切換え
リブースト	ISS の軌道上昇運用を支援	・GNC を CMG/推進系支援制御モードに切換え
近接運用	ISS に，ランデブー，接岸し，あるいはそこから発進するシャトル，ソユーズ，プログレス，その他の宇宙船運用を支援	・宇宙空間通信をオービタモードに切換え ・GNC を CMG/推進系支援制御モードに切換え
外部運用	EVA および外部ロボットを含むすべての外部組立て，保全運用を支援	・宇宙空間通信を EVA モードに切換え ・GNC を CMG/推進系支援制御モードに切換え
サバイバル	大きな故障や運動制御機能が失われたときの，長期間の ISS 運用を支援	・ユーザペイロード支援装置を停止 ・能動式ラック制振装置を停止 ・EVA 支援装置を停止
搭乗員の安全帰還	意図していない搭乗員帰還が必要となったときのソユーズの緊急分離と発進を支援	・ユーザペイロード支援装置を停止 ・能動式ラック制振装置を停止 ・EVA 支援装置を停止 ・ソユーズ発進の姿勢をとるよう GNC に指示

GNC, CMG については後出

である。

〔2〕 **クルーインタフェースコンピュータ**　　クルーインタフェースコンピュータは，ISS のモード変更，システムの管理・制御，警告・警報管理，運用計画管理や在庫管理，各国モジュール内システム管理，ペイロード管理，ロボットの制御，搭乗員の健康管理などに使用される。ISS には過去の宇宙船で用いられたスイッチに代わり PCS が使われている。PCS は市販のラップトップを搭載用に改修して使用しているので，性能向上品に容易に変更できる。ISS 内にはラップトップの接続ポートが設けてあり，どこに移動しても容易に接続できる。各国コンピュータの表示は，英語を用い原則 SI 表示とすることが決

2.3 国際宇宙ステーションのサブシステム

められている。

〔3〕 **警告・警報** 警告・警報（C & W）システムは，①搭乗員あるいは ISS の安全がおびやかされる場合，②ミッション達成へのインパクト，および③データが許容値を外れる場合に搭乗員や地上に報知するものである。これが作動するイベントとして，緊急（emergency），警報（warning），警告（caution）および忠告（advisory）の四つのクラスがある。**表 2.6** に，C & W のクラス分けとその定義および事例を示す。発信されるアラームは，パネル上の光表示，通信システムによる音，および PCS 上へのテキストと図による表示という三つの方法により搭乗員に伝達される。

表 2.6 C & W のクラス分けとその定義および事例

C & W クラス	定 義	事 例
クラス 1 - 緊急 ・音 - 繰返し音 ・色 - 赤	搭乗員の生命をおびやかすような状況が生じ，搭乗員の即座の対応が必要なもの	三つの場合があり，これらは 1. 与圧空間での火災または煙 2. キャビン圧の急激な変化 3. 有害大気の発生
クラス 2 - 警報 ・音 - サイレン ・色 - 赤	ミッション遂行へのインパクト，あるいは潜在的にステーションや搭乗員の喪失につながることを避けるために，緊急の修復を必要とするハードウェアやソフトウェア故障の検出	・GNC 主系計算機の故障 ・キャビン圧上昇の検知 ・CMG 姿勢制御の損失
クラス 3 - 警告 ・音 - 一定音 ・色 - 黄色	時間的に急を要しないが，ほっておくと警報に至るような規格を外れる条件	・GNC 副系計算機の故障 ・S バンド通信信号処理装置の重大な故障 ・姿勢制御を行う四つの CMG うちの一つの故障
クラス 4 - 忠告	システムの状況と処理といった情報で，警告・警報の伝達とはならないもの	・S バンド通信信号処理装置の軽度な故障 ・遠隔電力制御スイッチのトリップ

〔4〕 **データ処理コンピュータおよびデータバス** 米国のデータ処理コンピュータおよびデータバス（C & DH）は，**図 2.3** の C & DH 階層構造に示すように，三つの階層（tier）に分けられる。階層 1 は制御（control）階層と呼ばれ，ユーザインタフェースおよび他コンピュータシステムとのインタフェースを提供し，ISS 全体レベルのソフトウェアを持つ。階層 2 はローカル

2. 国際宇宙ステーションの構成とサブシステム

```
     △
    階層1  ⇒  階層1：制御階層
              ・ユーザインタフェース
コマンド↓↑テレメトリ ・全体レベルのソフトウェア
              ・他コンピュータシステムとのインタフェース
    ◸階層2◹  ⇒  階層2：ローカル階層
              ・システム固有のソフトウェア
コマンド↓↑テレメトリ
   ◸ 階層3 ◹ ⇒  階層3：ユーザ階層
              ・センサ/エフェクタインターフェース
     ↓
  センサ/エフェクタ
```

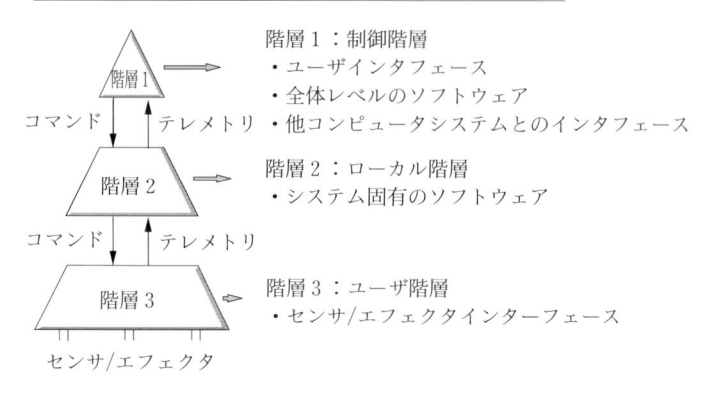

図 2.3　C & DH 階層構造の概念[2]

(local) 階層と呼ばれ，各システム固有のソフトウェアを持つ。階層3はユーザ (user) 階層と呼ばれ，センサ/エフェクタインタフェースをユーザ機器に提供する。

　この図から明らかなように，コマンド信号は階層1から発信され，階層2を通って階層3のエフェクタに達する。また，階層3に取り付けられたセンサの信号は，階層2を通り階層1に到着する。階層構成の一つに冗長系の構成がある。一般的には階層1は2FT (fault tolerant)，すなわち三つの同一のコンピュータ構成，階層2は1FT (二つの同一コンピュータ)，階層3は0FT (単一コンピュータ) からなる。しかし，階層3レベルのコンピュータに対しても，コンピュータ間のソフトウェア配分によって冗長性が達成されることがある。例えば，センサとエフェクタの冗長ストリングを他のコンピュータに結合したり，一つのコンピュータ内でソフトウェアの冗長を持たせることである。

　米国コンピュータは MDM (multiplexer/demultiplexer) と呼ばれる。MDM 同士を結びデータ収集・処理，管理・制御を行うデータバスは MIL-STD-1553B バスである。1553B バスの速度は最大1Mbps と比較的遅いが，宇宙環境における使用実績とビルトインの冗長能力を持つという理由で採用されている。このほかに，ペイロードの管理・管制を行うために別系統の低速デ

―タバス (1553 B)，およびペイロードデータ収集用の中速系イーサネットと光ファイバ高速データ伝送系を設置している。

2.3.2 電　力　系

電力系は，一次電源系，二次電源系，および支援系から構成される。一次電源では，太陽発電モジュールにより DC 160 V の電力を発生するとともに，ISS が地球の陰に入る「食」に備えて Ni-H_2 バッテリを備えている。この電力は，ステーションのトラスを通じて各モジュールの入口や外部機器まで分配され，そこで二次電源電圧 (DC 124 V) に降圧され，ユーザ機器に供給される。

〔1〕**一次電源系**　一次電源系の目的は，太陽電池によって太陽エネルギーを電気エネルギーに変換し，安定に発電することである。ISS の一次電源系は**図 2.4**に示すように，トラス構造からなる 4 台の太陽発電モジュールで構成されている。また，太陽電池アレー，シーケンシャルシャントユニット (SSU：sequential shunt unit)，ベータジンバル機構，制御器，バッテリなどのコンポーネントからなる，パワーチャネルと呼ぶ電源系の集まりを一つの単位として構成し，全体で，8 台のパワーチャネルが装備される。したがって 1 台の太陽発電モジュールには，2 台分のパワーチャネルの機器が装備されていることになる。

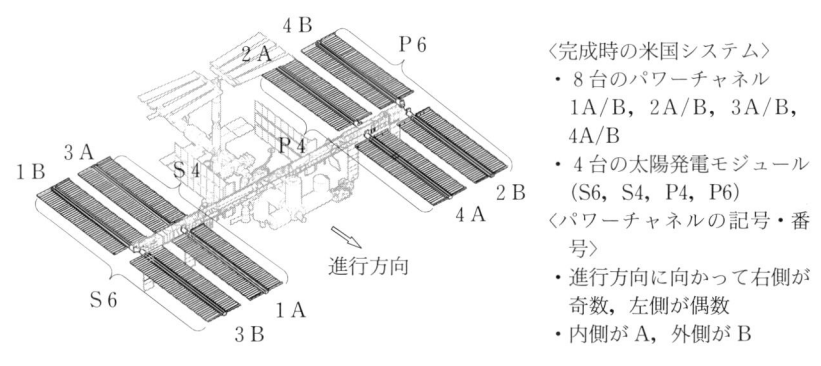

〈完成時の米国システム〉
・8 台のパワーチャネル
　1A/B，2A/B，3A/B，4A/B
・4 台の太陽発電モジュール
　(S6，S4，P4，P6)
〈パワーチャネルの記号・番号〉
・進行方向に向かって右側が奇数，左側が偶数
・内側が A，外側が B

図 2.4　太陽発電モジュールの構成[2]

太陽電池ブランケットは直列に接続された太陽電池セルの集まりで，一対のブランケット（右と左）が太陽電池アレーを構成する。図 2.5 は，軌道上で中央のマスト構造の進展によってブランケットが展開していく様子をを示している。ブランケットの集合体は太陽電池アレー翼と呼ばれ，これには太陽方向を追尾するための回転機構を備えている。ピッチ軸周りの回転をアルファジンバル，ロール軸周りの回転をベータジンバルと呼ぶ。両ジンバルともに回転軸周りに 360°回転するが，ロータリジョイントにより電力とデータの伝達を行う。ベータジンバル機構の回転部を通しての電力伝達には新開発のロールリング機構を用いている。アレーで発生した電力は SSU によって 160 V に調圧する。一次電源の調圧は，ISS 上を長距離送電する際の損失，下流機器の経年変化，太陽電池セルの経年変化，および負荷によって大きく変動する太陽電池セルの出力電圧を補正するために必要である。

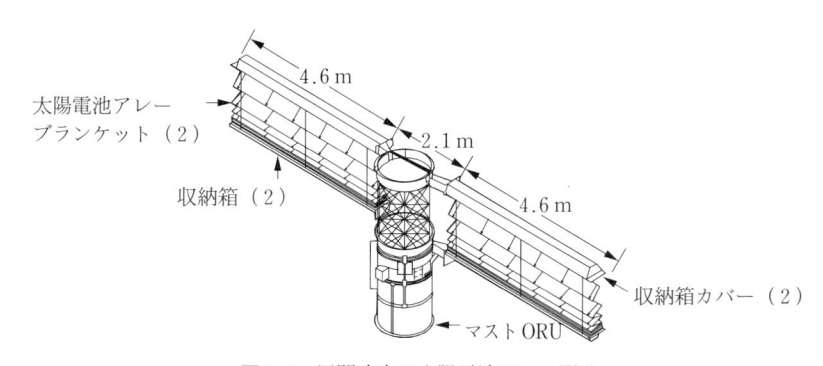

図 2.5　展開途中の太陽電池アレー翼[2]

ISS が地球の陰に入る「食」期間中の電力不足を補うため，各パワーチャネルは三つのバッテリユニットからなる蓄電システムを備え，各ユニットは 2 個のバッテリから構成されている。バッテリは充放電制御装置によって日照時に充電され，「食」時には放電を制御される。

蓄電システムは，「食」期間中の ISS の電力要求に対応するため，深度 35 ％までしか放電を許容していない。発電システムが故障した場合，ISS の電力消費率を低減した状態で 1 周期の「食」期間を経過したあとでも， 1 周回分の

電力を供給することができる。なお、蓄電を一次電源に集中した構成により，蓄電システムの重量とコスト削減がなされている。

〔2〕 二次電源系　二次電源系の第1ステップは，一次電源電圧 DC 160 V から二次電源電圧 DC 124 V への変換である。電圧変換は，与圧モジュール内部，トラス上など ISS の各所でユーザの要求に応じて行う。二次電源への変換機器として，容量 12.5 kW の直流-直流変換器（DDCU：DC to DC converter unit）を用いる。二次配電系では，半導体あるいは電気-機械式リレー遠隔電力制御器で電力の流れを開閉する。なお，二次電力系統には冗長系がないが，ユーザの選択により電力供給を選ぶことでユーザ負荷側で冗長構成をとりうる。

〔3〕 支援システム—熱制御系と接地システム　太陽発電モジュールには，流体ループを用いた熱制御システム（2.3.4 項参照）とは独立した放熱板を使用した熱制御システムを持つ。これは全体の放熱板が 360 度回転する太陽電池アレーと直交して取り付けられるのに対し，アルファジンバル機構が電力とデータの伝達はできるが流体ループを持たないためである。

もう一つの重要な支援システムは，アーク放電と電気ショックハザードを最小限に抑えるための接地システムである。ISS 上のすべてのコンポーネントを共通電位に維持するために，一点接地方式を採用している。しかし，ISS 内が共通電位であっても，ISS 構造体と軌道上のプラズマ環境間の電位が日照時に 140 V まで上昇することがある。このため，宇宙環境と ISS 構造間にマイクロアークが飛び，太陽電池アレーや構造物の熱コーティング材に損傷を与える可能性がある。この潜在的電位の発生を最少化するため，プラズマコンタクターユニット（PCU：plasma contactor unit）を Z1 トラス上に設置している。PCU のホローカソードがキセノンガスの電子流を空間に放出する。この電子流がグランディングストラップを形成し，ISS を宇宙環境に対し有効に接地し電位差を最少化している。

〔4〕 電力系冗長構成によるシステムの保護　前述のように一次電源系は 8 系統のパワーチャネルから構成されているが，これらはすべてクロスストラ

ップ (cross-strapping) を可能にして電源系の故障に備えている。一方，二次電源系はクロスストラップができないため，下流の故障は電力の停止につながる。これに対抗してユーザ側が冗長を確保するためには，入力電源を選んだり，同じ機能のコンポーネントを複数台用意することを考慮しなければならない。また，下流の機器の故障が上流に伝搬しないように，下流の電流保護機器はその上流の機器よりも早く作動するように低い動作電流を設定している。また，アレーの出力電圧が規定仕様の下限より低下した場合，電力発生を停止して太陽電池の低電圧，大電流仕様による過熱を防ぐ保護対策をとっている。

〔5〕 **ロシアの電源システムとのインタフェース** ISS 本体の二次電源電圧は 124 V であるのに対して，ロシア要素の電源システムでは一次電源電圧が DC 32 V，二次電源電圧が DC 28 V である。したがって，米国とロシア要素の間では，DC 124 V と DC 28 V との相互変換により双方向からの電力供給が行えるようにしている。なお，ロシア要素はそれぞれが独立した二次電源システムを持っている。

2.3.3 通信および追跡システム

地上との広範な通信機能を有する通信および追跡システム (C & T : communication and tracking) は，安全で信頼性の高い ISS の運用に不可欠な統合機能である。C & T は，システム運用と科学的研究活動の支援という二つの重要な役目を果たすように設計され，**表 2.7** に示す五つのサブシステムに分

表 2.7 C&T サブシステムとその機能

サブシステム	機　　能
内部オーディオ	ISS 内部，および外部インタフェースに音声を配布
S バンド	音声，コマンド，テレメトリおよびデータファイルの地上との送受信
UHF バンド	EVA および近傍宇宙船の運用に使用
ビデオ配布	ビデオ信号を ISS 内部，外部インタフェースに配布
Ku バンド	ペイロードのダウンリンクデータ，ビデオデータ，ファイルデータを地上へ送信

けられる。

　ISSを管制し参加各国の軌道上要素を運用するには，ヒューストンのミッション管制センター（MCC-H：Mission Control Center-Houston）（宇宙ステーション管制センター（SSCC）ともいう）とISSとの双方向リンクによるコマンド・テレメトリ送信が必要である。Sバンドサブシステムにより，軌道上システムにコマンドを送信することができる。また，ドッキングしているシャトルあるいは，ロシア補給船の通信サブシステムも，ISSにコマンドを送信できる。各国の管制センター，すなわち，モスクワのミッション管制センター（MCC-M：Mission Control Center-Moscow），ESAおよびJAXA管制センターも，MCC-Hを通して，ISSにコマンドを送信できる。また，ペイロード管制センターはNASAペイロード運用統合センター（POIC：payload operations integration center）およびMCC-Hを通して，ペイロードおよびいくつかのISS内装置にコマンドを打つことができる。

　ISSシステムおよびクリティカルペイロードのテレメトリデータ送信はSバンドにより，ISSからMCC-Hへと，コマンドと逆方向の経路を使用する。ISSの場合，地上との通信が確保できる時間は，シャトルに比べて短い。二つの追跡・データ中継衛星TDRS（tracking and data relay satellite）を利用した場合，シャトルが軌道全周期のおよそ90％をカバーするのに対し，ISSは，自らの影の影響により，平均でおよそ50％であり，軌道によっては，50％以下になることもあり得る。飛行管制担当は，ミッション計画あるいはリアルタイム計画の立案時には，地上設備の有効利用を図ってカバー時間が最大となるよう，最適のTDRS対を選択する必要がある。

〔1〕 **内部オーディオサブシステム**　内部オーディオサブシステム（IAS：internal audio subsystem）の目的は，軌道上の音声通話と警告・警報の信号音を配布することである。配布範囲は，ISS内部のみならず，シャトル，地上，EVAクルーなどの外部も含んでいる。さらに，IASは，米国要素と他の国際パートナーのモジュール（例えば，JEMあるいはコロンバス）へも配布される。物理的に分離されたクルー間の電話による会話は信頼できる通

信手段として，飛行安全とミッションの成功に不可欠である．IASは，各国要素の与圧部分に対し，インターコムと電話システムとして機能する．ロシアSMとのインタフェースも持っており，ISS全体の通信が複数の要素の運用をサポートできる．

　IASをUHFサブシステムに接続することにより，クルーが船外活動スーツEMU（extravehicular mobility unit）のクルーと通信することも，接近中あるいは離脱中のシャトル内のクルーと通信することもできる．有線を接続すれば，ドッキング中のシャトル内にいるクルーと直接の音声およびC & W通信が可能となる．また，IASをSバンドサブシステムに接続することにより，軌道上と地上との双方向音声通信ができ，音声を記録/再生できるビデオテープレコーダにも接続できる．すべてのIAS機能のうちで，最も重要なものは，クルーにC & Wの事象を聞き取れるように通信する機能である．

　このサブシステムに対する信号のルーティングと不具合処置はほとんど自動で行われ，クルーや運用者の介在を必要としない．飛行担当者の仕事は，サブシステムの起動，機器チェック，故障修理，あるいはクルーを負荷から外す音声ループの設定などを行う．一方，クルーは音声端末装置（ATU：audio terminal unit）から，IASの大部分への通話の設定を行うことができる．この作業には，呼出し（call），電話会議への参加，音量の調節も含まれる．軌道上-地上間の会議は，IASにPCSあるいは地上からIAS-Sバンドサブシステム間インタフェースを構成するようコマンドを送ることで実施できる．

〔2〕**Sバンドサブシステム**　Sバンドサブシステムは，ISSへコマンドを送信し，制御するために主体的に使用される通信システムである．

　Sバンドサブシステムにより，MCC-HとPOICからISSにコマンドを送信し，システムとペイロードの重要なテレメトリをISSからMCC-HとPOICに送信する．テレメトリデータにはリアルタイムと再生データがあり，Sバンドサブシステムは，音声およびファイル転送について，地上とISS間で上り/下り双方向の通信に使用される．Sバンドサブシステムの運用には，MCC-Hの飛行管制担当者が重要な役割を果たす．信号が通信できない状態

2.3 国際宇宙ステーションのサブシステム

LOS（loss-of-signal）時には，クルーが飛行管制担当者のバックアップをする．

定常運用において，飛行管制担当者は，システムの起動，停止，システムのチェック，さらにデータレートの変更，コンポーネントの運用上のリミット値の変更を実施する．これらの運用は，組立て運用，電源停止運用，および保全運用時に，主として行われる．

〔3〕 **UHF サブシステム** UHF サブシステムは，ハードラインによる通信が不可能な，ISS 内外の宇宙間通信機能を提供する．この宇宙間通信機能は，ISS とシャトル-オービタ間における音声，コマンド，およびテレメトリ，また，EMU を着用したクルーとの音声，医学および船外活動ユニットのデータ，さらに将来のフリーフライヤとのコマンド，テレメトリデータに対し，通信機能を提供する．

UHF サブシステムは，従来の EVA 機能としての EMU および医学データの送信ばかりでなく，コマンドとテレメトリに関する宇宙間通信をサポートする．この UHF サブシステムは，ランデブー/ドッキング運用が行われる際に ISS を遠隔制御によってコントロールするときに使用される．オービタが ISS の UHF サブシステムにコマンドを送信した場合，コマンドは，UHF サブシステムを経て，通信・制御用 MDM に送られ実施される．ISS の UHF サブシステムは，テレメトリデータのみ返却してくる．遠隔で制御されるフリーフライヤもまた，アプローチおよびドッキングのために UHF サブシステムを使用する．また，フリーフライヤーに関しては，ISS は UHF サブシステムを介してコマンドを送るとともに，テレメトリも受信する．欧州の ATV（automated transfer vehicle）やわが国の HTV（H-ⅡA transfer vehicle）は，フリーフライヤに似た宇宙船である．

〔4〕 **ビデオ配布サブシステム** ビデオ配布サブシステム（VDS：video distribution subsystem）は，ビデオテープレコーダを通して IAS とインタフェースを持つ．音声バス上のすべての音声信号はビデオテープレコーダに録音され，かつ再配布のために，再生することができる．ISS においては，画像と

音声を別々に配信することが重要である。また，画像と音声は異なったルートで地上に送信され，地上で合成される。

〔5〕 **Kuバンドサブシステム**　Kuバンドサブシステムは，高速データのアップリンクとダウンリンクを提供するもので，これには実時間ペイロードデータ，ビデオ（実時間および再生），およびISSのシステム，テレメトリ（ZOE（zone of exclusion）期間中の記録）が含まれている。当初のダウンリンク能力は50 Mbpsであり，さらに増強することを計画している。

2.3.4 熱制御系

熱制御系（TCS：thermal control system）の役割は，ISSのシステム機器と，ペイロードを，所定の温度範囲に維持することである。ISSの熱制御系は，図2.6に示すように受動熱制御系（PTCS：passive TCS）および能動熱制御系（ATCS：active TCS）により構成されている。

```
                    熱制御系（TCS）
                         |
         ┌───────────────┴───────────────┐
   受動熱制御系（PTCS）             能動熱制御系（ATCS）
         ├── 断熱材                      ├── 内部熱制御系（ITCS）
         ├── 表面コーティング            └── 外部熱制御系（ETCS）
         ├── ヒータ
         └── ヒートパイプ
```

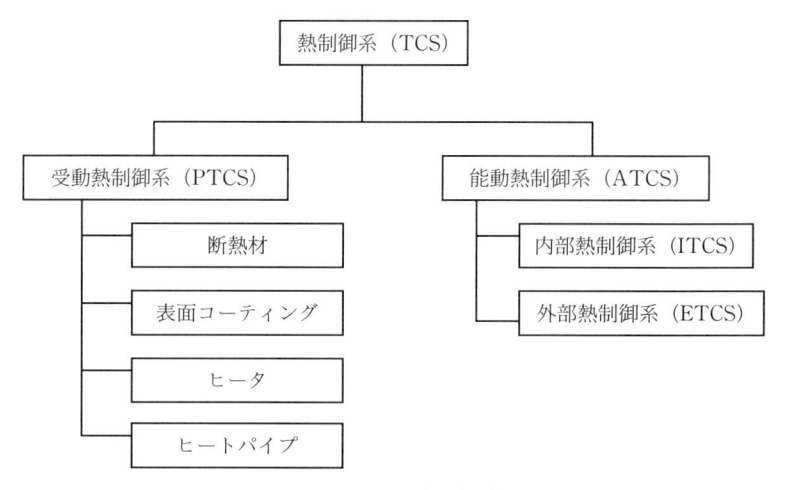

図2.6　ISSの熱制御系

米国の軌道要素と，ロシアの軌道要素の熱制御系は同じアーキテクチャを持ち，おのおの独立している。ロシア要素のATCSは，ミールとほとんど同じ設計になっており，各モジュールが内部および外部のATCSを持つ。

2.3 国際宇宙ステーションのサブシステム

〔1〕 **米国要素の受動熱制御系（PTCS）** ISSでは，場所ごとにその温度は非常に大きく変化するため，熱制御は場所ごとに異なり，それぞれが固有なものとなる。トラスにそった温度は，モジュール周りが発熱源となるため，モジュールからの距離が増加すると低下する。モジュール周りの温度は，−126～149℃の範囲で変化しえるが，トラス外部の温度は−184～149℃になる。PTCSは構造が単純で安価なために，各種機器やペイロードの熱制御の方法として多用されている。またPTCSは，構造体や外に取り付けた機器を流体インタフェースなしに許容温度内に維持する機能をもち，その構成品の保全と交換が最小となるように設計される。構成品には断熱材，表面コーティング，ヒータ，ヒートパイプなどがあり，これらが局所的な熱環境下で，構造体や機器を所定の温度内に維持する。

多層断熱材（MLI：multi-layer insulation）は伝熱量を少なくし温度勾配を最大にし，熱の出入りを抑える機能を有する。MLIは，複数の層で構成されており，厚さは3.2～6.4 mmである。最外層はアルミ蒸着ベータクロスで，原子状酸素，および隕石・デブリから中間層を保護し，中間層はアルミ蒸着カプトンとポリエステル製の網で多層を構成し，これが熱輻射を非常に効果的に抑える役割を果たしている。内側の層はアルミ蒸着カプトンで引火防止の役割を持っている。MLIは，モジュールの内部と外部，トラスおよびORU（orbital replacement unit）に使用されている。熱制御要素としてISS全域の最外部に表面コーティングや塗料が用いられており，これらは原子状酸素や放射線に対する耐性がなければならない。表2.8にISSで用いられている代表的な表面処理と熱特性の例を示す。

PTCSは，外部にある流体ループ管の凍結しそうなところや流れが届かな

表2.8 ISS表面処理と熱特性の例

表面処理	適用部	輻射率	吸収率
化成被膜処理面	構造部材（主および二次）	0.85	0.49
Z-93	放熱板	0.91	0.15

＊この値は最初の値であり，劣化により変化する。

い場所などATCSが高温もしくは低温の制御をできないところにも用いられる。ヒータには，機器保温ヒータ，緊急用ヒータおよびシェルヒータの3種類がある。緊急用ヒータは，電力供給がなくなったときに，温度低下による故障を防ぐためのものであり，シェルヒータは与圧部内壁の結露対策に用いられる。ヒータはモジュール内・外表面，ORU内面および各配管に接着されており，遠隔電力制御器から電力を供給し，各部の温度センサにより制御されて，各要素を所定の温度に維持する。

　PTCSの補助的な役割を果たすものとしてヒートパイプがある。ヒートパイプは，準静的な，短い距離の熱移動を用いたデバイスで，駆動部はない。ヒートパイプはその内部で，蒸発・凝縮による潜熱を利用して熱の移動を行う。

〔2〕 **米国要素の能動熱制御系（ATCS）**　　ATCSは，PTCSでは十分制御できない熱負荷の大きいところに適用され，集熱部，熱輸送部および排熱部の三つの機能を持つポンプ駆動式の閉ループ流体回路から構成される。図2.7に示すように，米国要素ATCSは，内部に搭載された機器の発生する熱を集める内部熱制御システム（ITCS：internal TCS）と，宇宙空間に放熱する外部熱制御システム（ETCS：external TCS）の二つで構成されている。ITCSでは，運用上の安全性と効率の理由から，作動流体として水を用いる。ITCSは，米国居住棟，JEM，Node 2，コロンバスすべて同じ方式である。ETCSでは，高温時の熱容量が大きく，広い温度範囲で機能することから，アンモニアを用いる。ETCSにおけるアンモニアは，システム内において常

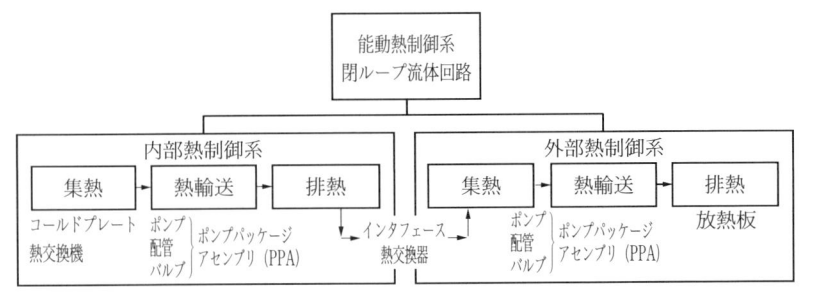

図2.7　米国要素ATCS[2]

時液体で駆動している。

(1) **内部熱制御系（ITCS）** すべての与圧要素には，図 2.8 に示すような ITCS が艤装されている。Node 1 やエアロックのようないくつかの要素だけは，集熱機器と配管のみを設置しているが，他は完全な循環ループを持つ。実験棟は低温ループ（LTL：low temperature loop）と中温ループ（MTL：moderate temperature loop）の二つの独立したループをもっている。この方法により，機器の故障の場合，応急対応や熱管理の単純化，熱負荷の分離が可能となる。LTL は 4℃を保つもので，例えば ECLSS（2.3.5 項参照）の除湿機やいくつかのペイロードなどの低温を要求するシステムに使用される。MTL は 17℃を保つもので，アビオニクスなどのシステムやペイロードの冷却に使用される。通常，両方の ITCS ループは，デュアルループモードで独立に運用される。ループ系のポンプが 1 台故障すると，この二つのループが連結されて単一ループとして機能し，重要なシステムの冷却を維持する。

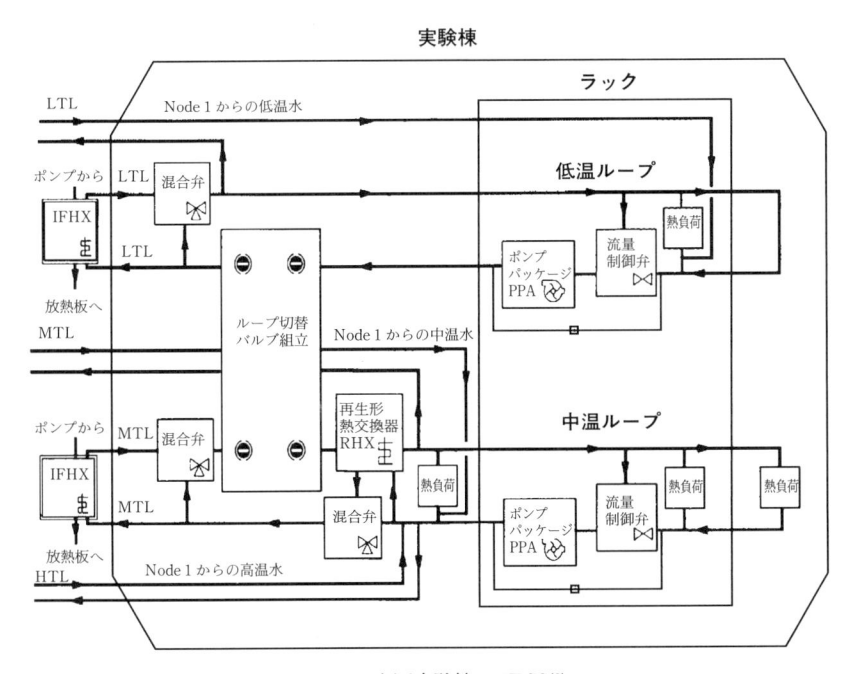

図 2.8 米国実験棟の ITCS[2]

MTL が故障した場合，ORU の一つである再生形熱交換器（RHX：regenerative heat exchanger）が作動し，MTL ラインに入る前に水を暖める。

集熱のために ITCS はコールドプレートと熱交換器により構成されており，ほとんどの集熱部は，ラック内に配置されているが一部はエンドコーン（先端）部に配置されている。発熱機器はコールドプレート表面に取り付けられ，ここから熱伝導により移動した熱は，コールドプレートの内部フィンを通して水に熱伝達される。熱交換器は，コールドプレートと同じ機能であるが，流体間同士の熱移送および空気の除湿に用いる。

コールドプレートや熱交換器を介して熱を移動させるために水を循環させる役目を果たすのが，各ループに設置されているポンプパッケージアセンブリ（PPA：pump package assembly）である。遠心ポンプとアキュムレータがその主要コンポーネントである。アキュムレータは温度変化に伴う流体の体積変化があっても所定の圧力を維持し，「漏れ」が生じた場合に水を補給する機能をもつ。このほかの PPA 要素としては，フィルタ，ガストラップ，流量計および温度・圧力センサがある。ITCS の配管は剛なチタンと可撓性のあるテフロンチューブにより構成されていて，インタフェース熱交換器（IFHX：interface heat exchanger）から冷水を供給され，温水を返送することで熱負荷を移送している。この配管は，ラック内を平行に流れるように配置されている。LTL 配管はモジュール内の空気が露点以下になるため断熱材が巻かれているが，MTL には施されていない。IFHX は，二つの ITCS ループと ETCS（external TCS）ループの熱交換を行うもので，実験棟与圧部分のエンドコーン外部に取り付ける。

（2）　**初期外部熱制御系（EETCS）**　　恒久的な外部熱制御系の構築前から実験棟を運用するため，臨時の ETCS が必要となるが，ロシア要素の冷却システムは米ロ要素間の熱システムとのインタフェースがないため利用できない。その代わりに，太陽電池用熱制御システム（PVTCS：photovoltaic TCS）と呼ぶ臨時の熱制御系を EETCS（early ETCS）として用いる。EETCS は，771 kg/h の液体アンモニアループにより排熱するシステムで，2

〜5°Cで運転する二つの同一の独立なループAとループBがある。これら各ループは一つのIFHXに結合され，二つの放熱板から放熱される。米国実験棟，Node 1，MPLM，エアロックなどに対して，2枚の固定式放熱板により，合計14 kWの排熱能力を持っている。ループAは低温系，ループBは中温系の熱交換器と結合され，すべてのETCS機器はクルーがアンモニアに接触しないように与圧部の外側に配置されている。2個のIFHXがEETCSにおける唯一の集熱部である。IFHXには熱交換器，バイパスバルブ，しゃ断バルブ，温度センサ，そして2個の圧力調整弁を持っている。

熱輸送要素はポンプ，配管，アキュムレータ，簡易脱着コネクタ（QD：quick disconnect）および流量制御バルブより構成されており，これによりループ内のアンモニアを循環させる。アンモニア循環は，ポンプおよび流量制御機器部（PFCS：pump flow control subassembly）からなる。PFCSのおもな構成品は2台のポンプと流量制御バルブ（FCV：flow control valve），シグナルコンディショニングインタフェース，ローカルデータインタフェース，およびアキュムレータであり，常時，2台のうち1台のみが運転されている。アキュムレータは，温度変化に伴うアンモニアの膨張や収縮を補い，アンモニアを液相状態に維持するもので，ベローズの中に圧縮された窒素ガスを封入している。「漏れ」が発生した場合には，アキュムレータは失われたアンモニアを補充できるように余分のアンモニアを保有している。

IFHXから集熱された熱は，二つのEETCS用放熱板で放熱される。図2.9

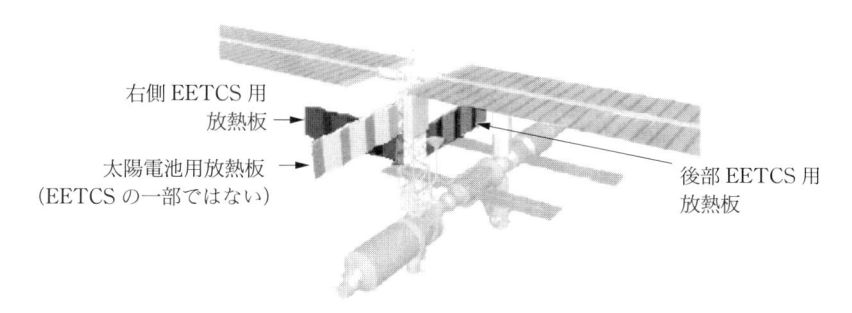

図2.9 EETCS用放熱板（7枚のアルミパネルとステンレス鋼ヒートパイプから構成）[2]

に示すように，各ラジエータは，ステンレス鋼配管の付いた7枚のアルミパネルにより作られ，各パネルはヒンジで，また，アンモニア配管はフレキシブルホースで結合されている．両方のループからの暖かいアンモニアが冷えた放熱板の片面を流れ，冷却されて反対側の面を戻ってくる．7枚のパネルは，地上からのコマンドにより自動的に，もしくはEVAにより手動で展開・折りたたみができるように組み立てられている．

恒久的なETCSはISSの各要素から発生した余分な熱を集熱，熱輸送，排熱する重要な機能を分担することになる．EETCSと同様に，機械式ポンプにより，冷媒であるアンモニア量3 629 kg/hを輸送する二つの単相ループシステムから構成される．ETCSは，ISSの完成後は6機の可動性放熱板を持ち，その排熱能力は75 kWで，10個のIFHXを通じて米国要素，JEMおよびコロンバスの熱制御を行うことになる．

〔3〕 **ロシア要素の熱制御系** ロシアの各与圧要素は，共通に内部および外部冷却ループが冗長系で構成されている．内部ループ内の冷媒は与圧モジュール内で集熱し，外部へIFHXを通じて排熱する．

FGBのPTCSは，断熱材と表面コーティングにより構造と外部機器を所定の温度に維持する．アンモニア循環式の与圧シェルヒートパイプは内部ループから熱を吸収し，キャビン内空気が露点以上になるようシェル内壁温度を維持する．

FGBのITCSは，二つの独立したループを構成し，冷媒として水とエチレングリコールの混合液を使用し，通常は1ループのみを15〜35℃で運用し，二つ目のループは冗長系である．さらに換気システムもITCSの一つの要素である．この換気システムは気液熱交換器付きファン，可撓性ダクトとポータブルファンから構成されている．ITCSは，コールドプレートとキャビン内空気熱交換器により余分な熱を集める．キャビン内空気循環によりクルーや他機器から集熱し，気液熱交換器を通じてループの冷媒と熱交換される．

各内部ループには2個の電動ポンプ系が組み込まれており，これは軌道上で交換可能で，通常はポンプ1個のみ運転している．アキュムレータは温度変化

に伴う冷媒の容積変化や漏れた場合の補充に対処し，配管内圧力を一定に維持する。内部ループの冷媒は熱をFGB外部に取り付けられたIFHXを通じて外部ループに移す。内部ループの温度制御は，外部ループの温度を調節することで行う。

　FGB ETCSは二つの独立したループにより構成される。通常は単相シリコン流体によって，最大 3.5 kW の集熱，熱輸送および排熱を行う。通常1ループのみが運転され，二つ目のループは冗長系である。二つの外部ループは，おのおののIFHXから集熱する。各外部ループは三つのポンプ系から成り，一つのポンプ系は二つのポンプを持っており，そのうち1個のポンプのみが稼働している。

　各ループのポンプ系は軌道上で交換できるが，一つのポンプの故障時には，予備のポンプが自動的に稼働する。ソフトウェアによって冷媒温度は15～35℃に制御されるが，内部ループの冷媒温度が上昇すると，外部システムは多くの冷媒を放熱板に流して排熱量を増やす。また，低熱負荷状態では冷媒を放熱板からバイパスさせる。宇宙への排熱はFGBに組み込まれたボディマウント形放熱板により行う。12枚の放熱板があり，おのおのは二つの外部ループとインタフェースを持つ。放熱板には，2相流アンモニアを作動流体とするヒートパイプが組み込まれている。熱は外部ループから放熱板内のアンモニアにより移送されて，宇宙へ放射冷却される。

2.3.5　環境制御と生命維持システム

　環境制御と生命維持システム（ECLSS：environment control and life support system）は，ISS与圧モジュールの居住環境を維持するために，大気制御と供給，空気再生，温度・湿度制御，水回収・管理，および火災検知と消火の役目を担う。

　図 2.10 にECLSS機能の相互関連を示す。ECLSSはISSの組立てと歩調を合わせて装備を追加し，機能を充実させ，組立て完了時には全体が完成する。

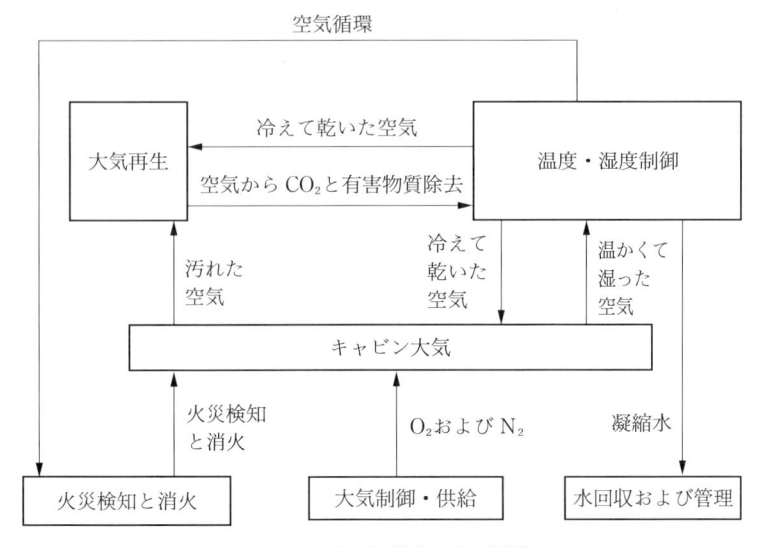

図2.10 ECLSS機能の相互関連

[1] **大気制御・供給系**　大気制御・供給系は，ISS内の大気として酸素と窒素を供給し，居住に適した適切な分圧を提供，各種ユーザのガスを供給し，均圧と減圧機能を持つ．組立て初期段階における大気制御と供給機能はロシアの役割であり，内圧が低くなると，プログレス補給船が装備している窒素，空気，あるいは酸素のいずれかのタンクをキャビン内搭乗員が手動で開ける．ISSの酸素は，主として，エレクトロン（Elektron）と呼ぶ水電気分解の酸素発生器が供給する．補助的には，固体燃料の酸素発生器が発熱反応で酸素を発生できる．

米国要素の大気制御・供給系で使用する酸素・窒素ガスは，エアロックの外に貯蔵されている高圧ガスタンク4個（酸素，窒素各2個）から，配管を通じて各ユーザに分配される．酸素タンクへの再充填にはエアロックの酸素圧縮機を用い，シャトルから供給する．

圧力制御機器組立ては，空気圧をモニタし，キャビン内への酸素と窒素の供給を制御する．また，必要時にISSの減圧を制御する．減圧機能は，通常運用における過大加圧のリリーフ，緊急時の危険な汚染物質の排出，および消火

の最終手段として使用する。大気制御・供給系は，各ユーザに種々のガスを供給する。窒素ガスは，ITCS アキュムレータの加圧，搭乗員の健康回復システムの校正およびユーザペイロードに使用する。酸素ガスは，船外活動 (EVA) と火災消火系の携帯用呼吸器に使用する。EVA 支援としては，エアロック減圧ポンプを用いて搭乗員が船外に出る前に Node 1 内のエアロック空気の大部分を排出する。ISS と他のモジュール間のハッチが閉じているときに均圧化するには，ハッチに取り付けてある手動の均圧弁（MPEV：manual pressure equalization valve）を使用する。米国要素ハッチの均圧弁は，通常の EVA 支援に用い，また，モジュールが非常事態でかく離されているときにも使用する。

ISS 組立て完了時までに，米国要素に再生形 ECLSS を追加する計画がある。

〔2〕 **空気再生系**　米国要素の空気再生系は，安全かつ快適な呼吸を可能とする与圧環境空気状態を維持する。このため質量分析により主要大気成分をモニタし，二酸化炭素の除去および汚染の制御を行う。ロシア要素のガス分析器は，数種の異なるガス検知法により同様な機能を提供する。また，二酸化炭素除去装置（CDRA：carbon dioxide removal assembly）が，キャビン内の二酸化炭素を再生形吸着剤により集め，不要成分を船外に捨てる。

二酸化炭素を効果的に除去するために，CDRA は低温の乾燥空気を必要とすることから，温湿度制御システムから空気を受け，ITCS の低温ループで直接冷却する。ロシア要素の「ヴォズドフ（Vozdukh）」も同様の機能をもつ。水酸化リチウムベースのキャニスタがロシア要素機能バックアップとして備えてある。有害ガス制御装置はキャビン内の多くのガス汚染と臭いを吸着し，制御する。これらの汚染は，材料のオフガスや漏れなどで発生する。ロシア要素も類似機能を持っている。

組立て完了時には，米国要素では大気成分分析器，二酸化炭素除去装置，有害ガス制御装置がバックアップとして付加される。ロシア要素にも同様な能力があり，米国装置と組み合わせて使用することにより，両者で 6 人の搭乗員滞

在に十分な環境制御装置となる。

〔3〕 **温度・湿度制御系** 温度・湿度制御系は，ISS内に湿度と微粒子を除去した低温乾燥空気を循環させ，温度制御を行い，大気を居住環境として維持する。これにより温度変動の最小化と大気成分の均一化を確実にするとともに，煙検知の手段を提供する。

循環には，ラック，モジュール，モジュール間換気（IMV：intermodule ventilation）の3段階のレベルがある。ラック内換気は，個々のラックを冷却するため，空気を循環させる。ファンと熱交換器からなるAAA（avionics air assembly：アビオニクス空気アセンブリ）を使用して冷えた空気を循環させ，また煙検知を可能とする。モジュール内換気は，ファンと凝縮形熱交換器からなる共通キャビン空調装置を用いて，モジュール単体に均一な循環空気を供給し冷却と湿度除去を行う。モジュール間換気は，ISS内全体を通じて均質な空気環境となるように，モジュール相互間でファンにより空気を循環させる。

〔4〕 **水回収・管理系** ISS組立て段階ではロシア要素が水再生と管理機能を分担する。フライト8Aまでは，米国要素の温湿度制御装置からの凝縮水と宇宙服からの排水を収集し，ロシア要素へ手動で移送，船外へ排気するかタンクに貯蔵する。ロシア要素では，熱交換器の凝縮水を集め，米国要素から輸送された水を受けとり，これを純化して水質を監視する。ロシアのエレクトロン酸素発生器に水が必要なときは，飲料水から鉱物成分を取り除く必要がある。ロシア要素の各所で，小形タンクを水の輸送と貯蔵に使用する。ロドニクスと呼ぶポンプ付きの大形タンクをサービスモジュールの外部とプログレスモジュールに取り付け，これに飲用水を貯蔵する。収集した固形廃棄物は，プログレスモジュールに搭載し大気圏再突入時に焼却する。

組立て完了時のISSでは，収集，貯蔵，供給からなる米国要素の水回収・管理系が稼動し，この機能の能力は向上する。シャトルの燃料電池で生成された水を別系統の配管類とタンクを使って輸送・貯蔵し，ISSの水として使用する。また，尿処理装置が尿から水を分離し下水として再生し，つぎに飲料水処

理装置が凝縮水，燃料電池水，EVA 排水，尿処理装置処理水などの排水を飲料水に再生する。

〔5〕**火災検知と消火**　このシステムは煙検知器，消火装置，携帯用呼吸器（PBA：portable breathing apparatus），火災時の警告，および自動応答システムから構成される。与圧モジュール内部で火災が発生すると，影響を受けた空間から汚染源を除去するように，空気再生・温湿度制御装置が同時に働く。極端な状況下では，大気制御・供給装置を作動させ，モジュールの減圧を行って，消火し，汚染物を排気する。米国要素では，各与圧モジュールは二つの領域煙検知器を，また AAA を設置している各ラックに一つ備えてある。これらの煙検知器は光遮断原理で働き，温湿度制御系の空気流路に取り付けてある。ロシア要素では，米国に類似したものとイオンタイプの 2 種類の煙検知器を備えている。

米国要素のモジュール内の C & W パネルには，照明付きの緊急ボタンがあり，もし煙が探知されると "Fire" のボタンが点灯して警報を鳴らすとともに，その領域への酸素供給を最少にするために，温湿度制御装置を停止する。搭乗員も火災警報ボタンあるいは PCS から警報を発することができる。米国要素の携帯用消火器（二酸化炭素）は，開空間用とラック用の 2 種類のノズルを備えている。ロシア要素では，無毒の窒素ベースの泡または液体の消火器を使用する。火災時に特に携帯用消火器を使用する際には，搭乗員は PBA を着用する必要がある。もし酸素供給を続けていないと炭酸ガスが近傍に停留し，意識を失うことになる。

2.3.6　誘導・航法・制御系

ISS には，米国の誘導・航法・制御系（guidance, navigation and control system：GNC システム）と，ロシア軌道上要素運動制御系（motion control system：MCS システム）の二つの航法誘導系がある。GNC システムの機能と役割は，**表 2.9** に示すように，誘導，状態決定，姿勢決定，指向制御と支援，軌道制御，および姿勢制御の六つに分けられる。

表 2.9 米国 GNC システムの機能と役割

機能		役割
誘導		ISS の軌道変更を行う場合のルートを計算。米国の誘導システムは誘導計画作成機能を持っているが，制御（リブースト）の実行はロシア要素の機能
航法	状態決定	位置，速度，姿勢角，姿勢角変化率の予測値を軌道上で計算する状態決定機能により，宇宙ステーションの状態ベクトル（特定時刻における位置と速度など）を各国要素に提供する。2 式の GPS 受信装置/処理装置を用いて，地上の支援を受けることなく，状態推定可能
	姿勢決定	インタフェロメトリ技術を GPS データに応用することにより，ISS の姿勢を決定
	指向制御と支援	状態ベクトル，姿勢・姿勢変化率データを他の ISS システムに提供。また，太陽電池アレーと高速 S バンドと Ku バンドアンテナに指向角度情報を提供
制御	軌道制御	空力抵抗による軌道低下に対し，3 カ月ごとにリブーストを行い，軌道高度の修正を行う。リブースト実行の第一手段はドッキングしている輸送機（例えばプログレス M 1）の主エンジンを使用
	姿勢制御	初期段階ではロシアの推進システムが姿勢制御も実行する。組立てが進み，米国の姿勢制御サブシステム（ACS）が Z 1 トラス上に配置されたのちは，4 台のコントロール・モーメントジャイロ（CMG）が ISS 姿勢を制御

〔1〕 **GNC の運用** ロシアの GLONASS（global navigational satellite system）機能は，米国の GPS（global positioning system）と同様で，ロシア MCS に GPS と独立して位置ベクトルを提供する。ロシア MCS は冗長系構成と比較テストのために米国 GNC MDM と位置データの交換を行う。

GPS は 10 秒ごとに米国 GNC ソフトウェアに姿勢更新データを提供し，GNC ソフトウェアはこのデータをフィルタ処理し，2 台のレイトジャイロ（RGA：rate gyro assembly）からの姿勢変化率データを加味して，新しい姿勢予測値を出力する。この米国 GNC システムが，姿勢情報の第一の提供源であるが，姿勢データはつねにロシア端末コンピュータと米国 GNC MDM コンピュータ間で交換され比較・評価される。ロシア MCS は，ISS の姿勢および姿勢変化率を決定するために，スターセンサ，太陽センサ，地球センサ，磁気メータ，レイトジャイロ，および GLONASS 受信装置/処理装置からなるセンサシステムを保有している。

2.3 国際宇宙ステーションのサブシステム

指向制御・支援システムは，C & T システムへ TDRS (tracking and data relay satellite) の視線方向と高速 S バンドと Ku バンド通信アンテナの通信開始/終了時刻の計算用データを，また太陽電池アレーおよび放熱板の指向制御のための太陽指向角度や「食」のデータを提供する．さらに，移動形支援システム（MSS：2.3.7 項参照）あるいはロボットアームなどの可動物体の位置や質量特性を考慮して，ISS の質量特性を計算する．

軌道高度制御コマンドは，MCC-M によって実行される．また，MCC-H は軌道高度上昇マヌーバ（リブースト）運用計画作成およびモニタを行う．

ISS のリブーストはドッキングしているプログレスの主エンジンにより行う．もし，プログレス補給船の主エンジンの推進薬が少ない場合には，プログレス補給船に SM または FGB から推進薬を移し，そのランデブードッキングスラスタを使用する．どちらの場合も，ISS のリブーストは軌道上のあらかじめ定められた位置と時刻に実行される開ループ制御の噴射である．プログレス補給船がドッキングしていないときにリブーストが必要となった場合は，SM のエンジンを使用するが，SM エンジンの噴射寿命に制限があることから，噴射を制限している．このような位置制御は，直径 10 cm 以上の宇宙デブリに対し 1〜3 日前の指示により高度を 4 km 上げるデブリ回避マヌーバにも使用する．

姿勢制御アクチュエータとして用いるコントロール・モーメントジャイロ (CMG：control moment gyroscope) はロータの回転軸の方向が変えられる大形の 2 自由度ジャイロスコープである．ISS には，質量約 300 kg の CMG が 4 台搭載され，それらの回転軸を変えることにより 1 台当り最大 256.9 N·m のトルクを発生し，姿勢変動を補正する．姿勢変動の要因は，ISS 構造体に作用する重力傾斜による力と空力抵抗がおもなものである．個々の CMG ハードウェア自身に停止条件はないが，4 CMG システムは，回転軸の相対的な方向関係に依存した特異点を有し，発生トルクおよび保存できる角運動量に制限を受ける．

外乱トルクが蓄積して CMG が発生し得る補正可能な角運動量（これを

CMG飽和点という）を超えると，CMGシステムはISSの望ましくない回転を避けるような補正トルクを発生することができない。この場合，修正作業として全CMGの飽和解除操作を行う必要がある。CMG運動量が，例えば飽和値の80％と事前に設定した閾値に到達したとき，GNCシステムのソフトウェアは，自動的にロシア要素のスラスタを噴射することを指令し，これを実行することで，CMGのジンバル角度を最適な位置に復帰させる。

発生トルクの制限からCMGのマヌーバ能力が小さいために，ISSの姿勢制御に時間がかかり，また，大きな姿勢変更を行うと飽和状態がたびたび生じて多数回の飽和解除が必要となる。現在の運用概念では，姿勢制御角が10 deg以下の場合，あるいは，スケジュール的にゆっくりとした制御でよい場合には，CMGシステムを使用することとしている。

〔2〕 **姿勢制御方式と運用上のインパクト** 本書の読者は，人工衛星の局所的垂直/局所的水平姿勢（LVLH：local vertical/local horizontal）および慣性姿勢について知っていると思う。ISSにおいては，トルク平衡姿勢（TEA：torque equilibrium attitude）と，軌道面垂直X軸姿勢（XPOP：X-axis perpendicular to orbit plane）の二つの姿勢制御方式がある。これらの姿勢制御方式を維持することは，ISSシステムに重要なインパクトを与える。

（1） **トルク平衡姿勢（TEA）** ISSには，さまざまな力が作用するが，主要な外乱トルクは，重力傾斜と空力抵抗によるトルクである（図2.11参照）。空力抵抗の大部分は，太陽電池アレーの大きな表面積によるもので，この空気力の圧力中心と質量中心のずれに比例したトルクを与える。重力傾斜トルクは，ISSのすべての構造体（モジュール，トラスなど）に作用する地球の重力分布による。空力抵抗によるトルクも，重力傾斜トルクも，ISSの質量中心周りの回転を誘起する。そのほかにも，CMGトルク，ロボットアーム運動の反力，排気孔からのガス噴射およびモータによる慣性トルクなどがある。

ISSがある姿勢をとり続けた場合，空力抵抗と重力傾斜によるトルクが大きく，しかもバランスしてゼロにはならないため，その補正に多大な推進薬を必要とする。これを回避するのが，すべてのトルクが一つの軌道の全体にわたっ

2.3 国際宇宙ステーションのサブシステム

- 重力傾斜トルク
- 空力抵抗トルク
- 太陽輻射圧

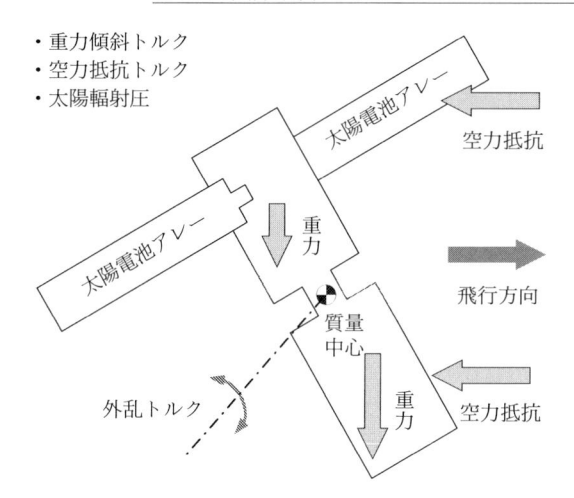

図2.11 ISSに働く主要な外乱トルク[2]

て，ほぼゼロにバランスする姿勢，すなわち，軌道平均トルク平衡姿勢（TEA）である．軌道上のある部分においては，空力抵抗トルクが重力傾斜トルクより大きくなり，その他の時間は，その反対となるが，TEAは，軌道全体としては，トルク平均はゼロとなるということである．多くの種類のTEAが可能であるが，ISSにおいては，通常LVLH姿勢について軌道平均TEAを採る．これは，ISSの飛行プロファイルの解析の量を減らすために決められている．ISSは，CMGを用いて，これらの姿勢の一つに対して制御される．

ISSをTEAで飛行させることは，CMGを利用する場合の最良の選択である．軌道全体にわたるゼロ平均トルクは，CMGシステムの飽和をなくし，推進薬の消費を最小限にするが，不利な点もある．TEAにコマンドされた場合，ISSは正確な姿勢で飛行しない．GNCソフトウェアは，一つの軌道において，最も効率的にCMG能力を使用するようゆっくり姿勢を変える（組立て完了時は±2.5 deg，組立て期間中は±11 deg）．すなわち，米国GNCシステムは，軌道平均TEAのいずれかの側に，ISSの姿勢角度をわずかにオフセットさせて，ISSの質量を使って空力抵抗をオフセットさせている．この環境トルクの合力の変化によってCMGの角運動量の最小使用を維持できるようにし

ている。

（2） 軌道面垂直 X 軸姿勢（XPOP）　12 A フェーズまで，ISS は，効果的な太陽電池アレーの指向のためのジンバルを持っていない。太陽電池アレーの β 角が大きい（組立て時は 37 deg 以上，その他は 52 deg 以上）場合には，LVLH 姿勢では太陽電池アレーから十分な電力を得られない。この問題の解決方法は，ISS を XPOP で飛行させることである。XPOP 姿勢制御方式は，ISS の姿勢を，軌道上正午において LVLH 面に対しヨー軸周り 90 deg 時計方向に回した角度に維持することである。つまり，ISS の Y 軸（ピッチ）と Z 軸（ヨー）は軌道面に沿っているが，X 軸（ロール）が軌道面に対して垂直になっているということである。この姿勢方向により，どのような β 角に対しても，太陽指向するためには ISS の Y 軸方向に 1 個の太陽電池アレーのロータリジョイントを設置すれば十分となる。

XPOP で飛行することは，太陽電池アレーからの発生電力を増大させるという利点がある。すなわち，LVLH 姿勢からの姿勢回転は，太陽追尾のためのベータジンバルが可能になる。一方，XPOP 姿勢は ISS に対して熱的問題を引き起こす。ISS は，元々この姿勢で飛行させるよう設計されておらず，なんらかの問題が TCS に発生する。XPOP 姿勢は ISS の同じ面を絶えず太陽方向に向けさせ，もう一方の面を深宇宙に向けさせるので，一方の面の ORU は温度が高くなり，他方の面の ORU は温度が低くなる。

また，XPOP 姿勢で飛行させることは，ISS の構造によるアンテナ妨害が常時生じる。ISS のアンテナは，機体がその一方の側をつねにオープンスペースに指向している LVLH 姿勢で飛行するように設計され，配置されている。したがって，地上からの音声通信，コマンド，テレメトリが，妨害を受けることとなる。LVLH 姿勢時は，C ＆ T 受信範囲は 60～90 ％ であるが，XPOP 姿勢時は 5～40 ％ になる。また，XPOP 姿勢の場合，GPS アンテナへの衛星からの信号に対する干渉が大きくなる。

2.3.7 ロボットシステム

宇宙ステーションにおけるロボティクスの開発は国際的な協力体制のもとに行われ，移動形支援システム（MSS：mobile servicing system），欧州ロボットアーム（ERA：European robotic arm），および「きぼうロボットアーム（JEMRMS：JEM remote manipulator system）」の開発が行われた。これらの開発分担と役割を表 2.10 に示す。これらのロボットシステムの概要は以下のとおりである。

表 2.10 ISS のロボット開発分担とその役割

ロボット名称	役割	開発担当
移動形支援システム（MSS）	ISS 要素，大形ペイロード，ORU などの把持に用い，ほかにこれらの結合，分離，移動，および他ロボティックシステムとの受け渡し作業，SPDM の作業場所への設置，EVA 支援，ISS やオービタの外観検査，フリーフライヤの把持，オービタの捕獲にも使用	CSA（本体），NASA(移動台車，ワークステーション)
欧州ロボットアーム（ERA）	ロシア要素，SPP の組立て作業と，EVA 支援，SPP 太陽電池アレーの保全，放熱板の展開，ORU の設置・交換，外部構成品の検査	ESA，RSA
きぼうロボットアーム（JEMRMS）	JEM 曝露部のペイロード交換，保全	JAXA

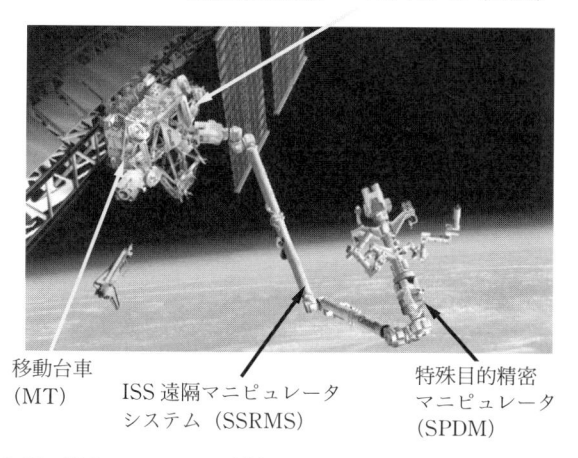

図 2.12 宇宙ステーション遠隔マニピュレータシステム（SSRMS）（CSA 提供）

〔1〕 **移動形支援システム（MSS）**　ISSで最初に準備されるMSSのサブシステムは，図2.12に示す宇宙ステーション遠隔マニピュレータシステム（SSRMS：space station remote manipulator system）である。SSRMSは長さ17mの対称形のマニピュレータで，2台のLEE（latching end effector：ラッチ型エンドエフェクタ），2本のブーム，4台のビデオカメラ，および±270deg回転できる7個の関節から構成される。これらの構成要素は，すべて交換可能なORUである。SSRMSは，その両端部にあるLEE（図2.13参照）を用いて，図2.14に示すPDGF（power and data grapple fixture）と呼ばれるグラップルフィクスチャ（GF）上の歩行ができる。この歩行機能は，移動台車MT（mobile transporter）と移動形遠隔支援ベースシステムMBS（mobile remote servicer base system）が打ち上げられるまでは唯一の移動手段である。

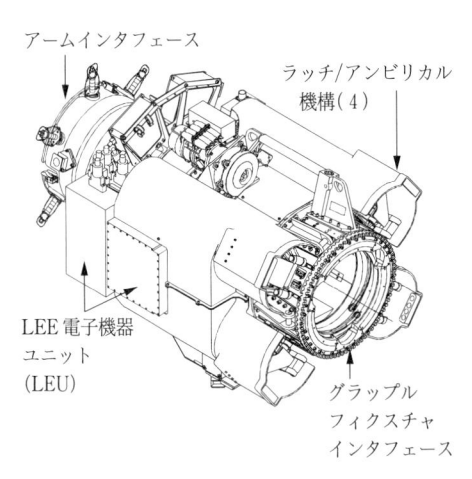

図2.13　ラッチ型エンドエフェクタ（LEE）[2]

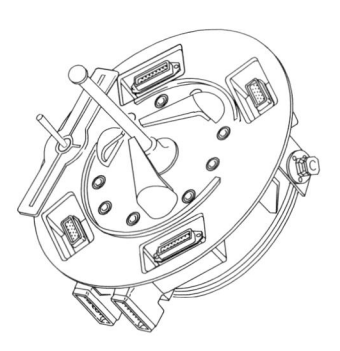

図2.14　電力・データ供給型グラップルフィクスチャ（PDGF）[2]

MSSは，Lab内かキューポラからロボットワークステーション（RWS：robotic workstation）によって操作され，キューポラの到着まで目視による操作はできない。そのため，MSSビデオシステムとスペースビジョンシステ

ム (SVS：space vision system) あるいはバーシングカメラを主たる視覚入力として用いる。MSS ビデオシステムは，C & T システムと組み合わせて，ビデオ映像の撮影，制御，分配と MSS 要素の照明を行う。SVS はカメラ，ターゲット，ディジタルグラフィックの実時間位置と速度データを使って合成画像を提供する。

SSRMS では被把持部として複数の種類のグラップルフィクスチャ (GF) を使用する。PDGF は，電力，データ，ビデオの接続に使用され，ここからアームが操作できる唯一のインタフェースである。PDGF は ISS の各所に取り付けてあり，要素とペイロード間のリソースインタフェースを提供する。FRGF (flight releasable grapple fixture) はトラス沿いや各要素に取り付けられて，SSRMS によるペイロードのハンドリングに使用されるが，電力，データ，ビデオの供給能力はもっていない。

SSRMS は一度に 1 台の RWS から操作される。また，SSRMS の電源が落ちたとき，アームのソフトは作動しなくなるようになっている。SSRMS は冗長構成をとり，2 系統の独立した同一の電気系と電気機械系の ORU がある。第一の系統の ORU が故障すると，その系はただちに機能停止するが，第二の系統が入れ換わって使用できる。故障した ORU は船外活動か，ロボティクス作業により交換される。

さらに冗長性は LEE にも構成されており，電源供給とデータ送信ラインに主系と予備系の 2 系統を持っている。また，致命的な故障が生じた場合，BIT/BITE (built-in test/equipment) 機能によりそれを探知し，安全に停止する。

ロボットワークステーション (RWS) により，操作者が SSRMS を制御し，そのデータを受け取ることができる。フライト 6A において，2 台のワークステーションが打ち上げられ，米国 Lab に設置される。窓から外を見て操作するオペレータのために，キューポラに 1 台の RWS が移設される。RWS はラックの外部と内部の構成機器からなり，外部構成機器は，**図 2.15** に示すようにビデオモニタ 3 台，THC (translational hand controller：並進

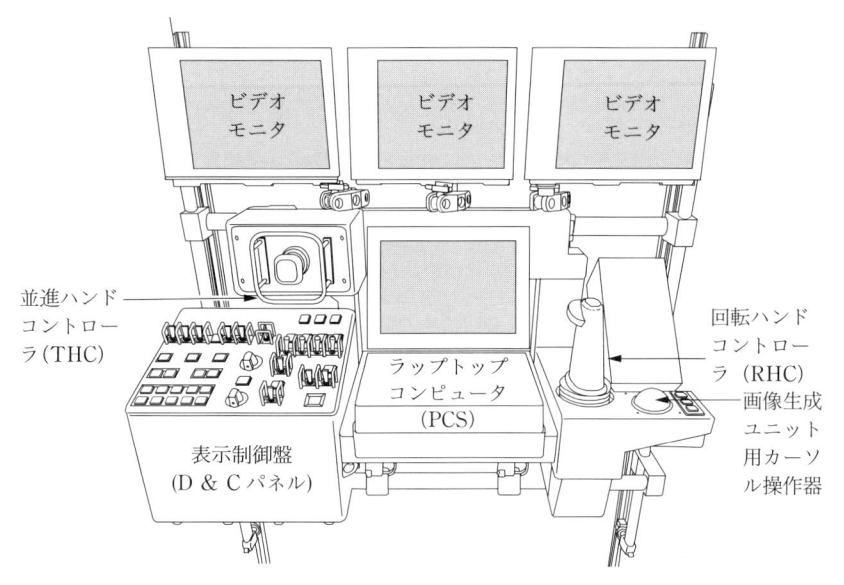

70　2．国際宇宙ステーションの構成とサブシステム

図 2.15　ロボットワークステーション（RWS）の外部構成機器[2]

ハンドコントローラ），RHC (rotational hand controller：回転ハンドコントローラ），表示制御盤（D & C パネル：display and control panel），ラップトップコンピュータ（PCS），画像生成ユニット用カーソル操作器からなる。内部構成機器は Lab のラックの中に設置されている。内部構成機器は，画像生成ユニットと，RWS ソフトを搭載した制御電子ユニットからなる。

　マニピュレータの操作中は一つのワークステーション（主機）のみが作動し，予備機はモニタモードか，電源停止状態である。作動中の RWS が MSS を制御している間，予備機は緊急停止，ほかのモニタカメラ視野の制御と表示，および機能状態の表示のみを行う。もし，主機が落ちた場合，2 番目のワークステーションはモニタモードから作動状態に切り替わる。RWS は，MSS ローカルバス，PDGF ローカルバスと，C & C バスにつながっている。ワークステーションには，SSRMS と SPDM を操作するためのさまざまなモードが用意されている。手動操作モードはハンドコントローラ経由で，自動移動モードはプログラムと操作者入力で，単一ジョイントモードは並進ハンドコント

2.3 国際宇宙ステーションのサブシステム

ローラと関節選択スイッチで操作ができる。

移動台車（MT）は，ISSとMBSの間に構造，電力，データ，およびビデオの接続を行う。最大速度2.54 cm/秒でトラスの端から端まで50分で移動できる。MTが大きなペイロードをステーションを横切って運んでいるとき，ISSの質量特性が変化するためGNCシステムに影響を与えることがある。もし，コントロール・モーメントジャイロ（CMG）が運動量の変化に対応できないときには，これを補うためにジェットの噴射を行うことがある。

MTのオペレータとのインタフェースは，RWS上か他のPCSポートに接続されたPCSのGUI（graphical user interface）を通して行われる。スイッチ類は必要ないので，地上からの制御は可能であるが，地上からは主として電源投入とシステムチェックを行う。

図2.16に示す特殊目的精密マニピュレータ（SPDM）はMSSで最後に打

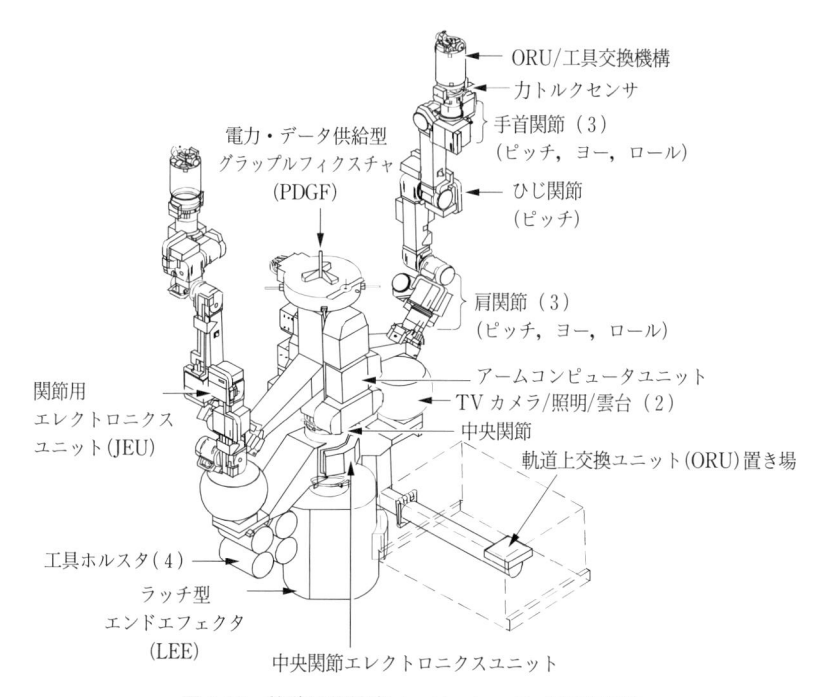

図2.16 特殊目的精密マニピュレータ（SPDM）[(2)]

ち上げられる要素である。これは，中央の単一関節構造体に，2本の長さ3.5 mで7関節のアームから構成されており，これらの関節によりシステムの精密作業を可能としている。このマニピュレータのおもな機能は，保全作業とペイロードの支援作業である。SPDMはORUとORUサブキャリヤの着脱・交換，ペイロードとORU機器の検査とモニタを行う。SPDMの照明と監視カメラ（CCTV：close-circuit television）を用いて，EVAの作業場所と船内クルーによる作業の監視をできるようにしている。SPDMは運搬，位置決めによりEVAを支援することもできる。このマニピュレータの制御はRWSを通して行われ，SSRMSと共通の制御モードと特徴を備えている。SPDMの一方の腕を作業場所に固定し安定化させた状態で，もう一方の腕のみを使うことになる。

〔2〕 **欧州ロボットアーム（ERA）** ERAはESAが設計製作し，RSAがロシア要素において使用する。図2.17に示すERAは2本のブームと7自由度関節よりなる長さ11.2mの左右対称のマニピュレータアームである。ERAはエンドエフェクタにより，電力，データ，ビデオ伝送能力をもつというSSRMSとの共通点に加えて，どちらかのエンドエフェクタによりペイロ

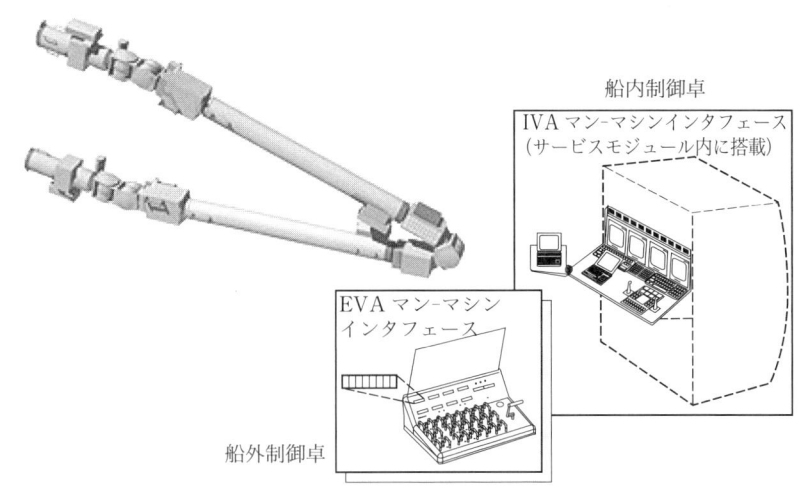

図2.17 欧州ロボットアーム（ERA）[2]

ード把持を行うとき，もう一方を基点にする能力も持っている。ERA の基本エンドエフェクタ（BEE：basic end effector）は，図 2.18 に示すように，機械的トルクとペイロードへの電力供給を行えるラッチと工具の機能を持っている。

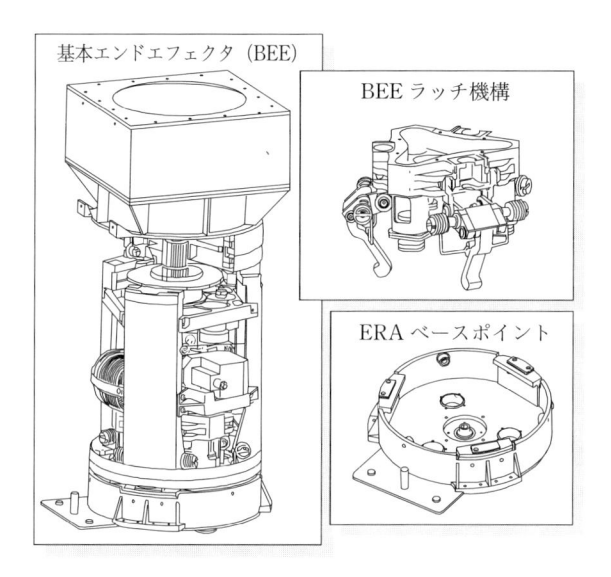

図 2.18　ERA の基本エンドエフェクタ（BEE）と
ベースポイント[2]

さらに，ERA のエンドエフェクタはこれに固有のグラップルフィクスチャと結合できるように設計されている。これらのグラップルフィクスチャあるいはベースポイントを図 2.18 に示すが，ERA にのみ使われ，それらはロシア要素の構造物といくつかのペイロードに配置されている。操作は操作者が EVA 中であれば EVA マン-マシンインタフェース（EMMI）で，操作者がサービスモジュール内にいるならば IVA マン-マシンインタフェース（IMMI）を通して行われる。SSRMS と違いハンドコントローラはなく，手動動作モードはない。制御はおもに自動軌跡生成モードか単一関節での 1 自由度モードが可能である。

〔3〕 **JEM マニュピレータシステム（JEMRMS）**　　先の二つのロボッ

トシステムには多くの類似点を持っていた。JEM 遠隔マニピュレータシステム（JEMRMS）も他の二つのシステムと共通の特性を持つところと，いくつかの固有の特性を持つところがある。JEMRMS の詳細は 3.2.1 項で述べる。

〔4〕 **各種ロボットシステムの関連**　三つのシステムの設計と機能には，多くの共通点と相違点がある。多くの分野で，通信，効率，訓練の改善のため，できるだけ共通化して開発されている。いくつかの例は，共通名称，記号，座標系，表示形式，操作盤の配置などにみられる。クルーがどのシステムでも使えるように訓練されるので，共通化によって，特定のシステムのための訓練を少なくすることができる。各システム間の違いが存在することにより，地上の操作支援もそれぞれに独特のものとなるため，NASA/CSA の地上管制が MSS を，RSA が ERA を，JAXA が JEMRMS をそれぞれ責任分担する。

2.3.8　構造および機構系

ISS の構造系は，ISS 全体の形態を維持し，搭乗員を宇宙環境から防護する働きをし，機構系は構造同士を結合する働きをする。ここでは ISS 本体の構造・機構系の概要を述べ，JEM の構造については 3.2.2 項で述べる。

〔1〕 **構造系**　構造は搭乗員を宇宙の厳しい環境から防護し，荷重を伝達するとともに種々のシステムを支える。荷重には機械的，圧力，振動，および構造要素に加わる内力や熱変形に伴うものがある。ISS に採用されている構造材料のほとんどはアルミ合金であり，軽量，耐腐食性，および電気伝導性の観点から宇宙用材料として一般的に用いられるものである。ISS には 2 種類の主要な構造があり，これらは与圧構造とトラス構造である。

（1）**与圧構造**　居住モジュール，実験モジュール，およびノードなどの構造は搭乗員を宇宙環境から防護するのみでなく，搭乗員の居住および作業環境を提供する。構造には主構造と二次構造があるが，与圧構造を保つ働きをする構造は主構造と呼ばれる。二次構造はこれが受ける荷重を主構造に伝える働きをする。

図 2.19 に ISS 与圧構造の例を示す．この中で主構造は，リングフレーム，縦通材により強化された圧力殻，窓，およびトラニオンなどである．縦通材は剛性を高め与圧壁の殻板の荷重を伝達する．リングフレームは縦通材と殻板の固定機能を持っている．トラニオンは与構構造をシャトル荷物室に固定し，飛行時の荷重を伝える．米国 Lab，ロシア要素，および JEM には窓が設けてある．

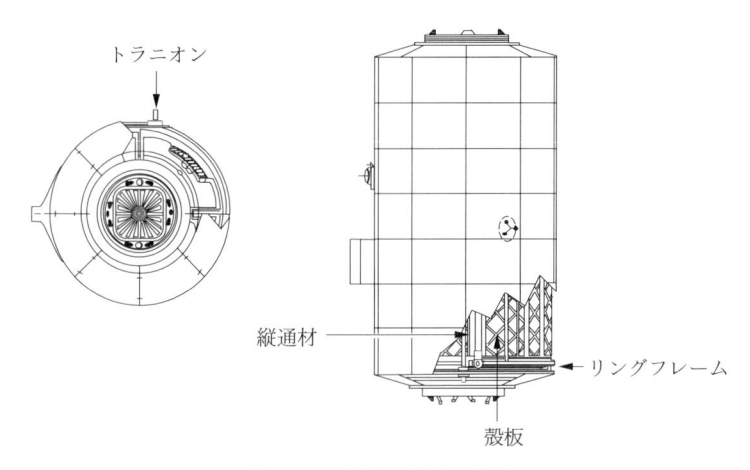

図 2.19　ISS 与圧構造の例[2]

外部二次構造の例としては，搭乗員およびペイロードの移動支援のための EVA ハンドレール，グラップルフィクスチャ，デブリ防護板などがあげられる．EVA ハンドレールは EVA 作業者が作業場所の近くで作業を行うときの手すりであり，グラップルフィクスチャはロボットアームで捕捉し，移動するために用いる．

デブリ防護板はモジュール内の搭乗員，圧力容器，およびその他の重要な機器を宇宙デブリから防御するものである．デブリ防護板の例を図 2.20 に示す．与圧モジュールの外側約 101.6 mm の距離に，第 1 段のアルミ合金製防護板がある単純な方式と，さらにそのあとに第 2 段目としてセラミック繊維とアラミド繊維を組み合わせたスタッフィングと呼ばれるものを用いる強化形防護板があり，モジュール全体では，デブリの衝突確率の高いところにこの強化形を

76   2. 国際宇宙ステーションの構成とサブシステム

- アルミ合金板
- デブリの衝突（貫通）
- デブリクラウドの与圧壁への衝突
- 与圧壁

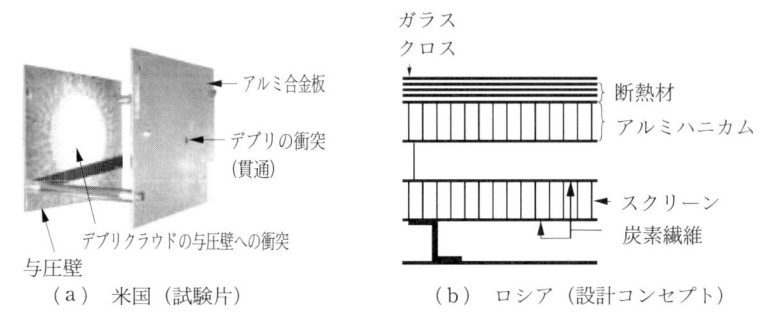

（a）米国（試験片）

- ガラスクロス
- 断熱材
- アルミハニカム
- スクリーン
- 炭素繊維

（b）ロシア（設計コンセプト）

図 2.20　デブリ防護板の例[2]

用いている。デブリが防護板に衝突すると，小さな破片になりデブリクラウドを形成し，これによって衝突エネルギーが分散されることで，つぎの与圧壁への損傷を少なくする。強化形デブリ防護板の防護能力は，速度約 12 km/s までで，直径約 1 cm までのデブリが与圧壁に貫通しないように防護できる。な

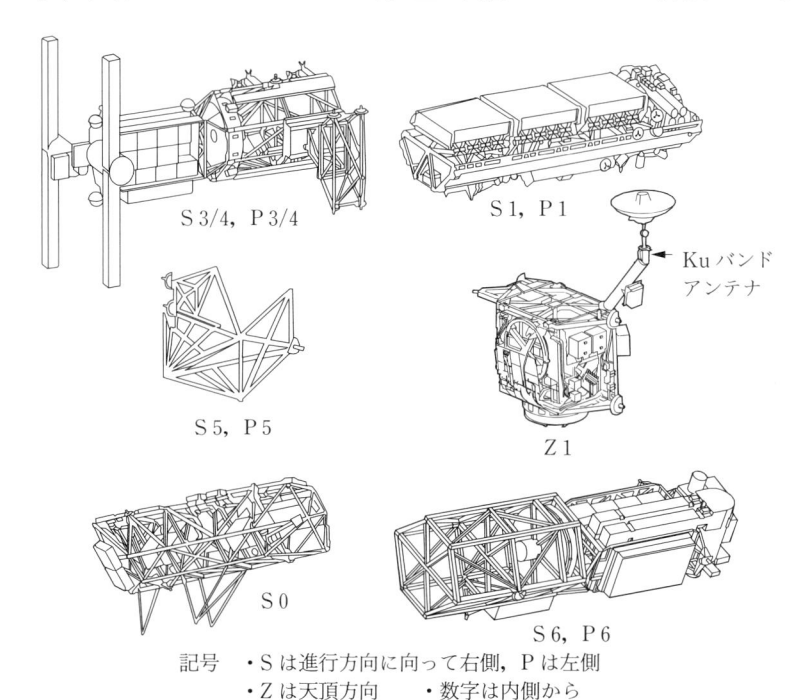

S 3/4, P 3/4

S 1, P 1

S 5, P 5

Z 1 ― Ku バンドアンテナ

S 0

S 6, P 6

記号　・S は進行方向に向って右側，P は左側
　　　・Z は天頂方向　　・数字は内側から

図 2.21　インテグレートトラス構造[2]

2.3 国際宇宙ステーションのサブシステム　77

表 2.11 ISS の機構系

機構名称	用途と特徴
共通結合機構 (CBM)	米国が開発し，米国，欧州，および日本の与圧モジュールを軌道上で結合/分離/再結合させる機構。能動側と受動側の一対で構成されて，能動側は構造リング，捕捉ラッチ，調心ガイド，動力ボルト，および制御パネルから構成。受動側は構造リング，捕捉ラッチ取付け，調心ガイド，およびナットから構成。モジュール組立て時には，ロボットアームで受動側のついたモジュールを能動側の捕捉領域に移動させることで捕捉プロセスに入る
ラボクレイドルアセンブリ (LCA)	LCA は米国実験棟の上に S 0 トラスを取り付けるためのものである。捕捉ラッチとアライメントガイドを持った能動側がモジュールのリングフレームと縦通材上に固定して取り付けてある。受動側は捕捉棒と調心棒を持っておりトラス側に取り付ける
トラスセグメント組立てシステム (SSAS)	インテグレートトラス同士を結合するための機構で，電動駆動で結合するものと，EVA が手動結合するものがある。電動駆動するものは，モータ駆動ボルト，粗調心ピン，精密調心コーン，および捕捉ラッチからなる能動側と，ナット，粗調心カップ，精密調心カップ，および捕捉棒からなる受動側から構成される。
共通結合システム (CAS)	共通結合システムは，トラス上に外部ペイロードや補給キャリヤを取り付けるもので，2 個の非与圧補給キャリヤを右弦側のトラス上に取り付けるために用い，さらに 4 個を左弦トラス上に外部ペイロードを取り付けるための機構として採用。これらは同一の構成で，遠隔で操作できる捕捉ラッチと 3 個のガイドベーンを持つ構成で，トラスの縦通材に取り付けてある。共通結合システムに取り付けられるペイロードは捕捉棒と調心ピンを備える必要がある
両性形結合システム (APAS)	ロシアで設計され，シャトルオービタと ISS の結合，FGB と与圧結合アダプタ (PMA) の結合に用いられており，結合相手がまったく同じであることから両性形と呼ばれている。両性形結合システムは，構造リング，可動リング，調心ガイド，ラッチ，フック，ダンパ，および固定具からなり，おのおのが能動的にも受動的にも機能する。シャトル/ミール飛行でも用いられている
probe/drogue 結合システム (ハイブリッド結合システム)	この結合機構は SPP を含め，ロシアモジュール同士を結合するために用いる。能動側と受動側から構成される。能動側は probe と呼ばれ，その先端の捕捉ラッチ，調心ピン，フック，および衝撃吸収器からなり，受動側は drogue と呼ばれ，受け入れコーンと構造リングからなる。probe が受入れコーンに入り，probe の先端が drogue に入るに従って捕捉ラッチが作動する。衝撃吸収器が相対運動を減衰させると，probe が収縮して，両者を近づける。つぎにフックが両者を固定すると，捕捉ラッチが開放され，搭乗員がハッチを開くことができる。ハイブリッド結合システムは probe/drogue 方式の大形のもので，大直径のハッチ，大きな構造リング，およびより多くのフックを持っており，SPP とサービスモジュール間のような，より大きな結合力を必要とする場所に使われる予定

お，ロシア要素のデブリ防護板はこれとは異なった構造を採用している。

内部にはラック構造およびこれを取り付けるスタンドオフがある．ISS にはモジュールの出入口扉として，いくつかのハッチがある．ハッチはモジュール同士を結合する結合機構と組み合わせて用いるので結合機構ごとに異なった方式になる．米国，欧州および日本のモジュールは，共通結合機構を用いることから共通のハッチを採用している．

（2） **トラス構造** ISS のインテグレートトラス組立ては米国が提供する要素で，太陽電池アレー，放熱板，および外部ペイロードの取付け構造を備えている．インテグレートトラスには**図 2.21** に示すように 10 個の要素があり，これらを軌道上で組み立てると約 100 m の長さになり，電力および排熱ラインを構成し，さらにステーションマニピュレータの移動台車のレールとしても使用する．

ロシア要素のトラス構造は科学電力プラットホーム（SPP）と呼ばれ，サービスモジュールの天頂方向に取り付けられる．SPP は長さ約 8 m で二つの要素で構成されており，その中には，放熱板，太陽電池組立て，与圧保管庫，欧州ロボットアーム（ERA）支援機能，およびステーションロール軸制御用スラスタなどが組み込まれている．

〔2〕 **機構系** 機構系は構造の結合，スペースシャトルオービタの接舷，外部ペイロードの一時的な取付けなどの役割をもつ．機構系の構造は，捕捉機構と荷重を伝えるに十分な強さの構造部材からなり，**表 2.11** に示すように，ISS にはその目的に応じて種々のものが採用されている．

2.3.9 船外活動システム

宇宙ステーションの建設と保全を担う二つの主要な分野は，船外活動（EVA）とロボテックスである．ISS の組立てが順調にすすんでも，600 以上の作業が必要で，およそ 540 時間の EVA が見積もられている．この見積りにはロシアのハードウェアの EVA と保全作業は含まれていない．ISS 組立てを成功させるには，念入りに計画された長時間の準備，訓練，共同作業が不可欠

2.3 国際宇宙ステーションのサブシステム

である。

ここで，シャトルクルーとステーションクルーを識別しておく。シャトルクルーの装備品がステーションに移されたとき，シャトルクルーはステーションのクルーと呼ばれる。原則として，米国の宇宙服（EMU：extravehicular mobility unit）を着たクルーは国籍に関係なく米国要素で作業し，ロシアのOrlan宇宙服を着たクルーはロシアの要素で働く。ステーションのEVAは，通常時と緊急時に実施され，これらは通常の飛行計画に含められる。

〔1〕 **宇宙服の比較** 共同エアロック（後出）は，EMUとOrlanの両宇宙服のEVA作業の支援能力を持っている。Orlanの訓練はロシアで実施するが，EMUとOrlanのおもな違いをここで述べる。図2.22に示すように，EMUは着脱のために，組立て可能ないくつかの部分で構成される宇宙服である。宇宙服の背中にあるバックパックは，主生命維持システム（PLSS：primary life support system）と呼ばれる生命維持装置である。宇宙服内は通常 0.03 MPa（4.3 psi；ポンド毎平方インチの差圧）で与圧された状態であるが，このPLSSとその構成要素は，真空にさらすことができる。

EMUによるEVAは，通常，エアロックを出るのに15分，6時間の有効作業，エアロックに入るのに15分，計画外の予備に30分の，合計7時間で計

図2.22 EMU宇宙服[2]

画される．加えて，EMU には 30 分の緊急酸素供給ができる補助酸素パック (SOP：supplementary oxygen pack) を PLSS の底に装備している．クルーの手首には，EMU の生命維持装置の状態表示リストとさまざまな非常時の手順を含むカフチェックリストが付いている．さらに安全のため，EMU には EVA 救助簡易支援装置 (SAFER：simplified aid for EVA rescue) という，クルーが命綱を付けないまま，宇宙ステーションから離れた際に，自分で安全に操縦する装置が装備されている．

Orlan-M は，図 2.23 に示すように，寸法サイズは一つしかなく，着脱のためには多少の組立てが必要である．生命維持装置は宇宙服の背中に付いていて，宇宙服内に入る際にこれがドアのように開くようになっている．EMU と違い生命維持装置は宇宙服内の与圧空間内 0.04 MPa (5.7 psi) に入っている．Orlan による EVA は通常 5 時間で計画される．また，補助酸素ボトルには 30 分間分の非常用酸素が充塡されている．EMU のカフチェックリストと対照的に，ロシアの EVA クルーは，どんな手順書も EVA に際して持ってい

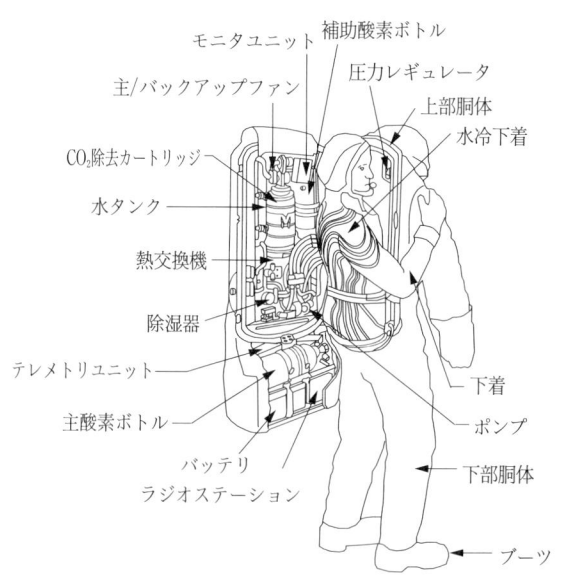

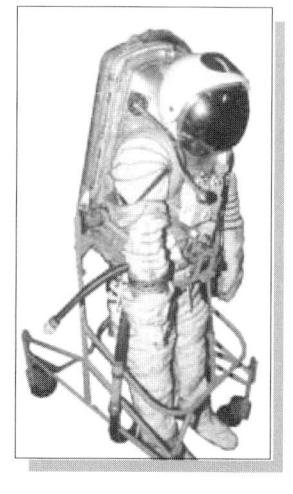

図 2.23　Orlan-M 宇宙服[2]

2.3 国際宇宙ステーションのサブシステム

表 2.12 米国宇宙服 EMU とロシア宇宙服 Orlan-M の比較[2]

宇宙服の特徴	EMU	Orlan
サイズ	モジュール交換式。EMU はいくつかの交換可能な部品から構成されていて，女性の 5％から男性の 95％のサイズがある。腕周り，脚周りは軌道上の変化も考慮して測る。手袋，上半身，腕，下半身，靴のサイズを合わせるため，100 以上の計測が行われる	調整可能な 1 サイズ。Orlan は 170 cm から 188 cm までの身長のクルーに対して適合可能。Orlan のサイズは軌道上で，ベルクロテープで余った長さを留めることで調整可能
着用法	ウエストから入る。クルーは EMU を服のように着る。着用のために着脱するさまざまな部品がある。自分で着ることも可能であるが，通常内部のクルーの手を借りる	うしろから入る。Orlan にはクルーが中に入れるように開く背扉がある。自分だけで着るのが普通
圧力（差圧）	通常 0.03 MPa（4.3 psi）	通常 0.04 MPa（5.7 psi）
宇宙服着用予備呼吸（血液中に含有の窒素を体内から取り除くための 100％の酸素による予備呼吸）	もし，船内が 0.07 MPa（10.2 psi）で最小 36 時間与圧されていたら，40 分間着用して予備呼吸が必要である。もし，0.10 MPa（14.7 psi）で与圧されていたら，着用して 4 時間の予備呼吸が必要とされる（NASA もロシア宇宙計画も宇宙での減圧症の発症の報告はない）	通常 30 分の予備呼吸（事前呼吸が非常に短い理由の一つは，Orlan が 0.04 MPa（5.7 psi）に与圧されているため。ロシア宇宙計画では，血流中の高いレベルの窒素が許容されている
軌道上使用寿命	整備後の出荷からの EMU 使用寿命は，180 日か，25 EVA。使用寿命の終わりには，整備され再保証される	4 年か 10 EVA。有効寿命が終わると，プログレスにより，再突入させ焼却
表示	EMU には，宇宙服の前にある表示制御装置（DCM）に警告を送る警告警報ソフト（CWS）が装備されていて，クルーのヘッドセットに警告音を送る。クルーは DCM 上の LCD に 12 字のメッセージと番号を見ることができる	Orlan には，宇宙服の前とヘルメットの中に警告警報（C&W）ライトが装備されていて，パラメータが許容値を超えたときにクルーに警告を発する
通信	EMU の無線は UHF を使っていて，双方向通信システムを使用している（エアロック内での船内作業では有線通信）。EVA クルーは，船内クルーか地上の管制官と話すことができる	Orlan の無線も UHF で双方向通信システム。EVA クルーは地上の（管制官でない）技術者と直接話すことができる
整備設備との適合	EMU アンビリカルは電力，バッテリの再充電，冷却水，酸素の補充，水の補充，船内クルー作業との有線通信ができる	Orlan アンビリカルは，電力，冷却水の供給と，予備用呼吸酸素の供給ができる
軌道上整備	EMU アンビリカルを通して水タンク，酸素タンクへの補充ができるため，EMU に対して要求される軌道上での整備項目はほとんどない。軌道上整備の項目は，CO_2 フィルタの交換とサイズの変更ぐらいである	水タンク，酸素タンクは，毎 EVA 後に付け替えられるため，Orlan に対する軌道上の整備要求は比較的多い（アンビリカル経由で供給されない）
EVA 訓練	作業ベース。米国の EVA 訓練は作業に基づく訓練プログラムを使って行われる。クルーは特定の飛行において，特定の EVA 作業を行えるよう訓練する（例えば，作業ベース訓練では，クルーに特定の工具で特定のボルトを特定のトルクで固定，締結する作業を何度も行う）。作業ベース訓練は，シャトル計画向きであるため，ISS の EVA の訓練はより技能ベースとなっていくであろう	技能ベース。ロシアの訓練プログラムは，膨大な作業とさまざまな EVA に対処する一般的な要領と技能を教える（例えば，クルーに工具の一般的な使用法と能力，どのようなときに使わなければならないか教え，特定の作業の飛行に対して必要なものではない）

かず，ほとんど訓練の記憶によって遂行する．EMU 同様，Orlan もまた SAFER の Orlan 版を装備している．

EMU と Orlan 宇宙服は，小形の宇宙船とみなすこともできる．宇宙服には，酸素，圧力，冷却，不純物除去，電力，通信を含む，およそクルーの生命を維持するすべてのものが装備されている．どちらの宇宙服も，厳しい宇宙の真空の中でクルーが作業できるよう設計されているが，表 2.12 に示すように，多くの相違点がある．

〔2〕 **共同エアロック**　共同エアロックは，図 2.24 のように，EVA のために宇宙の真空へアクセスするシステムで，Node 1 の右舷に結合されている．エアロックの二つの構成要素は，装置区画（E/L）とクルー区画（C/L）である．通常，二つの完全な EMU と短い EMU（上半身部のみの EMU）が共同エアロックの中に置かれている．加えて，Orlan による EVA を行う際には，2 体の Orlan を装置区画に置くこともできる．エアロックは主に EMU による EVA のための設備であるが，Orlan による EVA を支援する能力も持っている．

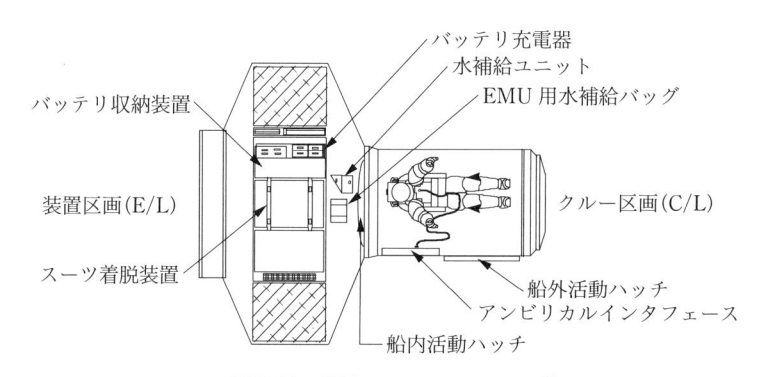

図 2.24　共同エアロックシステム[2]

クルー区画（C/L）はエアロックの一部分で，通常クルーが EVA に出る際に真空まで減圧する部分である．この設計はシャトルの外部エアロックを応用したもので，船外活動ハッチ経由で外に出られるようになっている．クルー区画は 0.02 MPa（3 psi）に減圧するまで，キャビンの空気を 70〜80％回収で

きるように減圧ポンプを使用する。残りは手動均圧弁（MPEV）を通して宇宙へ排気する。MPEV は，船内活動ハッチと Node 1 右舷ハッチに設置される。

装置区画（E/L）は，保管，休憩（クルーがエアロック内で EVA 前に眠る場合），EMU と Orlan の補充/支援，および EMU と Orlan の着脱に使用される。

〔3〕 **EVA 運用**　EVA を確実に成功させるために，EVA 前後にしなければならない多くの作業がある。この作業には，エアロックの準備，宇宙服の点検，減圧症に対する予防のための予備呼吸処方（protocol）の処置，EVA 後の宇宙服整備，エアロックの閉鎖が含まれる。EVA の前に行う動作を準備動作"prep"と呼び，EVA の後に行う動作を事後動作"post"と呼んでいる。

減圧症（潜水病として知られる）の予防のために，クルーは体内血流中の窒素を排除しなくてはならない。予備呼吸処方はロシアの EVA 訓練と米国の EVA 訓練の両方でそうすべきものとして確立されてきた。ロシアの予備呼吸処方は宇宙服内で，100％酸素呼吸を 30 分行うが，米国の処方はもっと複雑である。予備呼吸処方の実施の目標は，宇宙服を着用した状態での予備呼吸もしくは簡易着用マスクでの予備呼吸をできるだけ少ない時間で，減圧症予防の基準を超えることなく行うことである。簡易着用マスクは不快で不便であり，宇宙服着用後の予備呼吸は，クルーを疲れさせ，クルーが EVA 作業を行う時間を減らしてしまう。**表 2.13** に，EVA 時の宇宙服の与圧を 0.03 MPa（4.3 psi）とした場合の EMU による EVA の予備呼吸処方の概要を示す。

表 2.13 EMU による EVA の予備呼吸処方 (0.03 MPa (4.3 psi))[2]

0.07 MPa (10.2 psi)での時間	初期予備呼吸	宇宙服着用予備呼吸
0 時間	0 分	4 時間
12 時間	60 分	75 分
24 時間	60 分	40 分
36 時間	0 分	40 分

この処方からキャビン内圧が 0.07 MPa (10.2 psi) で 36 時間以上経過すれば，クルーは最後の 100 ％酸素による予備呼吸をわずか 40 分で終えることができることがわかる。ほかにも，もしキャビン内圧が 0.10 MPa (14.7 psi) のままであると，4 時間の宇宙服着用予備呼吸が要求されることもわかる。シャトル計画において着用予備呼吸時間を短くするためにキャビン内圧を 0.07 MPa (10.2 psi) に減圧することは意味があった。しかし，ISS において，EVA 計画のたびにステーション全体の内圧を減圧するのは合理的でない (ISS の予備設計時点において，内圧を 0.07 MPa (10.2 psi) とするか，0.10 MPa (14.7 psi) とするかで相当な議論があった)。

クルーの健康に与える負荷を軽減するため，キャンプアウト予備呼吸処方が，長時間の着用予備呼吸を避けるために開発された。キャンプアウトは EVA の前日から始まる。最初に，クルーは予備呼吸用マスクを寝る前の 1 時間，100 ％酸素を吸うために付けなくてはならない。つぎに，共同エアロックが，0.07 MPa (10.2 psi) まで減圧され，2 人の EVA クルーはエアロック内で一晩寝る。睡眠後 (最小 8 時間) 共同エアロックは 0.10 MPa (14.7 psi) まで再加圧され，1 時間の衛生休憩と睡眠後活動のために，EVA クルーは予備呼吸用マスクを再び着用しなければならない。最後に，エアロックは 0.07 MPa (10.2 psi) まで再減圧され，そこで EVA 準備行動を始める。このキャンプアウト処方の結果，EVA クルーは EVA 前の真空への減圧までにわずか 30 分間の着用予備呼吸で済むことになる。

NASA では，予備呼吸処方を短時間で実施するための手順の開発を継続して行っている。

〔4〕 EVA ツールと拘束具　　ISS の組立てに計画されている EVA 作業は 600 以上もある。これらの作業の多くが単純なボルトやコネクタ締結作業である。ステーションでの EVA は，打上げ時の固縛をゆるめたり，ハンドレールの取付け，構造物の組立て・結合 (アンテナやトラスの部品など) がほとんどである。加えて，電力，データ，流体をステーションに供給する重要なアンビリカルコネクタを接続する作業も含まれている。一般に，SSRMS やシャト

ルマニピュレータがモジュールを結合し，EVAにより正しく接続されたことを確認する。これらの作業のほとんどが手作業でかつ集中的な作業であり，これらのEVAを達成するために使われる多くの工具と拘束具が準備されている。

2.3.10　フライトクルーシステム

ここではフライトクルーシステム（FCS：flight crew systems）と呼ばれるクルーの船内活動支援システムの概要を述べる。

〔1〕**拘束および移動の支援器具**　拘束および移動支援器具は，船内活動（IVA：intervehicular activity）におけるクルーや機器の固縛，IVAにおける個人の移動を支援するもので，クルーが活動時に傷害を受けるのを防ぎ，無重力下での姿勢や運動の自由度を確保する。機器固定には，テザーストラップ，バンジー，収納袋，機器固定具，ケーブルタイ，パネルカバー，PCS机，ベルクロなどがある。バンジーは両端にフックのついた弾力のある綱で，各種の長さが用意されている。

〔2〕**保　管**　保管用ハードウエアには，保管用ラック，保管ロッカー，保管トレー，通路側保管コンテナ，補給品保管ラック（RSP：re-supply and stowage platform），ソフト保管バッグがある。ロシアモジュールの保管品のいくつかは，壁にねじで固定したり，ヒンジで止めたパネルの裏側に保管される。食料や衣類の保管は標準化されている。

〔3〕**携帯用緊急設備**　携帯用緊急設備（PEP：portable emergency provision）は，一つの与圧モジュールの完全な機能損失を含めたどのような単一故障に対しても，クルーの安全を確保するために必要となるハードウェアである。PEPには，非常用備品や，携帯用呼吸機器（PBA）が含まれる。簡易消火設備はECLSSの一部に含まれている。緊急食料，廃棄物管理品，個人の衛生品，衣類が非常用備品として船内に準備され，これにより，通常ミッションを超えた45日間の支援が可能である。

PBAは，火災，環境汚染，モジュールの減圧などの緊急時に，顔や眼を保

護し，15分間100％酸素を1分間当り18リットル供給できる。PBAは，ECLSSの酸素供給システムと接続され，15分以上の汚染清浄作業にも使われる。

ロシアのPEPは，呼吸マスクと消火器からなる。マスクにはクルーが吐き出す空気の化学反応により発生する酸素が数時間供給される。消火設備は，噴霧状の水が高圧窒素により吹き出す。

〔4〕 **表示，プラカード** クルーの眼に触れるすべての表示は，ロシアモジュール内も含み英語で書かれる。第二外国語のラベルも許容されるが，英語表示より25％小さく，かつ英語ラベルにかからないことが必要である。

〔5〕 **船内清掃，ごみ管理** 船内清掃，廃物管理の備品は，可搬形乾湿掃除機，とその付属機器，ワイプ，洗浄剤，ゴミ収集バッグとバッグライナーからなる。可搬形乾湿掃除機は，湿ったゴミや乾燥ゴミ，流体を吸い取る。掃除機は，ECLSSフィルタの清掃にも使われ，漂う流体やデブリを回収する。ロシアモジュールにも米国と同様に掃除機やワイプがあり，ゴミは空の食料コンテナや特別にシールできるバッグに入れ，プログレスにより投棄する。

〔6〕 **照明** 照明機器には，通常の照明，可搬形照明，および緊急脱出用照明がある。通常の照明は一般照明組立て（GLA：general luminaire assembly）として，各モジュールに取り付けてある。可搬形照明は，必要な部分をさらに明るく照らすために用いる。緊急脱出用照明（EEL：emergeny egress light）は，脱出用のビークルまでの避難路を照らすもので，各モジュールの出口にLEDが帯状に取り付けられ，モジュールがすべて停電したときのみ電池で点灯する。

〔7〕 **個人用衛生器具** 個人用衛生器具は，個人の衛生用品を収め，またゴミを保管するものである。サービスモジュール（SM）には，タオル，石鹸，シャンプ，かみそり，歯ブラシ，歯磨き粉などの衛生器具およびこれらの廃棄用コンテナがある。

〔8〕 **作業用および個人用機器** 作業用および個人用機器は，日常のルーチンワークを行うために使われ，衣類，カメラ，計算機，ペン，鉛筆，娯楽用

品（本，テープ，CD，テープ/CD プレイヤ，ゲーム），充電器がある。

〔9〕 **居住室，炊事，食事システム**　これらのハードウェアには，居室，食料，食料準備用器具（加熱器，トレー，勝手用品など）がある。居室のテーブルや調理場は SM にあり，食事の準備や食事の場所を提供する。居室には飲用水湯わかし器があり，飲料用や調理用の熱湯と水が用意される。また，ゴミ箱と二つの冷蔵庫がある。ロシア食品のほとんどは常温保管（フリーズドドライ・低湿・常温）で，個々に梱包されている。生鮮食品も季節に応じてバラエティに富んだものが準備され，あきることがないようにしてある。米国食品はシャトルの食事に準じて，常温のもの，水に戻すもの，湿り気のある状態のもの，自然状態のもの，生もの，レンジが必要なものの 6 種類と飲み物である。食事はトレーにパッケージごとに盛られ，ナイフ，フォーク，スプーン，はさみ，ストローおよび調味料がついている。

〔10〕 **クルーのプライバシー対応**　睡眠，着替え，休憩時間用に個室（crew quarter）が確保されている。ここでは個人の写真を飾り，衣類を保管することができ，電力供給や空調がある。

〔11〕 **搭乗員健康管理システム（CHeCS）**　CHeCS（crew health care system）は，宇宙ステーション搭乗員の長期滞在中の健康と安全を管理し，職務を遂行できるよう維持することを目的としている。予防システム（CMS：countermeasures system），環境衛生システム（EHS：environmental health system），および健康維持システム（HMS：health maintenance system）の三つのサブシステムから構成され，**表 2.14** に示すような構成品と機能を持っている。

〔12〕 **軌道上保全**　軌道上保全（on-orbit maintenance）作業は，ISS の運用上重要な作業であり，クルーによる不具合処置，サービスあるいは ORU の交換が含まれる。ORU 交換時にはクルーのみならず飛行管制官も加わり，ORU の状態把握・機能分離・取外し作業手順の決定を行う。宇宙ステーションは地上へ回収しない前提であるため，すべての修理・交換は軌道上で行われる。また，ISS は数年にわたり運用するため，修理は完全なものでなければな

表2.14 搭乗員健康管理システム（CHeCS）の構成品と機能

構成品	機　能
予防システム (CMS)	宇宙滞在に伴う，心循環系，筋骨格系の不調を予防することを目的として，地上での歩行とランニングを模擬．歩行と姿勢維持に関する筋肉の萎縮を予防する制振装置付きトレッドミル（TVIS），搭乗員健康管理システムの各装置からの，運動や健康管理のデータを記録し地上にダウンリンクする医療装置コンピュータ（MEC），四肢，体幹のおもな筋肉群に負荷をかけて萎縮を予防するための筋力負荷運動器具（RED），腕時計形の心拍モニタ，血圧，心電図モニタ（BP/ECG），脚の有酸素運動のための制振装置付き自転車エルゴメータなどからなる
環境衛生システム (EHS)	キャビン内の水，空気，表面汚染，およびISS内外の放射線量をモニタするシステム．水質をモニタする全有機炭素分析計（TOCA）および水サンプル採取キット（WSA）．微生物をモニタする水中微生物キット（WMK），モジュール内表面汚染サンプル採取キット（SSK）および空気中微生物サンプル採取キット（MAS）．放射線をモニタする組織等価比例計数管（TEPC），個人線量計，領域放射線モニタ（RAM），船内荷電粒子方向性スペクトロメータ（IV-CPDS），船外荷電粒子方向性スペクトロメータ（EV-CPDS）．有毒物質のモニタとして化学物質分析計―燃焼生成物（CSA-CP）があり，これは雰囲気の一酸化炭素，シアン化水素，塩化水素，および酸素の濃度を測定する，揮発性有機ガス分析計（VOA）は，トリクロロエタン，ブタノール，エタノールなど27種類の揮発性物質の雰囲気中の濃度を測定し，地上にダウンリンクする，化学物質分析計―ヒドラジン（CSA-H）は，EVA時にエアロックに配置され，EMU表面のヒドラジンによる汚染の有無を測定する
健康維持システム(HMS)	搭乗員の疾病などに関して，予防，診断，治療，搬送の手段を提供するもので，搭乗員3人の180日間の日常健康管理，基本医療，および高度医療に対応．これには，日常の軽度のけがや疾病に対応するための救急医療パック（AMP），洗眼ゴーグル，手袋，防護ゴーグルなどの汚染防護キット（CCPK），心臓および外傷に対する生命維持の用具としての高度生命維持パック（ALSP），患者医療保持装置（CMRS），電気ショックを与えて心臓の正常な拍動を回復する除細動器，および呼吸補助が必要な場合にISSの酸素供給系から酸素を患者へ供給する呼吸補助パック（RSP）がある

らない．したがって，クルーは操作者であり，保全作業者である．ISSのすべての施設は，恒常的に軌道上のゼロ g 環境にあるので，道具類，ORU，小さな部品，さらには宇宙飛行士自身も，保全作業中に固定する必要がある．

（1）**軌道上保全の方法**　ISSの保全手段には三つの方法，すなわち，IVA（船内活動），EVA（ツールなどによる船外活動），およびSSRMSを利用したEVR（extravehicular robotics）がある．例えば，船外ビデオカメラ

2.3 国際宇宙ステーションのサブシステム

の照明灯の故障ではつぎの手順となる。
① 宇宙飛行士の EVA 開始
② SSRMS により EVA クルーを照明灯機器の近くへ移動させる（EVR）
③ クルーが照明灯を取り外して船内に持ち込む（EVA）
④ 船内で照明灯から電球を取出し交換（IVA）
⑤ この逆の手順による復帰

ISS 保全に要する年間クルータイムは，つぎのように見積もられている。
・年間 IVA 保全平均所要時間：2 536 時間
・年間 EVA 保全平均所要時間：421 時間
・年間 EVR 保全平均所要時間：777 時間

（2） 保全の方式　　保全作業のレベルは必要とするスキルと，使用できる工具や診断装置に応じて，軌道上保全，軌道上または地上での IVA 保全，および地上修理工場保全の三つに区分している。また，ISS の軌道上保全には緊急度，時間帯，保全の場所に応じて，予防保全（定期的な検査・清掃・修理/交換），修復，その場修理，および緊急修理（クルーの安全性や ISS の安全性確保に重要なもの）の四つのカテゴリーに分類される。

軌道上保全に用いるツールとしては，工具と診断装置があり，これらは IVA ツールと EVA ツールに分かれる。IVA ツールには，地上の自動車修理工場で見られるラチェット，ソケット，ドライバ，レンチ，プライヤ，ハンマなどや，マルチメータ/オシロスコープ，ロジックアナライザ，信号発生器などがある。EVA ツールは，ひも付きで，EVA 手袋でも操作できる。

（3） 保全補給　　ISS の ORU 補用品は，つぎの基準に基づいて調達・準備されている。
・クルーの安全性，機体の機能維持，ミッションサクセスに関する重要度
・ORU の平均故障時間（MTBF）
・ISS 上にある同じ形の ORU の数
・その ORU が故障時に作業環境が十分確保できること
・その ORU の打上げ輸送機の運搬容量/重量が確保できること

3 日本の実験モジュール「きぼう」

3.1 日本の実験モジュール開発の経緯[1],[2]

〔1〕 **計画参加の決定まで**　1982年5月に，米国 NASA は NASA 本部内に宇宙ステーションタスクフォースを設置し，宇宙ステーション計画の概念設計検討（フェーズ A 作業）を開始した．同年6月，当時の NASA ベッグス長官から中川科学技術庁長官に対して，宇宙ステーション計画に日本も参加するよう要請があった．これに応えて，NASDA（現 JAXA）は各企業からの参加者で組織したチームを作って技術検討を開始し，NASA タスクフォースのミッション要求作業グループ（MRWG：mission requirements working group）と概念開発作業グループ（CDG：concept development group）に参加した．同年8月宇宙開発委員会は宇宙基地計画特別部会を設置して，日本の宇宙基地†参加構想にかかわる調査審議を開始した．

　1984年1月の年頭一般教書において米国のレーガン（当時）大統領の呼びかけ（1.2.1項参照）を受けて，宇宙基地計画特別部会は，宇宙基地参加構想を固めるために概念検討を実施し，その結果をまとめて1985年4月に「宇宙基地計画参加に関する基本構想」を発表した．日本の参加構想「多目的な取付型実験モジュール（JEM：Japanese experiment module）」の概念を打ち出し，宇宙基地計画に参加する意義をつぎのよう述べている．

---

† 当時の宇宙ステーションの名称として，「宇宙基地」が使われており，本文中で当時の呼称を引用する箇所についてはこれを使用している．

（1）　高度技術の修得：有人サポート技術・宇宙大形構造物の組立て技術の修得，ロボット・コンピュータ・通信など各種先端技術の促進と広い分野の技術水準の飛躍的向上

（2）　次世代の科学や技術の促進と宇宙活動範囲の拡大：大規模な科学観測や実験による科学的知見の増大，新技術誕生の促進，月や惑星の有人探査の基地確保，活動範囲の拡大

（3）　国際協力への貢献：日米友好関係の維持・促進，ロボット・光通信・エレクトロニクスなどの先端技術による国際的な貢献

（4）　宇宙環境利用の実用化の促進：無重力環境での材料や医薬品の創製を目指した実験の実施など，宇宙環境利用の本格的な推進

〔2〕　**予備設計への参加**　　1985年4月から6月にかけて，米国NASAを中心とした参加各国は，予備設計（フェーズB）参加のための了解覚書（MOU）を締結し（カナダ科学技術省：4月16日，日本科学技術庁：5月9日，ESA：6月3日），約2年にわたる予備設計作業が開始された。日本実験モジュールの予備設計は，1985年5月より1987年3月にかけて実施，NASAの審査会に対応して，中間要求審査（1986年1月），システム要求審査（同年4月）中間システム審査#1を開催して，システムの更新を行った。

1987年5月から9月にかけて，NASA宇宙ステーション計画の見直しに対応してJEM設計を見直し，中間システム審査#2（1987年12月）を実施した。続いて1988年1月から1989年1月にかけて，NASA基本設計体制確立のための準備作業に対応してJEM設計の更新を行った。この間フェーズB MOUの有効期限を1989年3月から1990年5月まで延長した。これと同時に，国内の開発実施体制を固め，1989年12月までに，開発企業体制，目標総開発費等を設定し，基本設計作業の準備を整えた。

〔3〕　**基本設計**　　1990年1月より，JEMシステムおよび構成機器の基本設計を開始し，同年3月からは構成機器の開発基礎試験に着手し，7月には基本設計における第1回中間審査を実施して，開発上の問題点を洗い出した。1990年9月から12月にかけて，NASAが実施したリソース削減要求に対応

して，JEM 全体設計の見直しを行い，1991 年 3 月には第 2 回中間審査を実施した。一方，JEM 開発企業から出された総開発費の増大に対して，コスト削減の観点から開発方式（開発試験モデルの内容見直し），組織見直しなどで対処した。1992 年 1 月〜3 月にかけて開発企業の PDR を実施し，1992 年 4 月〜7 月にかけて，NASA，ESA，CSA も参加の下に NASDA の JEM PDR を実施した。

〔4〕 **詳細設計**　1992 年 3 月，JEM 詳細設計に着手し，開発企業と技術試験モデル（EM：engineering model）設計，製作，試験を契約，ハードウェア製造に移った。同年 7 月，JEM プロトフライトモデル（PFM：proto-flight model）の製作に着手し，1994 年 9 月，与圧部の第 1 回詳細設計審査（CDR：critical design review）を実施した。この間，NASA との詳細インタフェースの調整や，プログラム・レベルの課題解決を進めた。1995 年 11 月，JEM 全体システム/与圧部システムの第 2 回 CDR を企業において実施した。

1996 年 2 月 29 日，筑波宇宙センターにおいて第 1 回 JEM CDR と安全審査を，NASA，ESA，CSA を迎えて実施した。ここで明らかとなった課題を含めて，ハードウェアの開発試験や認定試験中に，大形システムであるがゆえのさまざまな技術問題に遭遇したので，これらの解決が行われた。さらに，日本のデータ中継衛星利用の目途が立ったことから，同年 7 月には JEM 搭載衛星間通信システム（ICS：inter-orbit communications system）の開発着手を決定，また，日本の貨物輸送手段として，H-II A ロケットを使用する宇宙ステーション補給機（HTV）の開発検討を始めた。

1997 年 3 月には与圧部システムの最終 CDR を実施，1998 年 3 月に 2 回目の JEM CDR #2 を行い，詳細設計を終了した。同年 3 月 28 日には，JEM 最初のフライトハードウェアである分電盤が完成した。

〔5〕 **フライト実機の完成とインテグレーション試験**　JEM を構成する各部フライト実機は，これら各システムの組立てと試験後，全体を組み合わせた統合試験，および地上の運用管制システム（5.5.3 項参照）との組合せ試験（2003 年）を実施することでシステムとして完成した。その後，与圧部システ

ムは軌道上で取り付けられる Node 2 との組合せ試験（MEIT-Ⅲ：multi-element integration test-Ⅲ）を実施するために，2003年5月に米国ケネディ宇宙センター（KSC）に輸送され，9月には MEIT-Ⅲ を完了した。

3.2 構成とサブシステム

3.2.1 「きぼう」（JEM）システム構成[2]

JEM は多目的な微小重力実験施設で，宇宙の無重量や真空環境を利用した微小重力実験，地球方向および天頂方向の視野を必要とする観測実験，理工学実験を可能とする以下の五つの部分（要素）から構成される。

（1）　船内実験室（与圧部　PM：pressurized module）
（2）　船外実験プラットホーム（曝露部　EF：exposed facility）
（3）　ロボットアーム（マニピュレータ　RMS：remote manipulator system）
（4）　船内保管庫（補給部与圧区　ELM-PS：experimental logistics module-pressurized section）
（5）　船外パレット（補給部曝露区　ELM-ES：experimental logistics module-exposed section）

これらモジュールは3回のシャトルにより打ち上げ，軌道上で組み立て，米国 NASA が開発する宇宙ステーション本体に取り付けて，約10年間運用される。JEM の運用は通常2人までの搭乗員で行われる。図3.1 に JEM の全体コンフィギュレーションを，また表3.1 に全体の主要諸元を示す。

〔1〕　**船内実験室（与圧部）**[3]　　与圧部には10個の実験ラックが搭載可能であり，搭乗員が地上と同じ大気環境のもとで，無重力下でのライフサイエンスや材料製造実験を行える環境を提供する。そのために，電力供給（最大25kW），環境制御（空調），通信制御，熱制御（冷却），実験支援（実験ガス供給，真空排気）などの機能を持つ。また，宇宙空間との実験試料/ORU 交換のための出入口としてのエアロックを持つ。与圧部には宇宙ステーション本体

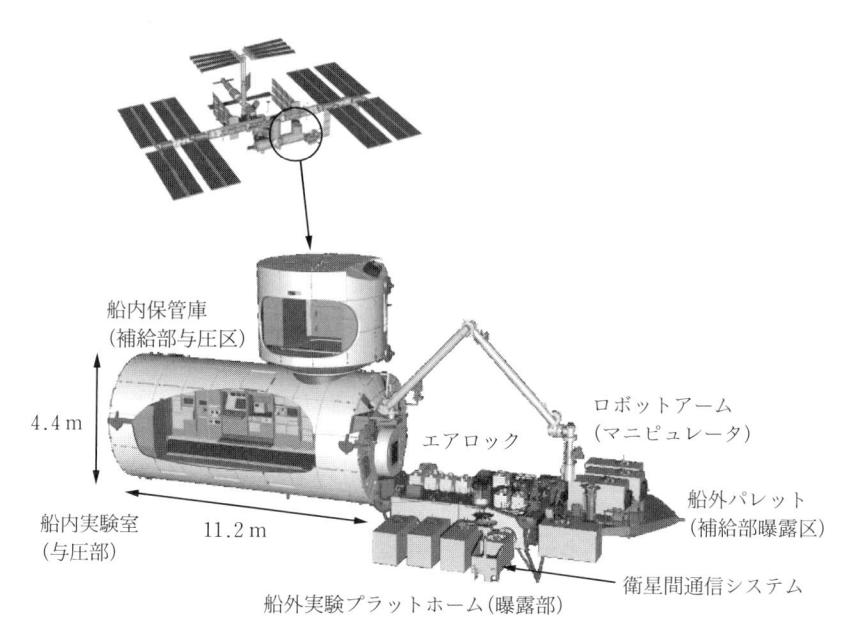

図 3.1 JEM の全体コンフィギュレーション

表 3.1 「きぼう (JEM)」の主要諸元

```
(寸　法)
    船内実験室：4.4 m 外径×11.2 m 長さ（円筒形）
    船内保管庫：4.4 m 外径×4.2 m 長さ（円筒形）
    船外実験プラットホーム：5.0 m 幅×4.0 m 高さ×5.6 m 長さ（箱形）
    船外パレット：4.9 m 幅×2.2 m 高さ×4.2 m 長さ（パネル形）
    ロボットアーム　親アーム：9.9 m 長さ　子アーム：1.9 m 長さ
(総重量)：約 27 t
(電　力)：最大 24 kW, 124 VDC
(寿　命)：10 年以上
(搭乗員数)：通常 2 人，時間制限付きで最大 4 人
(輸送手段)：スペースシャトル（3 便）
```

との共通結合機構，補給部与圧区との共通結合機構，曝露部との結合機構がある．また，曝露部のペイロード交換，保全の目的で使用するマニピュレータを取り付けており，操作する制御卓を内部に設置している．

　与圧部の内部レイアウトを**図 3.2** に示す．また，**表 3.2** に国際間で標準化したペイロードラック（ISPR：international standard payload rack）に供給

3.2 構成とサブシステム

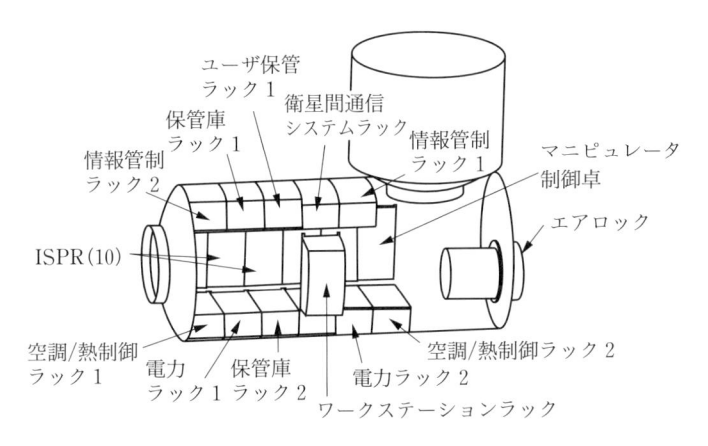

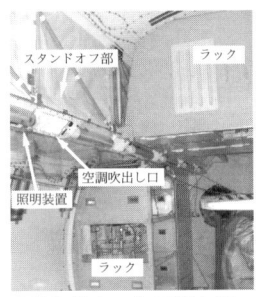

図中ラベル（上部図）:
- ユーザ保管ラック1
- 保管庫ラック1
- 衛星間通信システムラック
- 情報管制ラック1
- 情報管制ラック2
- マニピュレータ制御卓
- エアロック
- ISPR(10)
- 空調/熱制御ラック1
- 電力ラック1
- 保管庫ラック2
- 電力ラック2
- 空調/熱制御ラック2
- ワークステーションラック

（中段写真ラベル）
- スタンドオフ部
- ラック
- 空調吹出し口
- 照明装置
- ラック
- スタンドオフ部

試験作業中の与圧部内部。スタンドオフ部にはガラス繊維素材の布が張られ、消火区画を形成している

モジュールの断面上に対称に配された4カ所のスタンドオフが見える。天井側の板は作業用の仮床

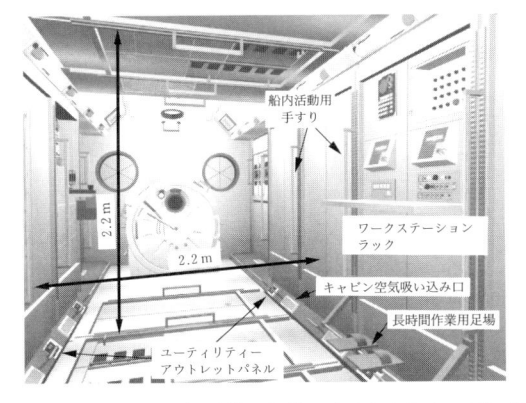

与圧部の内部レイアウト

（下段写真ラベル）
- 船内活動用手すり
- ワークステーションラック
- キャビン空気吸い込み口
- 長時間作業用足場
- ユーティリティーアウトレットパネル
- 2.2 m
- 2.2 m

与圧部のキャビン空間

図 3.2 与圧部の内部レイアウトとキャビン空間[3]

表 3.2 与圧部国際標準ペイロードラック (ISPR) への供給リソース

リソース		供給数	
		標準ラック (ISPR)	冷蔵庫用ラック
電　力 120 VDC	3 kW	6	1
	6 kW	4	—
熱制御	中温水	6	1
	低温水	4	—
真空排気（0.13 Pa（1.3×10^{-3} mbar）以下）		6	—
ガス排気（0.13 Pa（1.3×10^{-3} mbar）以下）		10	1
コマンド/制御データ（MIL-STD-1553 B, 1 Mbps）		10	1
テレメトリ	中速データ（イーサネット 10 Mbps）	10	1
	高速データ（光ファイバ 100 Mbps）		
ビデオ		10	2
ファイル転送		10	2
ペイロード通信データ		10	—
イーサネット（10 Base-T）		10	—
JEM 固有サービス ガス供給 （定格 0.69 MPa(100 psia)）	N_2 (16.3 kg/hr)	10	1
	He (20 Nl/min)	6	—
	Ar (20 Nl/min)	6	—
	CO_2 (5 Nl/min)	4	1

されるリソースの種類と特性を示す。

〔2〕 **船外実験プラットホーム（曝露部）**[4]　　曝露部は，JEM 与圧部の後端に取り付けられ，宇宙の真空環境下で地球方向や天頂方向の視野を必要とする曝露ペイロードを 10 個取り付けることができる。曝露部の運用に必要な，電力，排熱，データなどのリソースはすべて与圧部から供給される。また，補給部曝露区を取り付け，軌道上保管庫としても運用できる。さらに，日本のデータ中継技術衛星と通信を行う衛星間通信用のアンテナを設置している。システム機能としては電力供給，熱制御，通信制御などがある。**図 3.3** に曝露部の外部配置を示す。また，**表 3.3** に曝露部ペイロード取付け位置で供給されるリソースの種類と特性を示す。

〔3〕 **ロボットアーム（マニピュレータ）**[6]　　JEM マニピュレータは，制御卓および親アームと子アームから構成されている。親アームは 6 自由度のロボットアームで与圧部の中で，搭乗員が制御卓のハンドコントローラによって

3.2 構成とサブシステム　　**97**

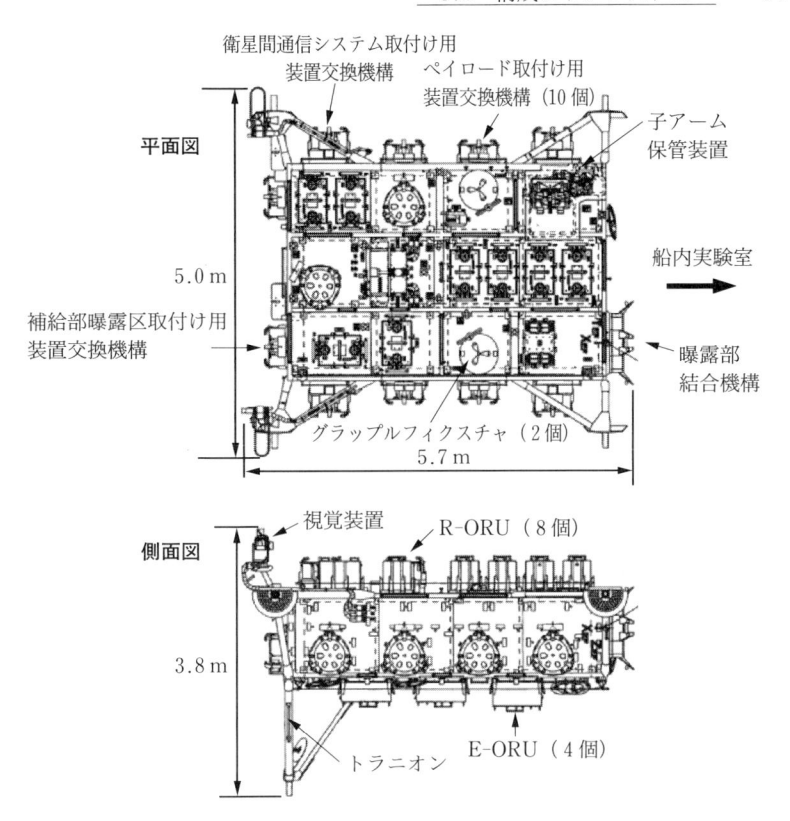

平面図

衛星間通信システム取付け用装置交換機構
ペイロード取付け用装置交換機構（10個）
子アーム保管装置
5.0 m
補給部曝露区取付け用装置交換機構
船内実験室
曝露部結合機構
グラップルフィクスチャ（2個）
5.7 m

側面図

視覚装置
R-ORU（8個）
3.8 m
トラニオン
E-ORU（4個）

図 3.3　曝露部の外部配置[4]

表 3.3　曝露部ペイロード供給リソース

リソース	供給数
電力　3 kW	8
3 kW×2 系統	2
熱制御　　　　　　3 kW	8
流体ループ排熱　　6 kW	2
テレメトリおよびコマンド	
・低速ペイロードバス 　（MIL-STD-1553 B：1 Mbs）	10
・中速データ（イーサネット：10 Mbps）	7
・高速データ（光ファイバ：100 Mbps）	8
ビデオ（NTSC カラー TV 方式）	8
ペイロード　・標準ペイロード：500 kg	8
最大質量　　・大形ペイロード：2 500 kg	2

二つのテレビ画面を見ながら操作を行う。曝露部ペイロードや各部システムの交換などの作業が船外活動（EVA）なしに行える。また，親アームの先端に精密な子アームを取り付けることにより曝露部ORU（軌道上交換単位の機器）の保全交換作業を行うことができる。**図3.4**にマニピュレータアームと制御卓を示す。

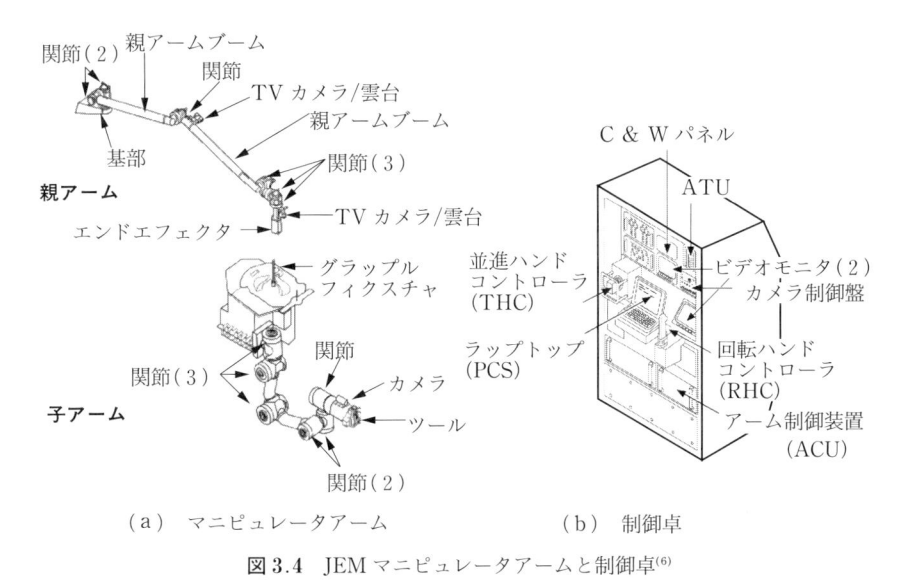

（a）マニピュレータアーム　　　　　　（b）制御卓

図3.4　JEMマニピュレータアームと制御卓[6]

〔4〕**船内保管庫（補給部与圧区）**[3]　　与圧環境を維持して実験装置や，補用品の輸送キャリヤとして，さらに軌道上保管庫として使用する。8個のラックを搭載可能で，JEM組立てでは，与圧部打上げ時に搭載できない冗長システム機器を搭載して最初に打ち上げられ，軌道上に保管して，与圧部の到着を持つ。

〔5〕**船外パレット（補給部曝露区）**[5]　　曝露部ペイロードや外部ORUのシャトルによる輸送キャリヤとして，また軌道上保管庫として使用する。質量500 kgまでの曝露ペイロード3個が搭載可能である。

3.2.2 サブシステム構成

〔1〕 **通信制御系**[8],[10],[18]　　JEM の通信制御系は，宇宙ステーション本体の C & DH と，C & T を合わせた機能からなっている．すなわち，JEM 全体の管理・制御をつかさどる管制制御装置とその搭載ソフトウェア，システムおよびペイロードのデータを収集・処理し，指令信号を送り出す MIL-STD-1553 B データバス，および各サブシステム機能の管理・制御を行うサブシステム制御装置からなる．図 3.5 に JEM の通信制御系の系統図を示す．さらにペイロードデータバスとしての MIL-STD-1553 B データバス，中速データ収集バスとしてイーサネット，および光ファイバ高速バスから構成されている．

また，システムおよびペイロードのビデオ信号伝送，搭乗員の音声通信の機能を持っている．システムの状態を監視するデータは主として宇宙ステーション本体を通じて地上局と接続される．ペイロードデータも同様に宇宙ステーション本体を通じて地上へダウンリンクされる．これに加えて，日本のデータ中継衛星を通じて，日本の地上局に直接送信するための通信機器とアンテナを備えている．

つぎに代表的な構成機器を示す．

（1）**低速データ伝送系**　　管制制御装置（JCP：JEM control processor）とソフトウェアを中心に JEM のシステム制御に用いられる．MIL-STD-1553 B バスを使って，各部，サブシステム，DIU（data interface unit）などの制御装置と接続されている．

（2）**高速/中速データ伝送系**　　実験中に生じるデータを光ファイバ（100 Mbps の高速データ用）およびイーサネット（中速データ用）で集めて，地上にダウンリンクできる．

（3）**ビデオ系**（**VCU**：video control unit）　　システムモニタ映像および実験映像をダウンリンクできる．

（4）**音声系**（**ATU**：audio terminal unit）　　搭乗員と地上との音声通話が行える．

〔2〕 **電力系**[9]　　宇宙ステーション本体から直流 124 V，最大 25 kW の

3. 日本の実験モジュール「きぼう」

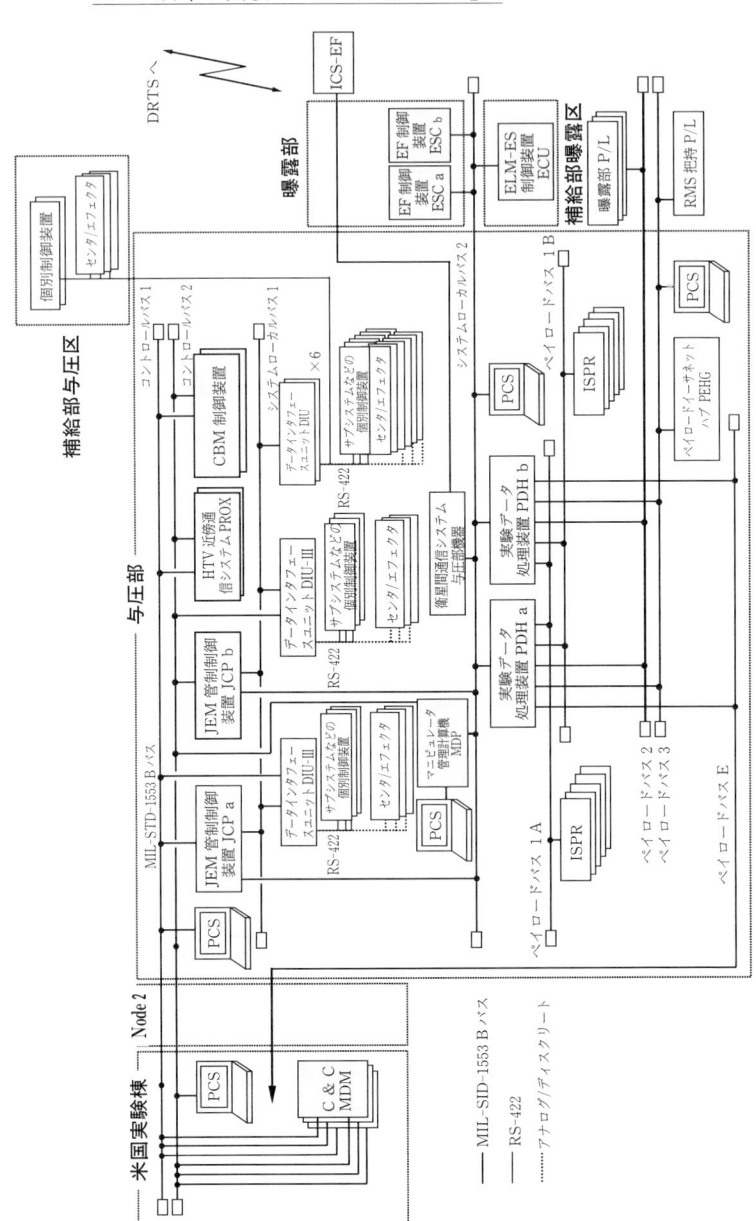

図 3.5　JEM 通信制御系の系統図 [1],[8],[10]

＊1　JAXA 提供（以下同様）

電力を受け取ってJEM内に分配するシステムで，分電盤（PDU：power distribution unit）および配電箱（PDB：power distribution box）からなる。従来の人工衛星に比べて，電圧も高く，電力容量も格段に大きい。図3.6にJEM電力系の系統図を示す。Node 2内に設置されているNASAの4台のDDCUを通じて12.5 kW×2系統の電力ラインがJEM内に入り，これを4台のPDUによりJEM与圧部内から曝露部，補給部与圧区，さらにマニピュレータまで分配している。

〔3〕 **熱制御系**[11]　JEM内の電力消費に伴い発生する熱を収集して，宇宙ステーション本体に返送するシステムである。モジュール内や曝露部からの排熱を収集する能動熱制御系と，モジュールと宇宙空間の間の熱移動を最少にするための受動熱制御系から構成される。

図3.7に，熱制御系の系統図を示す。与圧部内では，大容量の排熱と安全性の観点から水ループをポンプで作動させる。与圧部から宇宙ステーション本体への排熱はNode 2上のアンモニア/水熱交換器を通じてNASA外部能動熱制御アンモニアループと熱交換する。

また，ステーション本体の中温，低温二つのアンモニアループに対応して，二つの水ループが与圧部内にある。低温ループには環境制御系のキャビン熱交換器およびライフサイエンス実験ペイロードが熱負荷となる。これに対し中温ループには，高温サブシステム機器や材料実験装置といったものが熱負荷となる。また，いずれかのループの故障に備えて，JEM内の中温と低温の二つのループは1ループ化（クロスストラップ）ができるように設計してある。流体ループには，ポンプ，制御ユニット，コールドプレート，熱交換器などを備えている。装置類からの吸熱は基本的にはコールドプレートを通じて行われ，これをポンプ駆動の水ループを通じて収集，ステーションへ返送する。曝露部はフロリナートループを持っており，これが与圧部に設置してある水/フロリナート熱交換器を介して水ループに排熱する。受動熱制御系としては，宇宙空間とJEMとの熱の移動を防止するための多層断熱材（MLI）や熱制御塗料が用いられている。

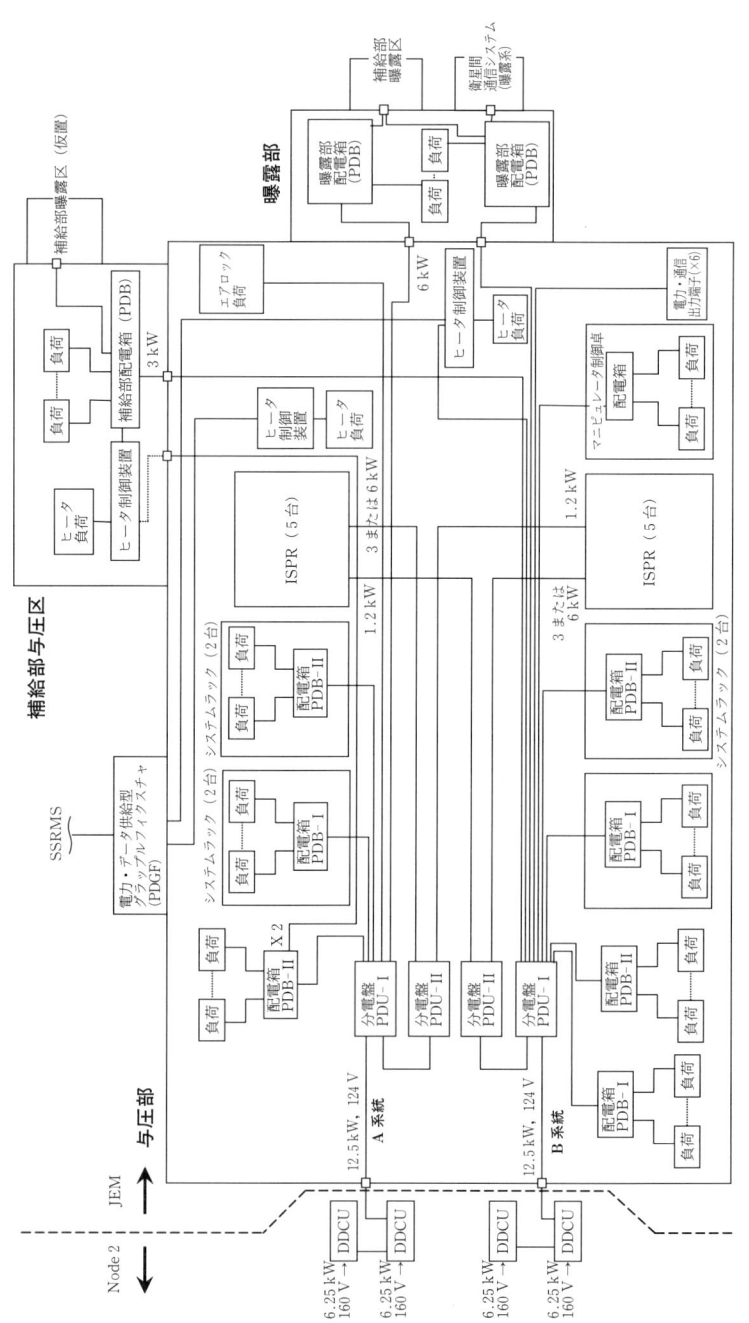

102　　3. 日本の実験モジュール「きぼう」

図 3.6　JEM 電力系の系統図*1,9)

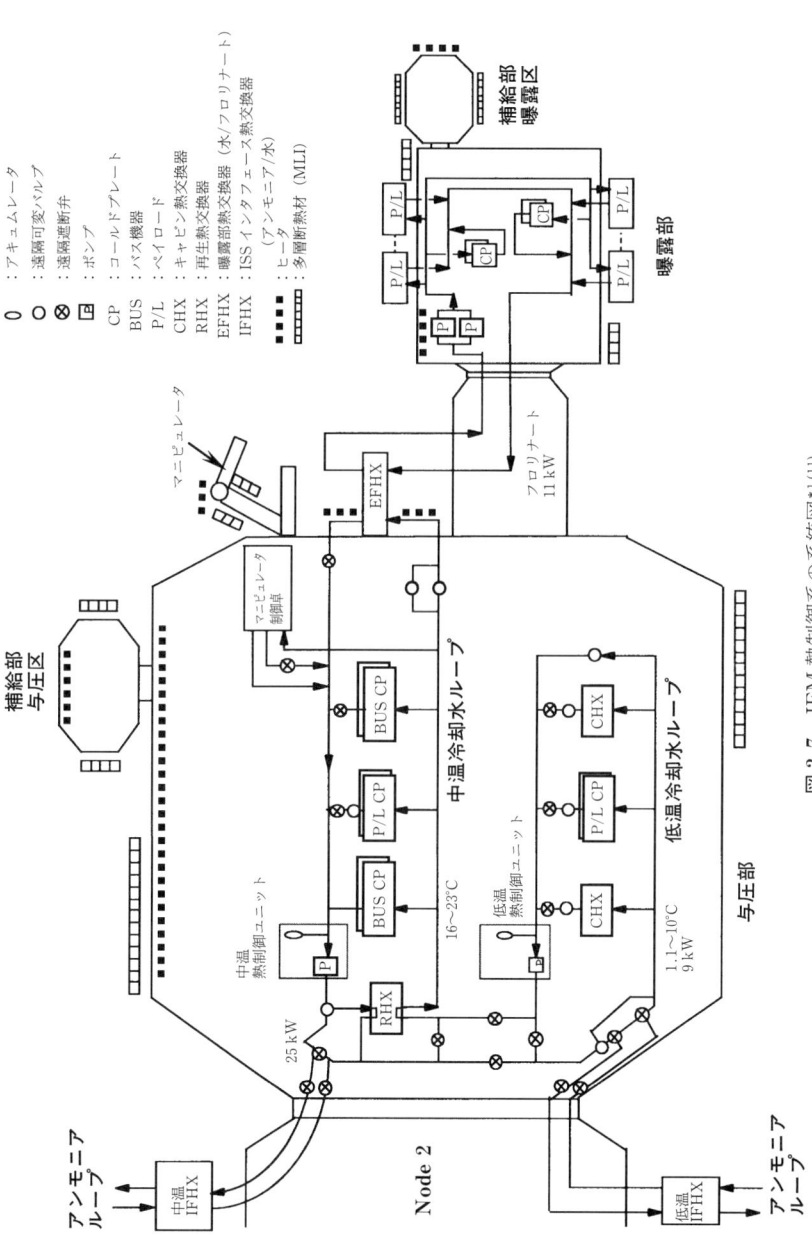

図 3.7 JEM 熱制御系の系統図 [1, (11)]

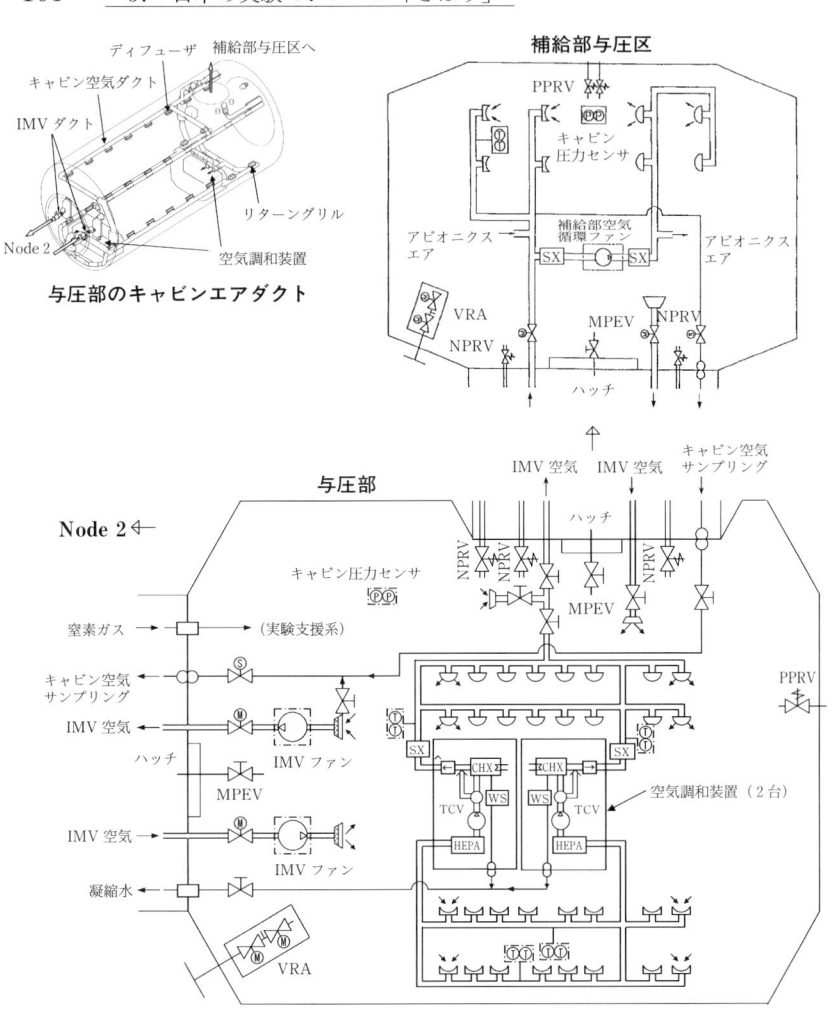

104　　3．日本の実験モジュール「きぼう」

図 3.8　JEM 環境制御系の系統図[*1,(12)]

凡例:
- CHX：キャビン熱交換器
- SX：サイレンサ
- HEPA：微生物/微粒子除去フィルタ
- NPRV：負圧リリーフ弁
- PPRV：正圧リリーフ弁
- MPEV：手動均圧弁
- TCV：風量調整弁
- WS：除湿用水分離機
- VRA：ベント/リリーフ弁
- 手動弁
- 電動弁
- 電磁弁
- IMV グリル
- サイレンサ付き IMV グリル
- 逆止弁
- P：圧力センサ
- T：温度センサ
- ファン

〔4〕**環境制御系**[12]　環境制御系は，与圧部内の空気循環，圧力調整，および温湿度制御からなり，宇宙ステーション全体の環境制御系の一部を構成する．空気中からの炭酸ガス除去，有害ガス除去，酸素再生，ならびに水再生は宇宙ステーション本体で行い，空気流の与圧部内均一循環，温湿度制御，および火災探知，消火機能は，JEM環境制御系が受け持っている．

図3.8にJEM環境制御系の系統図を示す．モジュール間換気（IMV）によってノードと強制的な空気循環を行っている．吸い込んだ空気はモジュール内に均一な風速となるように上部ノズルから吹き出し，下部ノズルから吸い込んでいる．また，モジュール内空気の温湿度制御を行うために，空気調和装置を2台設置している．これは2台運転で正常な能力が出せるが，緊急時には1台運転でも搭乗員は滞在できる．

〔5〕**構造・機構系**[13],[14]　JEM各部の主構造をつぎに示す．
（a）　与圧部および補給部与圧区構造はAl 2219材料の溶接構造
（b）　曝露部構造はAl 7075材を中心としたセミモノコック構造
（c）　補給部曝露区は，Al 7075材を中心としたグリッドパネル構造
（d）　マニピュレータアームは関節機構と関節間のブーム構造から構成され，ブーム材料はCFRP（carbon fiber reinforced plastics）

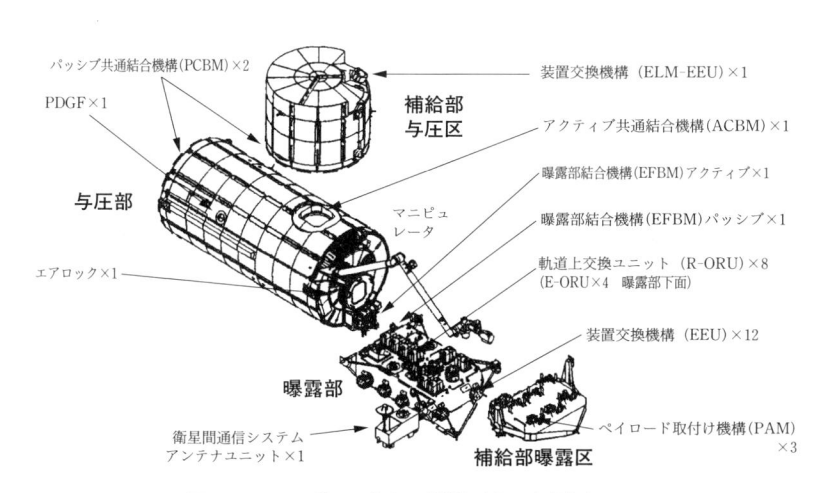

図3.9　JEM「きぼう」の機構要素の配置[14]

（e）機構系としてはエアロック，結合機構（berthing mechanism），装置交換機構（EEU：experiment exchange unit），ORU取付け機構などがある。図3.9にJEM「きぼう」の機構要素の配置を示す。

〔6〕 **実験支援系**　与圧部内実験装置への実験用ガス供給（CO_2，Ar，He），真空排気機能などである。また，JEM与圧部内には6.3.1項に述べる共通実験装置 MUF（multi-user facility）が搭載される計画である。

3.2.3　コンフィギュレーションの変遷とシステムズエンジニアリング[(2)]

1985年4月1日，宇宙開発委員会の宇宙基地計画特別部会で決定されたJEMの基本概念は，以下のとおりであった。

（1）日本の実験ユーザに，与圧部内での実験機会および曝露実験の機会を提供する。
（2）曝露実験の船外活動を最小にするため，船内から遠隔操作できるマニピュレータを取り付け，与圧室と曝露部との間に実験試料・機器出し入れのためのエアロックを設ける。
（3）JEM用の実験装置を地上から輸送し，軌道上にて保管するための独自の補給部を持つ。

このJEMの基本概念を実現するために，NASAの審査会（RUR-1）(1.2.2項参照)などにおいて，宇宙ステーション全体コンフィギュレーションとその中における各国要素の取付け位置を調整し，続けてステーション本体と取付け要素間の構造，電力，データ通信，排熱，環境制御などのインタフェースについて整合をとるための調整が進められた。この間，NASAの宇宙ステーション本体の見直しや再設計のために，JEMの取付け位置は，何度か変更されたが，JEM設計は当初の構想を維持してきた。全体コンフィギュレーションは，技術的実現性を高めるため，および外的設計要求の変更により以下の変遷を重ねてきた。

〔1〕 **システムコンフィギュレーション**

（1）与圧部の構造概念を力学的に成立し，かつ製造が可能な構造に設計す

る。

(2) 曝露部は，シャトル荷物室搭載性（重量，重心，搭載包らく域）と，取付け可能なペイロードの数の確保という点から数回の変更を行った。

(3) 利用者が要求する実験支援ガスは，安全なガスに種類を限定し，与圧部内に収納することとした。また，補給部曝露区を曝露部の先端に取り付け，曝露ペイロードの輸送と保管を行う。

(4) JEM打上げのシャトルフライトを当初2回と想定して，JEM構成要素の形状と寸法を検討してきたが，1993年のロシア参加による軌道傾斜角の変更（28.5 degから51.6 deg）によりシャトルの打上げ能力が低下したため，打上げを3回に分けた。

〔2〕 **サブシステム設計**　サブシステムについては，シャトルおよび宇宙ステーション本体とのインタフェース適合性，与圧部内のISPRの搭載要求から，以下に示す主要な変更を行った。さらに，宇宙ステーション全体の安全性確保と国際間共通化を目的としたNASAの設計要求に応じて，国際間共通設計・共通ハードウェアも採用した。

(1) 与圧モジュールの内径は，H-IIロケットの4 mからNASA/ESAと共通の4.2 mに変更し，ラック取付けはISPR搭載のために国際間共通の4 stand-off方式に統一

(2) 電力インタフェースは，一次配電から二次配電するためのDDCUをJEM外部設置からNASA Node 2内設置に変更（1993年12月SRR）

(3) 熱制御インタフェースは，低温と中温のアンモニア/水熱交換器をNASA Node 2外部に設置し，水配管のみのインタフェースに設定（1993年12月SRR）

(4) データ管理システムは，当初の構想（NASA側：FDDI光ネットワーク，JEM側：IEEE 802.4, gatewayでインタフェース）からMIL-STD-1553 Bに変更（1993年12月SRR）

(5) クルー操作用ワークステーションは，当初の構想（NASA新規開発のIBM製MPAC）から市販のラップトップコンピュータに変更。JEM

内部およびマニピュレータ制御にこのラップトップコンピュータを採用（1993年のリデザイン）

（6） 環境制御系は集中方式となったため，JEM内の炭酸ガス除去装置の開発を中止

（7） JEM RMSの操作卓は，6自由度ハンドコントローラ1本で力フィードバックする方式から，シャトルRMSと同一の3自由度ジョイスティック2本に変更（NASA要請）

（8） 曝露部は，2分割打上げから一体化したものに変更（シャトル打上げ能力低下）

（9） 与圧部打上げの重量を軽減（オフロード）するため，与圧部の冗長系システム機器を補給部与圧区に搭載し（1JA），与圧部の前に打上げることにした（1994年3月）。

（10） モジュール内の空調は，電力消費量が多い当初の集中方式から分散方式にNASAが変更したため，JEMもこれに合わせた。空調の分散化に伴うモジュール内の火災検知および消火システム構築のために，いったんはモジュール内をいくつかの小空間に分け，各空間において煙探知を行えるように小形ファンと煙センサを設置するとともに，固定式消火設備（CO_2タンクと配管から構成）を設けることにした。しかし，コスト，重量，電力削減の観点から，ファン，煙センサを極力削除するとともに固定式消火設備の全体削除を行い，使用部品，材料に燃えないものを使用することにした（1995年6月）。

（11） JEM内データの転送にイーサネットを使いたいとの米国ユーザからの要望によりイーサネット設置を合意，PEHG（payload ethernet hub gateway）などの調達を進めた（1995年8月のJPR）。

（12） モジュール内の微小重力環境を改善するための能動式ラック制振装置（ARIS：active rack isolation system）をNASAが開発し，このため与圧部内にこのインタフェースを設けることで検討を進めた（1995年12月）。

(13) 日本のデータ中継技術衛星（DRTS）に対応した衛星間通信システム（ICS）[7]を搭載することとして，そのためのインタフェースを設置
(14) HTV が JEM へ接近，ランデブーするためのインタフェース機器（S バンド機器，アンテナ，レーザタゲットなど）設置検討を開始（1997年3月頃）
(15) 打上げ時の熱制御は，シャトルの飛行姿勢の制約から，必要な熱入力が確保できないため，当初の受動的な方法をとりやめ，JEM のすべての要素を打上げ時にシャトルから電力供給を受けてヒータ制御を行うこととした（1998年3月）。

3.3 安全性設計[15],[16]

有人宇宙システムは，宇宙の閉鎖空間で搭乗員が長期間安全に生存し滞在することを保障しなければならない。具体的には，火災，急速な減圧，有害ガス発生のような重大な危害，すなわちハザード（hazard）が発生しないようにシステムを構築するとともに，発生した場合の警告・警報システムの設置や危害の封じ込め（containment）が必要である。

基本的には，燃えにくい材料の使用，有害ガスの発生源を持たないこと，材料からの有害ガス発生（オフガス）を極力少なくするなどが必要である。また，これらを検知するセンサ（煙センサ，圧力/圧力変化検知センサ）や，空気中のガス分析（スペクトルアナライザの設置）が必要となる。

〔1〕 **システム設計**　システム機能を支援する機器（電力制御，計算機など）のうち，システムの存続にとってクリティカルなサブシステムは冗長（redundancy）系を構成する必要がある。これらはつぎのカテゴリーに分類された安全性設計要求に対して設計を具現化する。

カテゴリー I　カタストロフィック（catastrophic）ハザード：人間の死亡の原因あるいは，宇宙ステーション本体，打上げロケット，サービス用宇宙船の喪失に結びつくもので，これに対しては基本的には二重故障を許容する設

計（2 FT：2 failure tolerant）とする。

　カテゴリーⅡ　　クリティカル（critical）ハザード：人間の傷害および病気，宇宙ステーションの軌道上寿命維持機能損失，緊急システムの損失，打上げロケットやサービス用宇宙船の損失に至るもので，これに対しては一重故障を許容する設計（1 FT：1 failure tolerant）を基本とする。

　なお，ある機器の故障が全体のシステムのハザードに至る場合，故障後もシステムが安全であるフェールセーフ設計とすることが必要である。

　〔2〕 **コンポーネント設計**　　コンポーネント設計の特徴は，冗長系構成，安全な材料の選定，危害の封じ込め設計，およびシャープエッジの削除である。また，構造物のように冗長系が持てないものはリスク最小設計とすることが要求される。

　無人システムの場合，宇宙空間で故障すると修理できないことから宇宙機器は高い信頼性が必要であるが，有人システムでは，信頼性よりも安全性からの要求が強い。結果として安全なシステムは信頼性も高くなる。

3.4　保　全　性　設　計[17]

　有人システムは，搭乗員による軌道上での保全ができるようなシステムを構成する必要がある。このために，保全時のシステムの機能維持を考慮し，構成機器の軌道上交換，搭乗員アクセス性の確保，EVA・ロボットによる保全を考慮し，これらのインタフェースを持った設計とすることが要求される。JEM 開発では保全性設計とその検証が有人システム開発の大きなチャレンジであった。

3.5　設　計　検　証[2]

　検証とは，開発中のさまざまな段階においてシステム，サブシステムが設計要求を満足していることを，解析，検査，デモンストレーション，試験などで

確認し，実証する行為である．検証のレベルはハードウェア単位では以下の四つのレベルに分けられる．

(1) コンポーネント・アセンブリレベル：例えば，コンピュータ，ポンプ，ファン，熱交換器，モータ，アクチュエータ，ビデオカメラなど
(2) サブシステムレベル：例えば，機能系統で電力，熱制御，環境制御，通信制御など
(3) 各部システム：例えば，与圧部，マニピュレータなど
(4) 全体システム：日本実験モジュール「きぼう」

コンポーネントやアセンブリレベルの検証では打上げ時，および軌道上での環境条件を考慮した機能・性能検証が行われる．サブシステムの検証ではそのサブシステムが end-to-end で機能・性能要求を満足することを確認する．各部システムレベルの検証では各サブシステムが統合された状態で各部システム性能が達成できることを確認するとともに，各部間インタフェースや，シャトルおよび宇宙ステーション本体とのインタフェースの検証を行う．全体システムレベルでは各部システムを結合し，インタフェースが適合していること，各部システムが組み合わされた状態で要求される全体システム機能や性能を検証する．

大形の有人システムは，多くの計算機，センサ，アクチュエータなどから構成されており，これが全体統合された状態で確実に機能することが重要である．このためソフトウェアを含めた管制系統の大規模な統合検証が重要となる．

3.5.1 検証の方法

〔1〕 **解析による検証**　解析による検証は，試験やデモンストレーションに先立って，またこれらによる検証が不可能な場合，さらに試験結果をもとに解析モデルを改良して設計要求を立証する場合に用いる．

解析による検証項目の例をあげるとつぎのようになる．

・質量特性（重量，重心，慣性能率ほか）

- 動特性（固有振動数，振動モード）
- 応力，強度
- 熱解析（システムと宇宙空間の熱の授受，温度制御）
- キャビン内空気流動特性（空気流速分布：4.6〜12.2 m/分）
- キャビン内温湿度制御（温度：18.3〜26.6℃，湿度：25〜70％RH）
- 電磁適合性（電磁干渉）
- 視野解析（テレビカメラによる外部視野，RMS操作のための視野）
- 微小重力環境（ポンプ，ファンなどにより誘起される振動）
- 汚染（宇宙空間へのガスや水の排出による外部汚染）

〔2〕 **検査による検証** 機械組立て，結合，寸法，平面度，マーキングなどが要求に合致していることを目視および物理的・光学的計測によって確認する。

〔3〕 **デモンストレーションによる検証** ハードウェアおよびソフトウェアを用いて供試体特性の機能を評価する検証の方法である。人間工学的側面，実現性，アクセス性，保全性，組立て可能性などを，実物モデル，モックアップなどを用いて実証により評価する。EVA作業，IVA作業，ロボットインタフェース，各種結合機構の結合機能などをデモンストレーションで確認する。

〔4〕 **試験による検証**

（1） コンポーネントレベルでは打上げ時または軌道上での環境を模擬した環境試験と機能試験を行う。システムレベルではシステムを組み上げた状態で性能を確認するために，システム機能・性能試験を行う。試験は，厳密な要求を満足するかどうかの合否判定を行う点がデモンストレーションと異なる。

　　試験による検証項目の例をあげるとつぎのようになる。

- 熱真空/熱平衡試験　・能動熱制御ループの流動特性試験　・静荷重試験
- 振動試験，音響試験　・寿命試験　・キャビン内空気流動特性試験
- 電磁適合性試験　・管制システム試験（ソフトウェア統合試験）
- end-to-end サブシステム系統試験　・各部/全体システム試験

(2) クルーインタフェース検証：搭乗員が関与するすべてのハードウェアは，人間-機械系インタフェースを満足する必要がある．この要求には，シャープエッジをとるなど定量的な要求に加え，画面表示や機器配置，操作性が含まれ，それぞれ異なった検証方法がとられる．定量的な要求に関してはおもに図面などの検査で検証する．定性的な要求は無重量環境を模擬した水槽中での試験，モックアップを利用した$1g$環境下でのデモンストレーション，さらに実機ハードウェアに対するクルーの操作性評価がある．クルーは軌道上の操作作業性すべてをチェックする．

(3) 隕石・デブリ防御構造：隕石・デブリを防御するための防御構造は，衝突速度7〜8 km/sまでの速度に対してはガス銃を用いた超高速衝突試験により防御性能を検証する．さらに，これ以上の超高速領域では，成形爆薬試験やハイドロコードによる計算機シミュレーションも行う．

(4) 材料安全性[16]：有人システムでは，使用する材料とそれから発生するガス（オフガス）のクルーに対する安全性が重視される．材料の難燃性，燃焼した場合の火炎伝播特性，生成ガスレベル，臭気がないかどうかを使用材料ごとに評価し，それらの合計レベルが宇宙ステーション内の空気濃度で規定レベルを超えないことを評価する．オフガスの例として，ケトン類，炭化水素類，無機物，アルコール類がある．

(5) 真空潤滑：宇宙の真空環境下で動作する機構部分は真空中の潤滑性能が重要である．このためには，歯車や習動部品についての耐荷性能や寿命評価試験を実施する．全運用期間中を通じて，真空環境下に置かれるものは二硫化モリブデンのような固体潤滑剤が，また，真空中と空気中の両方に置かれる機構にはグリースが使われる．

〔5〕 **解析と試験の一致**　地上で実施する試験は，飛行中あるいは軌道上の環境を忠実に模擬するよう計画することが原則（test as it will fly）であるが，困難なことが多い．この場合，宇宙環境下での評価は解析に頼るところが多くなるが，解析で使用する数学モデルが正確でないと精度が確保されない．そこで供試体の構造動特性や熱特性など力学的および物理的特性を試験により

実測し解析モデルに反映し，モデルを修正することが必要になる．この修正された数学モデルを用いて再解析を行い精度を上げて荷重条件や温度条件を最終的に確認する．

スペースシャトルで打ち上げられる JEM に関しては，飛行中の動力学的荷重を正確に推定することが求められ，このために解析数学モデルの検証がきわめて重要である．

3.5.2 宇宙ステーションにユニークな検証

〔1〕 **EVA 検証** 　EVA による組立および保全にかかわる作業の検証は，主として宇宙服を着た宇宙飛行士が水槽の中で浮力により重力を補償し，デモンストレーションによって行う．NASA JSC や JAXA に設置された中性浮力を利用する無重量環境試験設備（WETS：weightlessness environment test system，7.3.2 項参照）を用いて，ISS 上の作業場所への EVA クルーの到達性や保全のための機器の交換作業手順を確認する．原則として宇宙飛行士 6 人が参加して合議によって EVA 設計が評価される．

〔2〕 **ロボティックス検証** 　宇宙の環境下で動作するロボットアームは真空および無重量環境下で長期間動作することをあらかじめ地上で検証する必要がある．また，ロボットアームで把持，操作する相手方とのインタフェース適合性と操作性の検証を行う．宇宙用ロボットアームは，地上では自重が重くて動作させることができないので，検証に当たっては二次元空気ベアリングによる浮上や計算機シミュレータなどのさまざまな手段を組み合わせた検証が必要である．

〔3〕 **流体系の検証** 　宇宙の無重力場での流体挙動を地上で実証するのは困難である．キャビン内の空気の流動特性（対流がない場での風速分布）の把握，冷却水の循環（気泡の混入）の検証，および空調装置における気液分離は重要な開発課題である．

〔4〕 **熱制御系の検証** 　モジュール内には冷媒として水が充塡されているが，シャトル打上げから起動するまでの時間（140〜220 時間），あるいは軌道

上で電力供給が停止した場合に，水の凍結を生じる恐れがある．また，軌道上で有人環境を維持するため空調を行っているが，日陰状態が長く続くと結露を生じる可能性がある．このようなことを避けるために，宇宙空間との熱の授受とその量，必要とするヒータ容量および最低/最高温度を解析的に予測し，これを検証する必要がある．

人工衛星の熱制御性能の検証では，熱真空チャンバーに衛星全体を入れ，さまざまな熱入力を与えて予測温度を検証するが，JEM与圧部のような大形宇宙システムは，このような直接試験が困難であり，要素試験や補給部与圧区試験をもとにデータを積み上げて検証する方法がとられる．

〔5〕 **真空槽での漏洩試験** 圧力容器からの空気漏洩を確認するためには，通常は大気中でヘリウムを加圧して漏洩検査を行う．しかしながら，ロシアから有人与圧モジュールの空気漏洩については，真空槽内で実施すべきとの提案がなされ，ほとんどのモジュールに対して実施している．

3.6 開発管理

3.6.1 開発の基本方針

開発方式として電気系のコンポーネントに関しては，技術試験モデル（EM）の試作試験により技術開発を行ったあと，実機としてプロトフライトモデル（PFM）を製作した．構造や機構系に対しては，EMが実機と同じ設計・製作のプロトタイプ（prototype）とした．また，開発体制として，NASDAが全体とりまとめを担当するインテグレータとなり，分割発注による開発体制を採った（8.2節参照）．

有人宇宙システムの開発は初めてであったため，NASDAにとっても開発担当企業にとっても，最初のコスト見積りは手探り状態であった．開発担当企業の数回の見積りとヒアリングに基づいて総開発コストとその内訳を推定し，合わせて既存類似宇宙システムとのコスト比較を行ってその妥当性を検証し，これにより目標開発コストを設定した．その後，開発の進捗に合わせて，段階

的に契約を行いながら，総コスト内に収まるように設計や開発方式を決めるDTC（design to cost）管理手法を採用した．一部のシステムにコストオーバもあったが，結果的には，プログラムの度重なる延期にかかわらず総コストは当初目標内に収めることができた．

3.6.2 プロジェクト管理

　JEM のコンフィギュレーションは，予備設計着手時の開発要求「システム要求書」とこれを具現化した「基準コンフィギュレーション」により管理した．開発段階において，「システム要求書」をより具体的なシステム要求である「システム仕様書」として設定し，これに基づいてコンフィギュレーション管理を進めた．システム要求のオリジナルは，NASA のプログラム要求文書の一つであるシステム要求文書から，JEM に適用すべき要求を選び出し，これを NASA との共同管理文書として国際間で制定し，管理した．わが国にはこのような有人宇宙システムの設計要求は存在しなかったので，NASA の要求に全面的に依存したため，NASA が大きく変更するたびに，JEM の設計要求も変更をよぎなくされた．

　さらに，スケジュール管理に関しては，度重なる NASA プログラムの遅延により，JEM の打上げは引きずられ，当初計画から約 10 年の遅れとなり，わが国の主体的管理が困難で，国際プロジェクトの難しさの一面を示している．

3.7　ま　と　め

　日本の有人宇宙開発は，有人輸送から出発した米国・ロシア（ソ連）とは異なり，宇宙での滞在・活動に必要な技術の修得から開始した．これまでは，欧州などと同様，国際協力を通じておもに NASA の安全基準・要求・知識を基に経験・知見を蓄積してきた．すなわち，1980 年代初期以降こんにちまで約 20 年間において，スペースシャトルミッションに参加し，短期（1〜2 週間）の宇宙実験と搭乗機会などを通じて基礎・応用を経験した．

3.7 まとめ

ISS計画への参加によって，長寿命軌道上施設（10年以上），長期宇宙滞在（数カ月～半年程度）に関連する有人宇宙技術の開発・運用・搭乗員・安全性などを修得する機会に恵まれた．本章で詳しく述べたとおり，宇宙滞在・有人安全・搭乗員関連・有人運用管制に関連する技術の体系（図3.10参照）のうち，以下の技術を修得することになる．

- 有人宇宙システムの要求・基準・審査体系などに適合した開発管理技術
- 大規模宇宙システムを統合して開発するシステム統合技術
- 安全性，居住性，操作性，保全性などを考慮したシステム維持機能技術，生命維持・居住技術
- 搭乗員の活動範囲を拡大，作業性を向上させる活動支援技術
- 有人宇宙システムの船内および船外で実験を行うための宇宙滞在・活動技術
- 搭乗員の安全とシステムの信頼性を確保するための有人安全技術
- 搭乗員の選抜・養成・訓練，健康管理・宇宙医学運用，地上試験・訓練設備の運用などの搭乗員関連技術
- 日本/NASA地上局・搭乗員との円滑・迅速な意思疎通，異常時対応措置，実時間運用などの有人運用管制技術

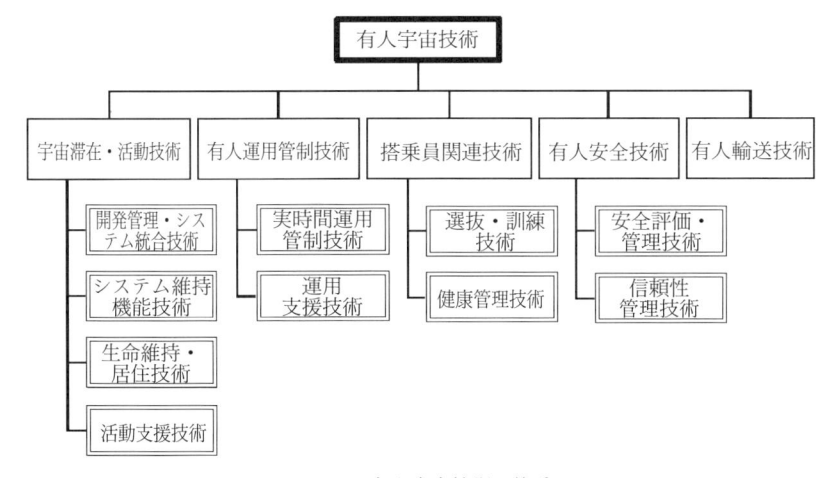

図3.10 有人宇宙技術の体系

しかしながら，宇宙滞在・活動技術のうち，有人施設全体統括，空気再生，水再生，食物供給，シャワー，トイレ，船外活動関連技術（宇宙服，移動装置，エアロック）など米国とロシアが提供するサービスについては，未修得の重要な技術である．

今後は，宇宙ステーション補給機（HTV）の開発および運用を通じて，有人宇宙施設へのランデブー，連携運用，制御された再突入，補給運用などを修得する見通しが得られているが，有人輸送に関しては，本格的な概念検討も行われていない．宇宙ステーション計画のつぎの段階として，取り組むべき重要な課題であろう．

4 セントリフュージ

　ISS に設置されるセントリフュージ（centrifuge）は，重力が生物に与える影響を研究することを目的とした生命科学実験施設である。このセントリフュージは，**図 4.1** に概要を示すように，回転により重力を発生する人工重力発生装置（CR：centrifuge rotor），隔離環境で生物試料を処理する装置である生命科学グローブボックス（LSG：life sciences glovebox），生物飼育箱，生物飼育箱収納ラック，冷蔵庫・冷凍庫ラック，保管ラック，およびこれらを搭載する人工重力発生装置搭載モジュール（CAM：centrifuge accommodation module）から構成される。これらのうち日本は，人工重力発生装置，生命科学グローブボックス，および人工重力発生装置搭載モジュールを開発している。これら構成要素の主要諸元を**表 4.1** に示す。

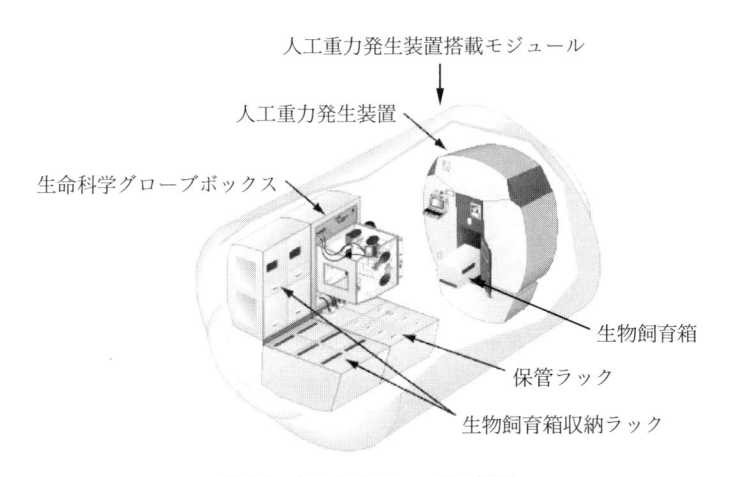

図 4.1　セントリフュージの概要

表 4.1 セントリフュージ構成要素の主要諸元

	人工重力発生装置（CR）	生命科学グローブボックス（LSG）	人工重力発生装置搭載モジュール（CAM）
質量	約 2.9 t	約 0.8 t	約 10 t
最大寸法	直径 2.5 m，奥行 1.5 m	縦 2 m，横 1 m，奥行 2 m	外径 4.4 m，長さ 9 m
運用期間	10 年	10 年	10 年
収容能力	生物飼育箱搭載数：4 個（最大）	生物飼育箱搭載数：2 個（最大）	ラック搭載数：15 ラック
備考	発生重力：0.01〜2.00 g（0.01 g 刻み）	作業空間の容積（450 リットル）	供給電力：6.25 kW×2 + 3 kW×1

　セントリフュージは，日本が開発しNASAへ提供する施設である。ISSセントリフュージでは，スペースシャトルに比べて長期にわたり軌道上で実験が可能なため，火星や月の重力下での動植物の生長や世代交代の様子などもより詳しく調べることができる。ライフサイエンスで，重力の影響を調べるための研究において，宇宙の微小重力と地上の 1 g 環境の比較対照実験では，重力以外の因子（放射線など）が入り，比較が難しくなるため，宇宙での比較実験が重要となる。本実験施設は，将来の長期宇宙旅行などの有人宇宙技術開発に不可欠であり，その打上げ・稼動が期待されている。

4.1　開 発 の 経 緯[1]

4.1.1　NASAによる研究の経緯

　セントリフュージの構想は，NASAエームズ研究センター（ARC：Ames Research Center）から提案され，1986年から概念検討が開始された。1989年までのフェーズA期間に，人工重力発生装置（CR）の基本コンセプト（重力発生レベル：0〜2 g，生物飼育箱搭載数：最大 8 個）が決定された。NASAは，1990年から1992年にかけて，CR地上モデルを製作し，動的つりあわせシステムの外乱制御をデモンストレーションした。続いて，LSGのモックアップを製作し操作性などを評価し，これに基づいてLSGおよびCRの設計コ

ンセプトを更新した。1995年，米国企業に対するフェーズC/Dの開発提案要請（RFP：request for proposal）を実施し，予算制約のもとで，研究者からの要求を満足できるコンセプトの確立を検討した。

4.1.2 NASDAによる開発の経緯

1996年6月，スペースシャトルによるNASAのJEM打上げサービスの代替として，日本に対してセントリフュージの開発をNASAより提案された。NASDA（現JAXA）は，その提案を受けてセントリフュージの概念検討・詳細検討を実施した。1997年8月，JEM打上げ費の代替にかかわる科学技術庁（当時）とNASAとの間の『原則合意（AIP：agreement in principle）』に調印した。この調印を受け，1998年4月基本設計に着手し，6月に，NASA/NASDA間でシステム要求審査を実施し，共同仕様書を確立した。

4.1.3 開 発 体 制

セントリフュージは，JAXAが開発してNASAへ引き渡し，NASAが運用するという従来にはない国際協力の枠組みで開発される。表4.2に，セント

表4.2 セントリフュージの開発体制

開発機関・企業	役　　割
米国航空宇宙局 （NASA）	・国際研究利用者からのミッション要求取りまとめ ・セントリフュージの打上げおよび運用（計画策定・訓練の実施・実運用） ・JAXAによる開発の審査・評価，ミッション要求との整合性の評価，宇宙ステーション全体の安全性評価，軌道上での受領
宇宙航空研究開発機構 （JAXA）	・NASAとの共同仕様書の設定 ・各要素の開発（監督指導，審査，技術評価，全体システム統合） ・打上げ後の軌道上検証，NASAによる打上げおよび運用の支援（NASAへの訓練の提供を含む）
日本国内企業	・セントリフュージ各要素の設計・製作・検証試験
海外企業	・国内企業への開発技術支援 ・国内企業への既開発品の供給

リフュージの国内・海外企業を含む開発体制を示す。

4.1.4 ミッション

セントリフュージでのおもなミッションは，血液学，免疫学，神経科学，植物生理学，放射線生物学などにおいて，重力の影響を定量的に調べることである。表 4.3 に，重力生物学実験研究の想定ミッションをまとめて示す。

表 4.3　重力生物学実験研究の想定ミッション

- 微小重力の骨格成長，発育，およびカルシウム代謝に与える影響
- 宇宙飛行による齧歯類の心筋の変化
- 長期微小重力下の齧歯類の循環系の変化
- 多世代植物の成長，微小重力下の植物の指向性および人工重力への応答の運動学的評価
- ラットにおける水電解質バランスのホルモン調節への長期宇宙飛行の影響
- 赤血球容積と骨髄での赤血球生成能変化の決定
- 血液および骨髄コロニー形成細胞への微小重力の影響
- 宇宙飛行による赤血球容積減少に対する脾臓の役割
- 地球への帰還時のバクテリアとウイルス感染への抵抗に対する宇宙飛行の影響
- ワクチンへの免疫性応答の宇宙飛行の影響
- 免疫システムの宇宙飛行の影響：飛行後の白血球の反応
- 免疫グロブリン生成への宇宙飛行の影響
- 微小重力下でのラット筋肉損失（組織学-組織化学，電子顕微鏡/超微小構造，生化学）
- 微小重力下でのラット内耳の構造的変化
- 器官および細胞レベルで発育コントロールにおける微小重力の役割
- アミロプラスト発育への微小重力の影響
- 木質化と珪化における重力の役割
- 二次的代謝物質生成における重力の役割
- 精子生成と小腸粘膜の絨毛への宇宙放射線の影響
- 宇宙放射線の肺組織に与える影響

これらのミッションは，NASA の長期的な宇宙開発戦略の中心となる「有人惑星探査と長期宇宙滞在」にかかわるテーマである。そのため，2002 年に米国で検討されたクルー 3 人体制による ISS 研究ミッションの優先付け（ReMaP と称される見直し作業）においても，セントリフュージの利用が重要とされている。

4.2 構成とサブシステム

4.2.1 生命科学グローブボックス

生命科学グローブボックス（LSG）は，図4.2に示すように生物および薬品などの実験試料を隔離された作業空間に置き，搭乗員が実験試料を隔離された状態で取り扱うための実験装置である．隔離作業空間は宇宙で使用されるものとしては世界最大級（450リットル）である．最大2人の搭乗員が，最大2個の生物飼育箱（habitat）を同時に操作することができ，小動物・植物といった比較的大きな個体を対象として，解剖・播種・収穫などの処置を行うことができる．LSG開発では，生物試料の隔離技術，実験装置の生物適合性，搭乗員による操作性，限られた空間への収納性などの技術を確立し，最終的にはこれらを軌道上で実証する．生物飼育箱へ電力・空気・飲料水を供給する機能，搭乗員や地上実験者が生物などの状態をモニタするためのデータ・ビデオ信号等を蓄積/伝送することができる．

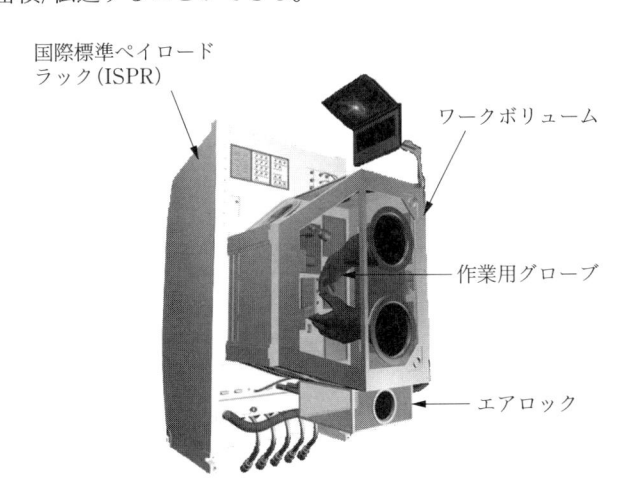

図4.2 生命科学グローブボックス

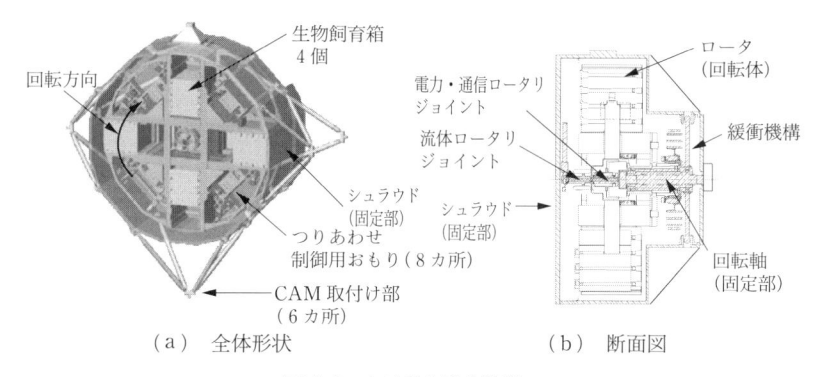

4.2.2 人工重力発生装置

人工重力発生装置（CR）は，図 4.3 に示すように，最大 4 個の生物飼育箱を回転させ，遠心力を発生させることにより，人工的に $0.01〜2.00\,g$ までの任意の重力を生物に与え，その影響を実験するための装置である。回転半径は $1.25\,\mathrm{m}$ であり，宇宙実験装置としては世界最大級である。この装置により，小動物・植物などの比較的大きな個体も実験対象にでき，飛躍的に研究の範囲を広げることが可能となる。発生重力は $0.01\,g$ 刻みで調整可能である。CR 開発では，固定部と回転部間の電力・画像信号などの伝達や，水/空気の供給技術，生物が飼育箱の中で動いても安定した回転を保つ能動的つりあわせ技術，CR が回転することで発生する振動が CR 外部に伝わらないようにする技術などを確立し，これらをシステムとしてとりまとめ，軌道上で実証する。

図 4.3　人工重力発生装置

4.2.3 人工重力発生装置搭載モジュール

人工重力発生装置搭載モジュール（CAM）は，CR に加えて，LSG のほか，生物飼育箱収納ラック，冷蔵庫などの実験装置および保管ラックなどを搭載する生物実験専用の実験モジュールである。CAM 開発では，JEM の開発を通じて蓄積した技術を活用して，宇宙空間における大形の人工重力発生装置と生物実験装置を搭載するシステムのインテグレーションを行う。CAM はJEM 与圧部とほぼ同じ大きさであるが，機能の多くを米国実験棟に依存して

いる。

4.3 おもな技術課題

セントリフュージを構成する要素のうち，CAM は JEM の開発経験を，LSG は実験ラックの経験を多く活用できるが，開発に最も困難が伴うのは，CR である。CR は，これまでにない大形の回転構造物であり，最大約 4 000 N・m・s の角運動量を持ち，しかも，この値が可変である。日本の人工衛星で開発経験を持つ姿勢制御用モーメンタムホイールは，50 N・m・s 程度の角運動量であるから，きわめて大規模な回転機械であることがわかる。米ロにおいてさえ，軌道上でこのように大きな回転機械を搭載した例はなく，ISS の有人システムのなかでは安全性とそれを維持するための運用性（部品の交換性，故障モニタなど）が重要課題となる。開発期間中に明らかになったおもな技術課題とその対処は，つぎのとおりである。

(1) CR 内で高品質の微小重力実験環境を維持する機能：特殊な柔軟ばねによる低い共振振動数（0.1 Hz）の確保と，能動的ダンパの採用による CR 回転部の精密制振技術を実現した。これにより，微小重力環境に擾乱を与える CR 外部からの振動を遮断するとともに，CR の回転による外部への振動伝搬も抑制する。さらに，生物が飼育箱の中で動いてもリアルタイムで動的つりあわせを行える技術を，地上で実用化されているマスバランス制御技術を応用して新規に開発した。

(2) ISS が発生する加速度環境への対応：ISS へシャトルやプログレス宇宙船がドッキングした際に発生する加速度の伝搬により，ロータがゆさぶられ，自らのシュラウドへ衝突する危険がある。これを防止するために，緩衝機構を設けるとともに，規定以上の外乱に対しては，自動的に停止するようにした。

(3) CR の回転が急停止した場合や過大な振れ回りに対する安全性確保：ベアリングの損傷や回転体外周への異物のかみ込みによるロータの急停止

や，ロータに不つりあいが発生した場合の振れ回りによってシュラウドとの衝突が生じ，角運動量が急激に変化したり，ISS の各部構造設計荷重よりも大きな荷重が発生する危険がある。これらに対処するために，ベアリング急停止有無の評価試験，メカニカルヒューズ採用，振れ回り防止対策を行った。

（4） 電気・通信・流体系ロータリジョイント技術：固定部分と回転している生物飼育箱との間の電力，データ・画像などの通信信号の伝達や，水，空気の供給およびその漏洩防止などに関する技術とこれらコンポーネントを開発した。

（5） 軌道上で生物試料の解剖・播種・収穫などの処置を行える機能：微小重力環境の影響を受けた生物試料の状態を軌道上で固定・保存するため，LSG では搭乗員やキャビン内空気を汚染せずに試料や薬品などを取り扱える隔離処理室の構築など，バイオアイソレーション技術と呼ばれる技術が必要であり，これを開発した。

4.4 セントリフュージ開発におけるプロジェクト管理

セントリフュージは米国 NASA の装置を日本が開発するという，いままでに経験のない方式で実施されるプロジェクトである。これまでに識別されたこのプロジェクト固有の管理上の課題とその対応はつぎのとおりである。

（1） 技術課題とその対応：相矛盾する高度な技術要求が NASA から提示され，設計解を得ることが困難な状況に遭遇した。また，ISS 本体と CR は動力学と制御に関連した干渉が強い。これらの課題は多くの時間をかけて慎重に対処策を検討し，解決してきた。さらに，CR のユーザからたびたび要求変更が提案されるが，開発リスクを低減し，実現性のある開発計画を維持するよう，タイムリーに協議しながら技術要求を見直してシステムへ適用している。

（2） スケジュール管理：セントリフュージ構成機器の中には，ISS 計画の

4.4 セントリフュージ開発におけるプロジェクト管理

共通機器を使用しており，NASA の予算事情などにより当該機器の開発が遅延すると，調達計画，ひいては開発スケジュール全体に影響を生じる。NASA の開発品について，開発状況を的確に把握するとともに，密接な調整により，円滑かつ確実な開発を遂行している。

（3） コスト管理：ISS 組立てスケジュールの変更によりセントリフュージの打上げスケジュールに遅延が生じる。その結果，維持的経費が増加し，プロジェクト経費が増える。また，開発要求の変更に伴って追加検討作業や設計仕様の変更が必要となり，コスト増大のリスクを生じる。このため，これらをタイムリーかつ適切に処置・管理している。

5 国際宇宙ステーションの運用

5.1 概　　　要[1]

　ISS では，その組立て段階から組立完了後の定常運用段階の長期にわたって宇宙飛行士が滞在して，さまざまな実験や利用のための運用が行われる．ISS の運用には，ISS に滞在する宇宙飛行士が直接行う運用，地上からの遠隔操作による運用，搭載コンピュータによる自動制御運用，およびこれらを組み合わせた運用がある．ここでは軌道や姿勢制御，ISS 内の環境を維持しリソースを供給するシステム運用，保全，各種実験などを行う．また，NASA のスペースシャトルおよびロシアのプロトンロケットによる各要素の打上げと組み立て，スペースシャトルおよびロシアのソユーズ宇宙船による宇宙飛行士の交代，スペースシャトル，ロシアのプログレス，日本の HTV および ESA の ATV による補給，廃棄などの運用も行う．

　ISS には各種の実験装置が搭載され，地上では実現が難しい微小重力，高真空などの宇宙環境を利用した実験（6 章参照）が行われ，このためシステムは必要な電力，通信，排熱などのリソースを供給している．

　ISS 計画に参加している国や機関を国際パートナ（IP：international partner）と呼んでいる．ISS や輸送機の地上からの運用は，各 IP の宇宙センター（管制センター）が協力して行う．図 5.1 に示すように，各センターは通信ネットワークで結ばれており，さらに，ISS との間はデータ中継衛星などで常時結ばれ，地上の管制官による 24 時間体制での運用が行われる．宇宙飛行士や

5.1 概　　要　　129

NASA 追跡・データ中継衛星
TDRS

マーシャル宇宙飛行センター
POIC(ハンツビル)

ケネディ宇宙センター
(ケープカナベラル)

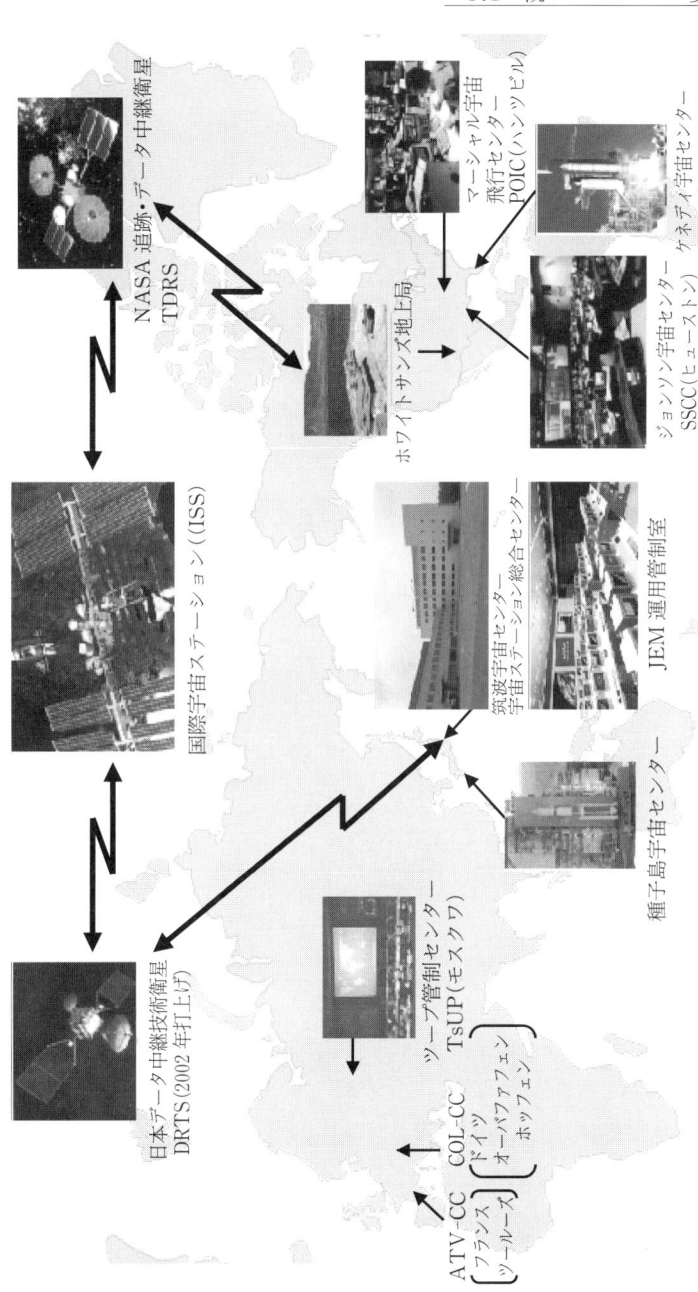

ホワイトサンズ地上局

ジョンソン宇宙センター
SSCC(ヒューストン)

国際宇宙ステーション(ISS)

筑波宇宙センター
宇宙ステーション総合センター

JEM 運用管制室

種子島宇宙センター

日本データ中継技術衛星
DRTS(2002 年打上げ)

ツーブ管制センター
TsUP(モスクワ)

ATV-CC　COL-CC
[フランス][ドイツ]
[ツールーズ][オーバーファッフェンホッフェン]

ATV-CC : Automated Transfer Vehicle Control Center
COL-CC : Columbus Control Center

図 5.1　ISS の運用概念

地上の管制官，宇宙飛行士を訓練するインストラクタは業務を確実に実施できるよう十分に訓練を受ける必要があり，規定の訓練とその結果の評価で各個人が認定される。

ISSの機能・性能の維持は10年以上の長期にわたるため，主要サブシステム機器は軌道上交換ユニット（ORU）として交換し，地上に回収して修理を行う。補用品・実験試料などの物資は，スペースシャトルや各IPの宇宙輸送機により地上から輸送され，実験の成果物などはスペースシャトル（ソユーズ宇宙船で少量）で地上に持ち帰る。また，不要品はプログレス，HTV，ATVなどで廃棄する。

5.2 ISSの組立てと軌道上の運用

5.2.1 ISS組立てシーケンス[2]

〔1〕 **ISS初期組立て段階** ISSの構成要素は，表2.3に示した組立てシーケンスに従い，スペースシャトル（同表中A，J，E）とロシアのプロトンおよびソユーズロケット（同表中R）で軌道上に運ばれ組み立てられる。ISSの組立ては，1998年11月20日のロシアの機能貨物ブロック（FGB：ザーリャ）打上げで開始され，その後に米国の結合部（Node 1：ユニティ），ロシアのサービスモジュールが続いた。ロシア要素は基本的に各々が宇宙船としての機能を持っており，無人の自動ランデブー，ドッキング運用で組み立てる。サービスモジュールは初期の宇宙飛行士の居住場所となるとともに，姿勢と軌道の制御機能を持っている。

その後，通信，電力などの機能が追加され，ロシアのソユーズTMで運ばれた3人の宇宙飛行士がISSに常時滞在するようになった。ソユーズTMは，宇宙飛行士の緊急帰還機（CRV：crew return vehicleまたはcrew rescue vehicle）としてISSに常時係留されている。引き続いて，米国の実験モジュール，ISS遠隔マニピュレータシステム（SSRMS），船外活動のための共同エアロック，トラス構造，太陽電池アレーなどが打ち上げられ，軌道上で組み

立てられた．このほかにも，プログレスM1により，宇宙飛行士用品，実験機材などが補給され，限られた範囲の実験ができるようになっている．

〔2〕 **JEM 組立て**　日本の実験棟 JEM は3回に分けて打ち上げ，組み立てられる．まず，JEM システムの4ラックと実験ラックを搭載した補給部与圧区（ELM-PS）が打ち上げられ，ELM-PS は Node 2 の上部に一時的に取り付けられる．

つぎに，JEM の与圧部（PM）およびマニピュレータ（JEMRMS）が打ち上げられ，Node 2 の左舷側に SSRMS で取り付けられる．同時に Node 2 の上方に取り付けられている ELM-PS を PM の上方に移動し，ELM-PS に搭載されている JEM のシステムラックなどを PM に移動し，PM の起動・点検を行う．最後に，JEM の曝露部（EF）と，曝露ペイロードを搭載した補給部曝露区（ELM-ES）が打ち上げられ，EF，ELM-ES は SSRMS を使用してそれぞれ PM，EF に取り付けられる．

〔3〕 **ISS 最終組立て段階**　JEM 組立て後，Node 3，セントリフュージ（生命科学実験施設），窓のついたキューポラ，SPP などが打ち上げられる．このフェーズにおいて，米国が提供する搭乗員増加のための居住施設と，2機目のソユーズとその係留施設が準備されたところで，6人までのクルー滞在が可能となる．

5.2.2　軌道上の運用[1]

ISS 内に宇宙飛行士が常時滞在し，さまざまな実験運用を行うためには，ISS システムが安全にかつ安定して運用できる必要がある．そのためには，軌道および姿勢の制御と維持，太陽電池アレーによる電力の発生と供給，通信回線の確保，ISS 内外機器を安定に動作させるための熱制御，空気や水の供給で宇宙飛行士が活動する環境の維持などのシステム機能が安定して動作することが重要である．

つぎに，宇宙環境を利用するために搭載されているいろいろな実験機器がその目的を達成できるように，必要なリソースを供給できることが要求される．

5. 国際宇宙ステーションの運用

リソースとしては，機器を動作させるための電力，機器で発生した熱を除去するための排熱，ビデオ信号やデータ伝送のための通信容量などがある。これらのリソースはISS全体として限られており，ISSシステムの能力の範囲内で適切に配分して運用しなければならない。宇宙飛行士の操作が必要なものに対しては，宇宙飛行士の活動時間そのものが重要なリソースとして配分される。リソース配分は計画段階で行われ，運用中は地上からの管制作業の中で管理される。ISSの運用は長期間連続して行われるため，計画立案および実際の運用は，インクリメントと呼ばれる6カ月程度の運用単位で実施される。

ISS全体の運用は，**図5.2**のJEMの運用体制例に示すように基本的に地上

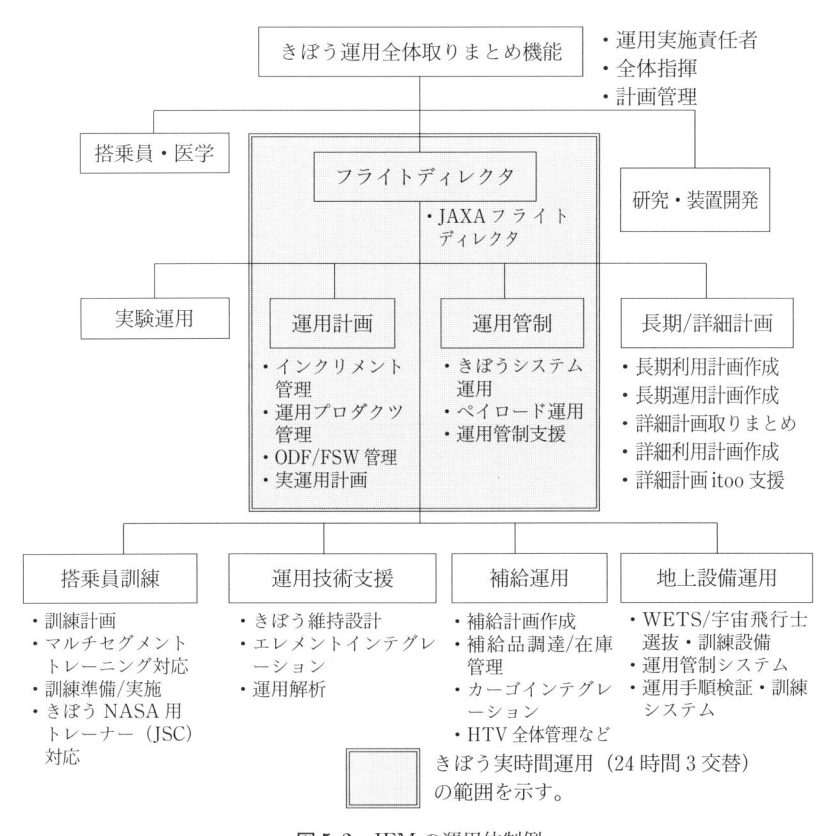

図5.2 JEMの運用体制例

で管理され，フライトディレクタと呼ばれる責任管制官の指揮下で，宇宙飛行士および地上の管制官が協力して実施する．運用に当たる宇宙飛行士の人数と活動時間は限られているので，宇宙飛行士が行う作業以外の軌道上運用は，すべて地上からの遠隔操作または自動制御で行われる．

なお，ISSは国際協力プロジェクトであり，いろいろな国籍の宇宙飛行士や地上管制官が一緒に仕事をすることになるため，共通言語としては英語を用いて運用する．

5.2.3 宇宙飛行士の活動

地球周回軌道上のISS内には，組立て段階では3人（スペースシャトル・コロンビア号の事故後，一時的に2人で運用），組立完了後の定常段階では6人までの宇宙飛行士が常時滞在し，ISSシステムと実験装置の運用を行う．ISSに滞在する宇宙飛行士は，インクリメントごとに割り当てられ，スペースシャトルまたはソユーズ宇宙船を使って交代する．スペースシャトルで交代するときは，通常，組立や補給などの任務を行う宇宙飛行士（船長，パイロット，ミッションスペシャリスト）とともに7人程度で飛来するので，交代時にはすでに滞在している宇宙飛行士と合わせて，10人から13人の宇宙飛行士がいることになる．

一方，ソユーズ宇宙船は3人乗りであるから，3人から6人の宇宙飛行士が常時滞在していれば，交代時には6人から9人の宇宙飛行士が同時にいる．ソユーズ宇宙船は緊急帰還用の宇宙船としても使用されるので，常時1機以上のソユーズ宇宙船をISSに係留しているが，ソユーズ宇宙船は搭載している燃料の寿命制約から約6カ月ごとに交換する必要があるため，ソユーズ宇宙船での宇宙飛行士の交代はこの機会を利用して行われる．

ISSに滞在する宇宙飛行士は，各IPが持っている権利に応じてIPの宇宙飛行士の中から打上げの20カ月程度前に選ばれ，うち1人のコマンダが任命されると，地上での訓練期間から軌道上での運用期間を通じて，コマンダの指揮の下でチームとして行動する．軌道上においては，宇宙飛行士の活動時間は

インクリメントごとの運用計画に従い，国籍に関係なく，決められた役割に従い運用を行う．例えば，日本人宇宙飛行士だからといってJEMの運用だけを行うわけではない．

ISSに滞在する宇宙飛行士の仕事は，ISSのシステム運用，保全，および実験運用で，通常はISS内で活動する．ISSの各モジュールの機器は制御用のコンピュータで管理され，各コンピュータはネットワークで接続されている．宇宙飛行士は，ネットワークに接続されているラップトップコンピュータ（PCS）を用いて各機器の状態の監視と制御を行う．ISS内の実験装置はロシアを除き共通の国際標準ラック（ISPR）に組み込まれており，ラック単位でも交換することでいろいろな実験ができる．インクリメントごとに決められた利用計画に従い，実験装置を装置単位，あるいはラック単位で交換するのも宇宙飛行士の仕事である．実験装置にはそれぞれ固有の操作が必要であり，また，故障したり寿命がきた機器についてはORU単位で交換を行う．

船外の機器は，船内からロボットアームの操作で取付けや取外しを行う．また，コネクタの接続のような細かい作業を伴い人間でないとできない作業は，宇宙服を着た宇宙飛行士が船外で直接作業を行う（EVA）．

5.3 運用計画立案から実運用まで[(1)]

5.3.1 国際的運用体制

ISS全体の運用には，多くの国の宇宙機関がかかわり，また，利用，システム運用，宇宙飛行士の割当てなど，多面的な調整が必要である．政策レベルの国際調整は，各IPがメンバである多国間調整委員会（MCB：mutilateral coordination board）で実施される．MCBのもとに，利用，運用，宇宙飛行士などの分野ごとに実務レベルの国際調整会議を設け，ISSの運用に必要なリソースの調整を行う．運用単位である各インクリメントでは，さらに詳細な日単位の運用計画を立案し管理する．

実施レベルの計画管理は，NASA JSCのISS管制センター（SSCC）が

ISS全体とシステムの運用を，NASAペイロード運用統合センター（POIC）が利用運用を統括し，各IPがSSCCとPOICの統括の下にシステムおよび利用の運用を実施する．SSCCはISS全体の安全と統合性を維持する責任を，POICはISS全体の利用に関する統合の責任を持つ．各IPの管制センターはSSCCおよびPOICの統括の下に各IPが提供した要素および各IPの実験運用を分担する．このように，NASA管制センターの下で各IPがそれぞれの要素や実験装置を運用することを分散運用と呼ぶ．

5.3.2 運用計画立案

ISSの運用計画は，長期計画，詳細計画，実施計画の三つのレベルに分けて作成され，以下に示すように，順次詳細化される．

〔1〕 **長期計画** ISSの運用計画は，まず，システム運用および利用運用に分けて国際調整され，ISS全体のシステム運用計画および利用運用計画として作成される．これらシステム運用計画および利用運用計画をとりまとめ，ISS全体の利用および運用に関する5年計画として国際調整を経て，統合運用・利用計画（COUP：consolidated operations and utilization plan）が作成される．COUPは毎年，詳細計画との整合性を図りながら更新される．COUPを基に，インクリメントごとの輸送計画および実験装置の搭載計画を作成し，つぎのフェーズの計画作成に用いる．

また，各年の宇宙飛行士の交代，利用，補用品・消耗品補給のための輸送能力，使用可能なリソース，使用可能な実験施設をまとめた運用サマリーを作成する．各IPは，国際調整を経て配分されたリソースに応じて自分の利用計画を作成するとともに，保全などのシステム運用の計画を立案する．

〔2〕 **詳細計画** この計画のレベルでは，運用実施の約2年前に詳細計画を作成する．ISSの運用は連続して実施するため，インクリメント運用の単位ごとに詳細な運用計画を作成する．

COUPで調整した運用計画を各インクリメントに割り振り，インクリメントごとの使用リソース，実験装置の配置，実験内容，運用の優先度，および輸

送計画を調整して，詳細運用計画（IDRD：increment definitions requirements document）としてまとめる．IDRD には輸送フライトごとの積み荷の詳細，軌道上保全計画なども記述される．この計画においても，まず各 IP でそれぞれ計画を作成し，その後国際レベルで調整し全体の整合をとる．

〔3〕 **実施計画**　　このフェーズでは，宇宙飛行士および地上の管制官が実時間で運用できるよう，インクリメントごとに分単位の計画まで詳細化する．すなわち，IDRD を受けて，日単位の運用計画（OOS：on-orbit operations summary）を作成する．OOS の作成においては，実験はテーマレベル，保全は具体的な項目まで詳細化し，さらに，日単位のリソース配分についても運用上の整合性を確認する．

つぎに，インクリメントを週間単位に分割し，OOS を基に分単位の運用計画タイムラインを作成する．この計画では，詳細な宇宙飛行士の活動内容，分単位のリソース使用状況など，運用性を評価しながら実行できる運用計画を作成する．この計画は，各 IP がそれぞれの運用センターで計画を作成し，オンラインで SSCC に送り，SSCC で全体をとりまとめ調整する．

〔4〕 **実時間計画変更**　　事前に立案した計画に従って運用は実施されるが，装置の故障などのため，予定の運用が実施できないことがある．そのような場合，できるかぎり当初の成果を挙げるよう運用計画を変更する必要が生じる．変更に当たっては，日本内部のみで調整できる場合はその範囲で，ISS 全体に影響がある場合は実施計画立案と同様に SSCC が中心となり，再計画を行う．緊急の場合は当日あるいは翌日の計画に反映し，余裕がある場合は次週以降の計画に反映する．必要に応じて運用性の確認も行う．

5.3.3　運用性・搭載性の技術評価

運用計画の立案において，その計画の成立性を事前に技術的に評価，確認する必要がある．ここでの成立性の確認とは，宇宙飛行士および ISS の安全が確保されていること，ISS に搭載する実験装置が適正に配置されていること，使用予定のリソースが許容範囲であること，並行して実施する実験がたがいに

5.3 運用計画立案から実運用まで

表 5.1 JEM 運用の解析評価項目の例

項目	内容
構造/機械適合性解析	宇宙飛行士の船内外作業の一部である，システムラック，ORU，実験装置の運搬作業および取付け/取外し作業がきちんとできることをインクリメントごとに確認する．この確認は，CAD を用いて行い，運搬経路，作業位置，作業員視野を解析で確認する
質量特性および振動解析	質量，重心などの質量特性，および全体振動特性を計算し，質量特性要求，剛性要求などを満足していることを確認するとともに，ISS 全体の軌道・姿勢解析へのデータとして NASA に入力する
騒音特性解析	実験装置を搭載した状態での騒音レベルを解析し，許容範囲内かどうかを確認する
微小重力特性解析	実験装置使用時の振動特性，外乱源データを基に振動レベルを解析する．低周波域（50 Hz 以下）は ISS 全体での解析を行い，高周波域（50 Hz 以上）はモジュール単位の解析を行う
視野/照度適合性解析	船外活動を支援するための間接視野・照度が要求を満たしているかどうかを CAD により確認する
アラインメント，ポインティング，視野適合性解析	曝露実験装置のアラインメント（取付け位置精度），ポインティング（指向方向の振れ），センサなどの視野が，その要求を満たしていることを確認する
電力消費量解析	当該インクリメントにおける，システムおよび実験装置の電力消費プロファイルを整理・管理し，運用計画における電力消費量が許容範囲以内にあることを確認する
電磁適合性解析	システムおよび実験装置使用時の電磁環境特性が，たがいに干渉し悪影響を及ぼさないことを確認する
統合熱解析	宇宙飛行士が船内および船外で活動中に接触の可能性ある領域の表面温度や，機器の温度を計算し，安全であることを確認する
熱制御ループ統合解析	熱制御ループ各部位への流量配分，各部位の温度，圧力などをインクリメントごとに計算し，温度制御が要求を満たしていることを確認する
汚染解析	当該インクリメントについて，オフガスの成分ごとの濃度が許容値を超過しないことを確認する．新しく持ち込まれた実験装置などからのオフガス特性と，実験装置などにより放出される汚染量とを集計し，これが規定値以下であることを確認する
真空排気系解析	インクリメントごとの実験に必要な真空排気量が排気性能以内であることを確認する
データ伝送，処理能力解析	インクリメントで計画している運用に必要なデータの処理および電送要求が関連システムの能力範囲であることを確認する

干渉しないことなどを評価するために，解析で確認することである．JEM 運用の解析評価項目の例を表 5.1 に示す．

5.3.4　実時間運用

ISS の一つのインクリメントについて，運用の準備から実時間運用までの概要を以下に示す．

〔1〕**運用管理**　ISS の実時間運用は，全体の統合と安全に関しては SSCC が統括し，その下で各 IP が各々のシステムと実験装置を運用する．ISS 運用に当たっての計画・制約・優先順位付けは，プログラムレベルの運用管理会議（MMT：mission management team）で承認され，フライトディレクタが実時間運用の指揮をとって実施する．この MMT は NASA の代表が議長を務め，各 IP の代表がメンバとなって定期的に開かれる．SSCC のフライトディレクタが ISS 全体の指揮をとり，その下で各 IP のフライトディレクタが IP 要素の運用を統括する．また，POIC の実験運用ディレクタが ISS 全体の実験運用を統括する．

〔2〕**運用準備**　実時間の運用準備は，約 20 カ月前から開始する．運用計画の立案と歩調をとり，インクリメントの運用に関するフライトルールおよび手順を整備する．また，インクリメントごとに実験の内容が変わるので，個々のインクリメント運用に合わせて運用管制システム画面表示およびコマンドのデータベースを設定する．運用の前には，管制官の訓練を兼ねて，運用計画，手順，運用システムなどの整合性を確認するためにシミュレーションを行う．宇宙飛行士も参加し，自らのインクリメント固有訓練を行う．

〔3〕**JEM の実時間運用管制**　実時間運用は，365 日，24 時間体制で実施する．フライトディレクタおよび主要なサブシステムの管制官（フライトコントローラ）は 24 時間体制とし，その他のサブシステムのフライトコントローラは定期的にシステムテレメトリのモニタを行う．フライトディレクタおよびフライトコントローラは，運用計画に従って SSCC と連携をとりながら JEM の状況を把握するとともに，必要なコマンドの実行，宇宙飛行士へ指示

をする。

　運用が計画どおりに進捗しない場合は，フライトディレクタが関連するフライトコントローラと連携をとりながらフライトルールに従って計画を変更し，運用を指揮する。重大な計画変更が必要な場合は，MMT を開き，対処方針を調整する。

　フライトディレクタ，フライトコントローラ以外に，軌道上の宇宙飛行士との交信を担当する宇宙飛行士交信担当，ISS 全体の運用状況モニタの担当，宇宙飛行士担当医，地上システムの不具合対応者なども配置する。また，運用計画に従って進捗状況を把握管理する計画進行，当日の進捗状況に応じて翌日の運用計画を改訂し，次週の計画に反映する再計画，および運用手順を管理する手順管理といった分野に担当を配置する。さらに，ISS 全体の運用支援のため，SSCC にも人員を配置する。

5.4　保　全　・　補　給

5.4.1　軌道上保全の方法

〔1〕**軌道上保全単位**　　ISS の軌道上運用を長期にわたり行うため，各システム機器は宇宙の無重力環境下で限られた宇宙飛行士とその操作により保全（点検，交換，修理など）が行えるよう設計されている。すなわち，宇宙飛行士が軌道上で行う取付け/取外しなどの作業性や，宇宙飛行士の作業量の軽減を考慮して，機器は ORU 単位の交換を基本としている。また，有効寿命により定期的な交換が必要な消耗部品もすべて交換できる設計となっている。

〔2〕**保全手段**　　軌道上で行われる保全活動は，手段によって，以下に述べる船内活動（IVA），ロボティクス（EVR），および船外活動（EVA）に分けられる。保全作業はあらかじめ地上で検証された保全手順に基づいて，宇宙飛行士と地上の管制官との連携で実施される。

（1）IVA 保全：船内活動による保全で，与圧部内の機器を対象に宇宙飛行士が直接点検や ORU の交換を実施する。

（2） EVR保全：ロボットアーム（JEMマニピュレータ，ISSマニピュレータ）を使用して船内から曝露環境下のORU交換およびEVAクルーの作業支援を行う。

（3） EVA保全：宇宙飛行士の船外活動による保全で，ロボットアームでは点検・保全できない作業を実施する。

EVA保全はクルーの十分な訓練を必要とすることから，計画から実行まで長い期間が必要である。また，保全にかかる曝露環境下の作業は，宇宙飛行士が船外に出てから船内に戻るまでの合計時間が6時間以内である時間制約や，2人対の作業で実施することから多くの制限がある。

〔3〕 **予防保全と事後保全** 保全の内容は，つぎに述べる予防保全と事後保全に分けられる。

（1） 予防保全：予防保全は，短期間で摩耗・劣化するため有効寿命があるものや設計上MTBFが設定されているORUの定期交換が中心となる。また，定期点検を必要とする機器は，宇宙飛行士による点検を計画する。おもな消耗部品としては，空調フィルタ，熱制御系の冷媒フィルタ，照明灯，実験用の共通ガスボトルなどがある。

（2） 事後保全：事後保全は，システムの運用中あるいは定期点検中に発見されたシステムのデータの異常，故障などに対する機能回復のための保全活動をいう。予防保全と異なり，不具合発生時点から故障個所の識別，修理計画立案，補用品の確認・手配，修理手順の作成，保全スケジュール調整などを短期間で行うことになる。発生した不具合にスムーズに対応するため，ORUごとにシステム運用に与える重要性を識別し，必要なORUをJEM内に，また交換手順を事前に準備しておく（2.3.10項〔12〕参照）。

5.4.2 補 給 運 用

ISSの運用にはシステムの機能を維持するための補用品や実験運用のための試料，実験装置，宇宙飛行士用品などさまざまな物資の補給・回収が行われ

る。与圧環境で運ぶ補給品は MPLM，プログレス，HTV，および ATV で，非与圧環境で運ぶ物資は，シャトル（JEM ELM-ES，非与圧補給キャリヤ（ULC：unpressurized logistics carrier）），および HTV で運ぶ。またステーションリブースト燃料はプログレスと ATV で運ぶ。MPLM，JEM ELM-ES，および ULC は NASA のケネディ宇宙センター（KSC）からスペースシャトルで，HTV は種子島宇宙センター（TNSC：Tanegashima Space Center）から H-IIA ロケットで，ATV は仏領ギアナのクールー（Kourou）宇宙センターからアリアン V ロケットで，またプログレスはバイコヌール宇宙センターからソユーズロケットで打ち上げられる（図 5.3 参照）。

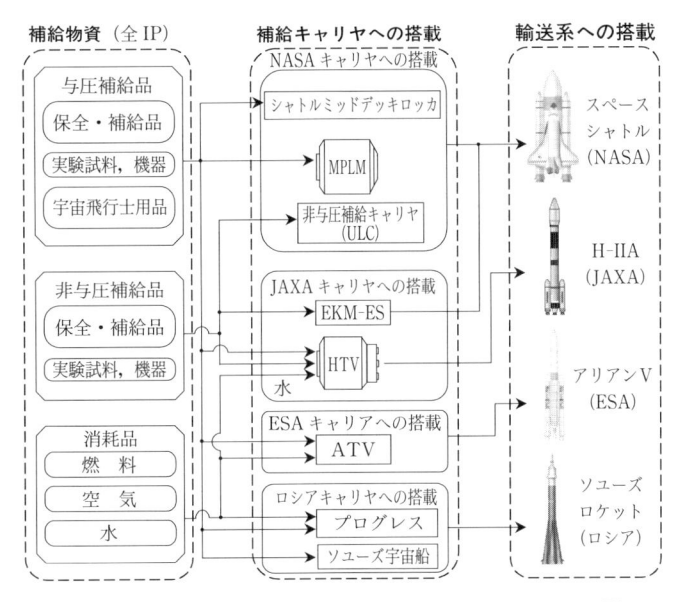

図 5.3 補給物資の流れ（Station Program Implementation Plan Vol. 3 Rev. C）

宇宙飛行士の軌道上生活に必要な物資の補給は NASA およびロシアが担当するが，一部は HTV でも輸送される。ISS への物資の補給は，専用の補給ラック，ソフトバックなどに梱包され，打上げ環境，無重力環境での適合性，安全性について地上で検証を行い軌道上へ運ぶ。スペースシャトルで補給・回収

を行う場合は，補給品を NASA KSC へ輸送し，KSC でのチェックを行ったのち，MPLM に搭載しスペースシャトルで打ち上げ，ISS に運ばれる．その後，軌道上では，補給品と回収品の積み替えが行われ，再びシャトルにより地上へ運搬される．回収された実験済みの試料，使用済みのシステム ORU などはユーザおよび関係者のもとへ運ばれる．

HTV で補給を行う場合は，補給品を TNSC へ輸送し，TNSC で点検を行ったのち，HTV の貨物室に搭載し，H-IIA ロケットで打ち上げ，ISS に輸送される．補給品の ISS への積込みが終了したあとは，不要となった廃棄物を HTV に搭載して大気圏に投棄される．

5.4.3 補給品トラヒックモデル

ISS が利用・運用される 10 年以上にわたり安定的かつタイムリーに物資を輸送するため，運用の全期間における年次輸送需要，および打上げ可能な輸送機を組み合わせてトラヒックモデルを作成する．トラヒックモデルは，輸送需要や組立てスケジュールの変更，搭乗員の増加時期，輸送システムの利用可能性などの見直しに応じて適宜改定される．

ISS の組立て完了後の輸送物資には，ISS 運用・維持に共通的に使用する共通品目，および IP 固有の品目がある．

（1） 共通品目：水や空気，食料や衣類などの宇宙飛行士用品，船外活動用品，ISS の軌道・姿勢制御用燃料などがある．太陽活動は ISS 軌道高度，したがって，高度維持のためのリブースト燃料に大きく影響する．燃料以外の共通品目は，宇宙飛行士数によりほぼ決定される．

（2） IP 固有品目：各 IP 提供要素のシステム維持のための補用品・実験装置・実験用材料・試料などが含まれる．図 5.4 に 2005～2019 年のロシアを除く ISS（日本，米国，欧州，カナダ）の補給品トラヒックモデル例を示す．図 5.5 はロシアの輸送需要例を示す．

5.4 保全・補給

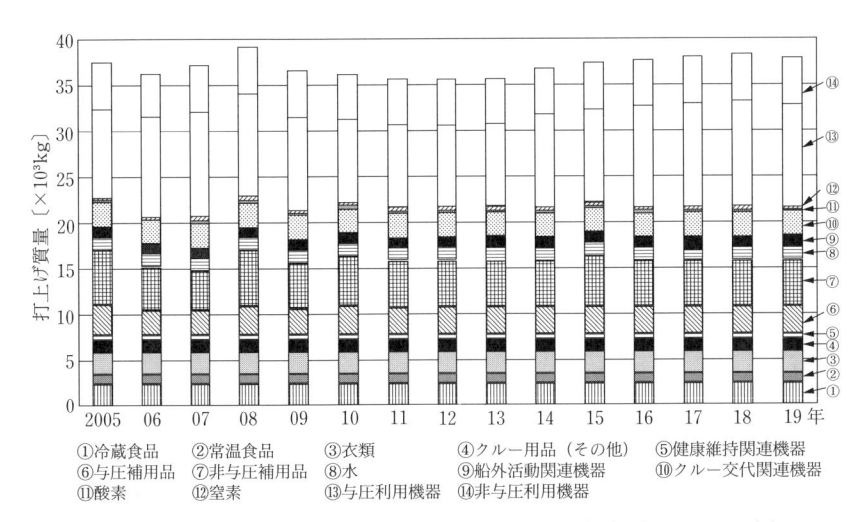

図5.4 ISSの補給品トラヒックモデル例（ロシアを除く）（2005〜2019年）
（NASA Integrated Traffic Model Report May 10, 2002）

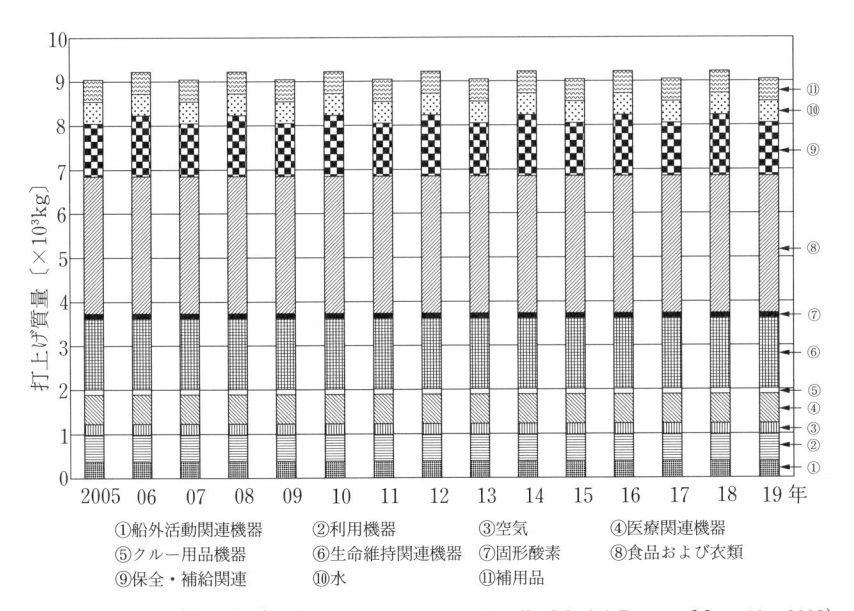

縦軸：打上げ質量 [×10³kg]

①冷蔵食品　②常温食品　③衣類　④クルー用品（その他）　⑤健康維持関連機器
⑥与圧補用品　⑦非与圧補用品　⑧水　⑨船外活動関連機器　⑩クルー交代関連機器
⑪酸素　⑫窒素　⑬与圧利用機器　⑭非与圧利用機器

図5.5 ロシアの輸送需要例（NASA Integrated Traffic Model Report May 10, 2002）

縦軸：打上げ質量 [×10³kg]

①船外活動関連機器　②利用機器　③空気　④医療関連機器
⑤クルー用品機器　⑥生命維持関連機器　⑦固形酸素　⑧食品および衣類
⑨保全・補給関連　⑩水　⑪補用品

5.4.4 各輸送システムのフライト数と課題

ISSの組立て完了から定常運用に向けて，必要とされる各輸送システムとフライト数を**表5.2**に示す。スペースシャトルについてはコロンビア号事故後の飛行再開は，2004年6月時点で2005年3月以降とされている。一方，2004年1月14日に米国ブッシュ大統領が発表した「新宇宙政策」では，スペースシャトルは2010年頃までに退役させることとした。ISS完成までにはさらに30フライト近いシャトル飛行が必要であり，今後これらの打上げをどう計画するかが課題となっている。また，欧州実験棟コロンバスやJEMが打ち上げられると3人のクルーではシステムの維持と実験運用に対応できないことは明らかで，早期のクルー増加が要望されている。このためにはISS内の居住施設と環境制御能力の増強，および緊急帰還用宇宙船の追加が必要である。NASAは自ら計画していた緊急帰還機（CRV）を2002年に中止し，それに代わるスペースプレーンの開発を計画していたが，上記新宇宙政策ではこれも中止した。

表5.2 ISSへの輸送システムとフライト数
（2008年以降の計画値）

輸送システム	フライト数〔回/年〕
スペースシャトル	5
ソユーズTM	2～4（6人搭乗時）
プログレス（M，M1）	3～6
ATV	1
HTV	1～2

現在，利用できる唯一の緊急帰還宇宙船はソユーズのみであり，2機目のソユーズをISSに係留することで検討が進められている。

コロンビア号事故のあと，シャトル飛行停止時のISSへの物資の補給はプログレス（M，M1）で，クルーの交替はソユーズTMで行い，有人滞在（2人）を継続している。これによって有人宇宙ステーションに対する支援システムとしての輸送システムのロバスト性確保が非常に重要であることが改めて認識された。日本が開発しているHTVについてもシャトルに代わる物資輸

送手段として期待が大きく，早期の就航が要請されている。

5.5 ISSの運用を支援するシステム

5.5.1 輸送システム

ISSの組立て，宇宙飛行士および物資の輸送には，NASAのスペースシャトル，ロシアのプロトンロケット，プログレス，ソユーズTM，日本のHTV，欧州のATVを使用する。以下に，それぞれの輸送システムの概要を示す（**表5.3**参照）。

表5.3 ISSへの輸送・補給手段

補給機	機能・性能	打上げ手段
米国（NASA）シャトルオービタ	ISSクルー，水・与圧貨物など9 000 kgの貨物を持ち込み，持ち帰る	スペースシャトル
ロシア プログレスM，M1	姿勢・軌道制御用燃料，与圧貨物（酸素，窒素，食料，衣類，個人用の物，水）の打上げ	ソユーズロケット
欧州（ESA）ATV	同上でプログレスM1の3倍の能力	アリアンVロケット
日本（JAXA）HTV	与圧および曝露貨物	H-IIAロケット
ロシア ソユーズTM	ISSクルー，与圧貨物	ソユーズロケット

〔1〕 **スペースシャトル** NASAが所有するアトランティス，エンデバー，ディスカバリーの3機が使用される。**表5.4**の軌道要素を持つISSとのランデブーには，燃料効率の良い直接投入（direct insertion）という軌道投入方法を使用し，ISS前方の米国モジュール（Node）の前方与圧結合アダプタにドッキングする。**表5.5**にスペースシャトルの打上シーケンスの例を示す。スペースシャトルには，イタリア開発の多目的補給モジュール

表 5.4　ISS 軌道要素の例
(2004 年 6 月 17 日)

要　素	データ	
軌道長半径	6 745 626.81	m
軌道傾斜角	51.479 90	deg
昇交点赤経	325.831 23	deg
離心率	0.000 847 9	
近地点引数	51.126 41	deg
平均近点角	321.514 39	deg

(NASA 有人宇宙飛行 ISS ホームページより)

表 5.5　スペースシャトルの打上げシーケンスの例

主要イベント	打上げからの時間
発射台クリア	7 秒
ロール操作開始，同時に機首方向を斜めにするピッチプロファイル開始	10 秒
固体ロケットブースタ分離	2 分 00 秒
メインエンジン停止（MECO）	8 分 30 秒
外部燃料タンク分離	8 分 50 秒
軌道制御用エンジン噴射	42 分 00 秒

(Ascent Guidance and Flight Control Training Manual)

(MPLM：約 9 t 輸送可能)，あるいはブラジルが開発計画中の非与圧物資用キャリヤ（ULC：2 台で約 9.5 t 輸送可能）が輸送需要に応じて搭載される。図 5.6 に MPLM を搭載したスペースシャトルを示す。

（a）打上げ　　（b）MPLM を搭載し ISS に向かうスペースシャトル

図 5.6　MPLM を搭載したスペースシャトル

5.5 ISS の運用を支援するシステム

〔2〕 **プロトンロケット**　プロトンロケットは，1960年代前半に開発されたロケット（3段式，4段式の2種類のうちISS要素の打上げには3段式が用いられる）で，ISS組立段階における機能貨物ブロック（FGB），サービスモジュール（SM）など，バイコヌール宇宙センターからロシアのモジュールを打ち上げるのに使用される。図5.7にプロトンロケット，表5.6にプロトンロケットの打上シーケンスの例を示し，表5.7に軌道投入例を示す。

図5.7　プロトンロケットによるFGB打上げ（ロシアのエネルギア提供）

表5.6　プロトンロケットの打上げシーケンスの例（ザーリャ（FGB）打上げ時）

イベント	打上げからの時間〔秒〕	高度〔km〕	速度〔m/s〕
1段分離	126	43.65	1 669
フェアリング分離	183	78.2	2 093
2段分離	334.5	138.3	4 427
3段/ザーリャ分離	587.6	185.0	7 551

表5.7　ISSの軌道投入例（ザーリャ（FGB）打上げ時）

飛行経過日	イベント	遠地点〔km〕	近地点〔km〕
1	軌道投入	約353.9	約185.1
2	近地点高度の引上げ	354	約254
4	ランデブー用軌道制御	383	305
5	ランデブー用軌道制御	高度約385 kmの円軌道（誤差＋7 km，－9 km）	

[3] **プログレス（M，M1）** ISSに使用されるプログレス（M型とM1型がある）はソユーズロケットで打ち上げられ，ISSのサービスモジュールにドッキングする。その輸送能力は約2.5トンであり，ISSに燃料や与圧環境下で使用される与圧物資の補給に使用する。与圧物資としてはISSシステムの維持に必要な補用品や宇宙飛行士用品，水，実験用品などがある。搭載物資の輸送以外に，ドッキングした状態で，ISSの軌道高度を上げるための軌道制御（リブースト）を行う機能を持っている（2.3.6項参照）。また，廃棄可能な物資を搭載してISSから離脱し，大気圏に突入し，ミッションを完了す

（a）ソユーズロケット 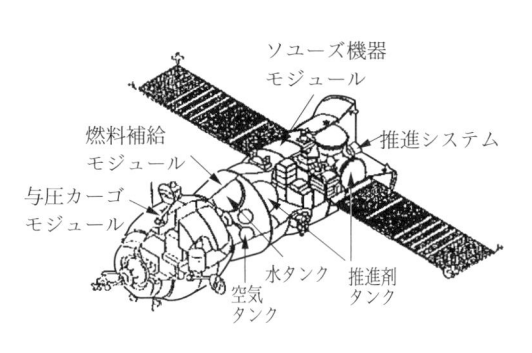　　　　（b）プログレス

図5.8　ソユーズロケットとプログレス（JAXA提供）

表5.8　ソユーズ/プログレスのISS軌道への投入例
（プログレスM-25のミール宇宙ステーション軌道への投入）

イベント	遠地点〔km〕	近地点〔km〕	周回時間〔分〕	累積周回数〔回〕	ΔV〔m/s〕
打上げ	0	0	—	—	—
軌道投入	245	193	88.6	—	—
$\Delta V1$	285	217	89.5	3	26.0
$\Delta V2$	324	262	90.1	4	19.7
$\Delta V3$	323	268	90.2	17	2.0
$\Delta V4$	354	315	91.1	32	24.5
$\Delta V5$	408	352	91.9	33	24.5
ランデブー軌道	410	394	—	—	—

（NASDAプレスキット（1 A/R）Soyuz TM and Progress M Spacecraft Technical Summary（NASA資料））

5.5 ISSの運用を支援するシステム

る。図5.8にソユーズロケットの打上の様子とプログレスの構造を示す。また，表5.8にプログレス/ソユーズのISS軌道投入例を示す。

〔4〕 **ソユーズTM**　ソユーズTMは，宇宙飛行士の輸送をおもな目的とし，ソユーズロケットにより打ち上げられISSのロシアモジュールにドッキングする。3人の宇宙飛行士のほかに，100 kgの与圧物資の輸送も可能である。ISSに6カ月間係留し，宇宙飛行士の緊急帰還機としても使用される。図5.9にソユーズ宇宙船の構造を示す。

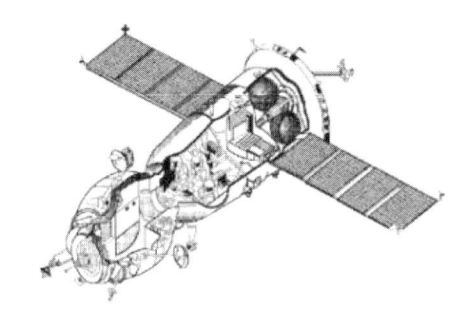

図5.9　ソユーズ宇宙船の構造
(Encyclopedia Astronautic, © Mark Wade)

〔5〕 **HTV**　HTVは，システムの補用品，宇宙飛行士用品，常温食料，水，実験装置などの物資を輸送する日本のISS補給機として開発がすすめられている。HTVは与圧環境で使用する物資と，非与圧環境下で使用する物資を輸送できる与圧・非与圧の混載キャリヤである。この混載コンフィギュレー

(a) H-ⅡA　　　　(b) ISSに向かうHTV

図5.10　日本の輸送システム：H-IIAとHTV(JAXA提供)

ションでは，与圧部分は最大 8 個の国際標準ペイロードラック（ISPR），非与圧部分には 3 個の JEM 曝露部標準ペイロードの搭載が可能であり，与圧・非与圧合計で最大 6 トンの物資の輸送が可能である。

H-IIA ロケットにより種子島宇宙センターから打ち上げられ，ISS に接近，ランデブーしたのち，ステーション前方の Node 2 下面に ISS ロボットアームにより取り付けられる。物資の移送後は廃棄する物資を積み，大気圏に突入し廃棄される。図 5.10 に H-IIA と HTV を示す。

〔6〕**ATV**　ATV は，欧州宇宙機関（ESA）のアリアン V ロケットにより打ち上げる最大 6.5 t の物資輸送用軌道間輸送機である。ATV は ISS へ燃料の補給，与圧環境下で使用される物資の輸送に使用される。ATV は ISS のロシアサービスモジュールにドッキングし，その状態で ISS の軌道を上げるための軌道制御（リブースト）を行う機能がある。補給物資輸送後は，廃棄可能な物資を積み込んで ISS から離脱し，大気圏に突入させて廃棄する。図 5.11 にアリアン V および ATV を示す。

　　　　（a）アリアン V　　　　　　　（b）ISS に向かう ATV
　　　　図 5.11　欧州の輸送システム：アリアン V と ATV

5.5.2　地上運用システム

ISS の運用は各 IP の管制センターにより行われる。ISS は，NASA の追跡・データ中継衛星（TDRS）を経由して，NASA JSC 内の ISS 管制センター（SSCC）と通信回線で結ばれており，ここで ISS システム全体の統括運用

5.5 ISS の運用を支援するシステム　　*151*

SSRMS, SPDM

CSA
MSS 運用センター
(カナダ, セントフーバート)

きぼう, HTV

JAXA
宇宙ステーション総合センター(SSIPC)
(つくば)

ISS 本体
US Lab など

NASA
ISS 管制センター(SSCC)
(ヒューストン)

ロシア要素

RSA (FSA)
ツーブ管制センター
(モスクワ)

コロンバス

ESA
コロンバス管制センター
(ドイツ, オーバープファッフェンホッフェン)

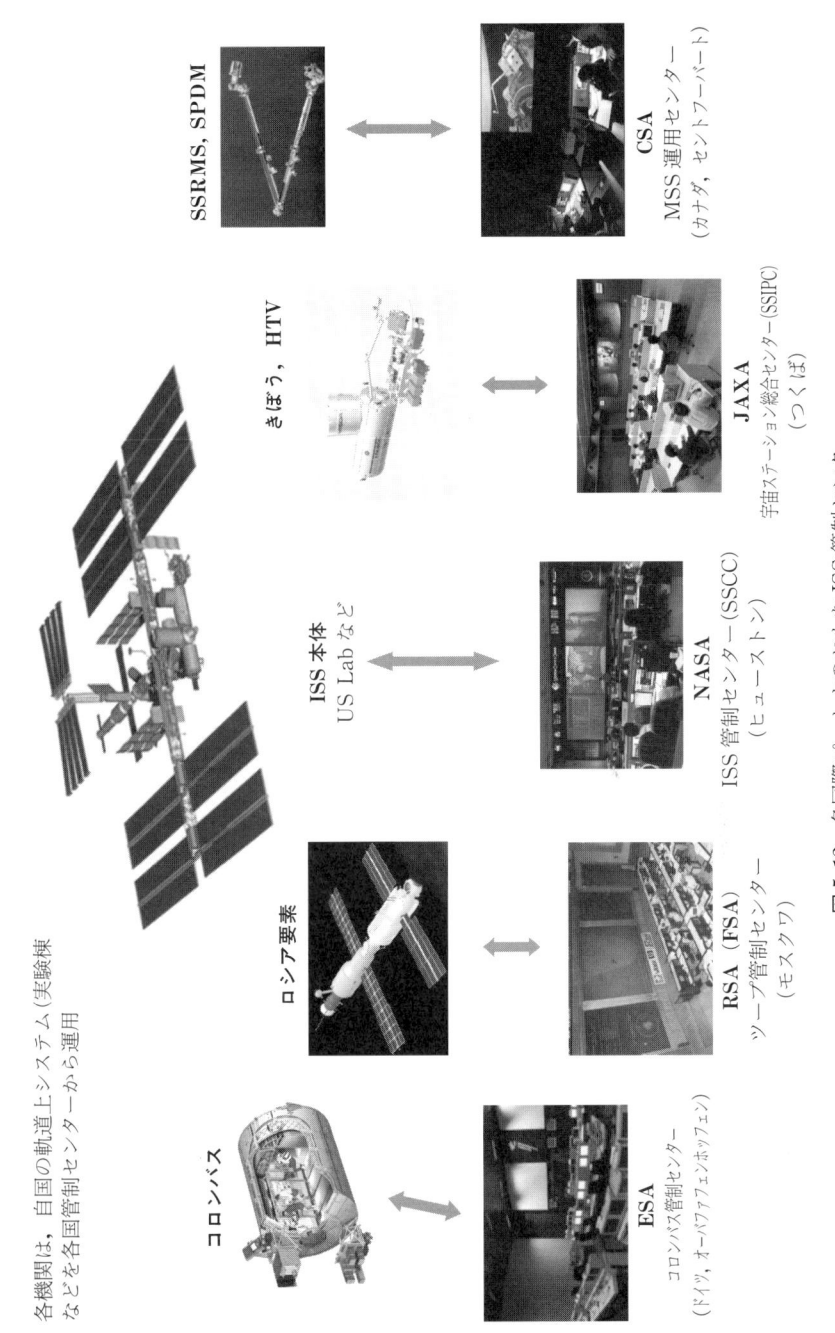

各機関は，自国の軌道上システム(実験棟
などを各国管制センターから運用

図 5.12　各国際パートナのおもな ISS 管制センター

152　　5. 国際宇宙ステーションの運用

が行われる．各 IP の管制センターは，SSCC と通信回線で結ばれており，SSCC を経由して ISS と通信を行い，それぞれの IP が提供する要素の運用を行う．各 IP のおもな ISS 管制センターを図 5.12 および表 5.9 に示す．

表 5.9　各 IP のおもな ISS 管制センターとその役割

IP	管制センター	場　所	役　割
米国 (NASA)	ジョンソン宇宙センター（JSC）内 ISS 管制センター（SSCC）	テキサス州 ヒューストン	ISS システム全体の統括運用および米国要素の運用
	マーシャル宇宙飛行センター（MSFC）内ペイロード運用統合センター（POIC）	アラバマ州 ハンツビル	ISS に搭載されるペイロード運用の取りまとめ，および米国ペイロードの運用
ロシア (FSA)	有人・無人飛行管制センター（TsUP）	モスクワ郊外 コリョレフ	ロシア要素の運用
欧州 (ESA)	ドイツ宇宙運用センター（GSOC）内コロンバス管制センター（COLCC）	ドイツ/オーバファフェンホッフェン	欧州の実験棟の運用
日本 (JAXA)	筑波宇宙センター内 宇宙ステーション総合センター（SSIPC）	つくば	JEM, HTV, 日本のペイロードの運用
カナダ (CSA)	チャップマン宇宙センター内 移動形支援システム運用センター（MSSOC）	セントフーバート	SSRMS, SPDM の運用

　ロシアは地上局を使った ISS との直接の通信回線を持っており，地上局の可視範囲内で ISS と TsUP との通信を行い，SSCC と連携して ISS 本体の運用を行うことができる．日本は独自のデータ中継技術衛星（DRTS）を運用し，JEM に搭載している衛星間通信システムから DRTS を経由して筑波宇宙センターの宇宙ステーション総合センター（SSIPC：Space Station Integration and Promotion Center）との間に直接通信ネットワークを構築し，JEM のシステムおよび実験データの伝送・通信を行うことができる．ペイロード（実験装置）に関する通信は，ISS から TDRS を経由してマーシャル宇宙飛行センター（MSFC）内の POIC との間でも行え，POIC と各 IP の管制センターが通信回線で結ばれている．

　各 IP の輸送システムの運用は，各 IP の管制センターが行うが，スペース

シャトルはJSC内のシャトルミッション管制センター（MCC），ロシアの輸送機はTsUP，ATVはフランスにあるATV管制センター（ATVCC），HTVはSSIPCで，ISS本体の管制を行うSSCCと協調して行われる．

5.5.3 日本のISS運用システム

ISS運用のうち，JEM，HTV，および日本の搭載実験装置に関する運用は，筑波宇宙センターにあるSSIPCで行う．SSIPC内の主要な運用システムを表5.10に示す．運用で使用するおもなシステムは，JEMと通信回線で接続して監視・制御を行う運用管制システム，搭載実験装置の運用性・安全性および物理的適合性の確認をするエレメントインテグレーションシステム，交換部品や消耗品の補給などを管理する保全補給運用管理システム，運用に使う手順書や搭載コンピュータで動作するソフトウェアの検証さらには宇宙飛行士の訓練に使用する運用手順検証・訓練システムなどがある．

表5.10 SSIPC内の主要な運用システム

施設	概要	おもな運用システム
宇宙ステーション運用棟	JEM，HTV，日本のペイロードの実時間運用を行う	運用管制システム（運用ネットワーク，運用データ管理など） エレメントインテグレーションシステム 保全補給運用管理システム
宇宙ステーション試験棟	JEMシステムの組立試験を行うとともに，宇宙飛行士の訓練を行う	運用手順検証・訓練システム 搭乗員運用訓練システム
宇宙実験棟	宇宙実験のための技術開発を行う	—
無重量環境試験棟	水槽を使い無重量環境を模擬し，船外活動の試験や訓練を行う	無重量環境試験設備（WETS） 水中モックアップシステム
宇宙飛行士養成棟	日本人宇宙飛行士の基礎訓練や維持向上訓練，健康管理などを行う	閉鎖環境適応訓練設備 低圧環境適応訓練設備 宇宙飛行士健康管理システム

軌道上の宇宙飛行士と連携して実時間でJEM，HTVなどを運用するシステムが運用管制システムである．運用管制システムは，表5.11に示すように，管制ネットワーク，監視制御，データ管理，実験運用支援および共通系設備の各サブシステムからなる．このシステムは，NASAのSSCCとPOIC（その

5. 国際宇宙ステーションの運用

表5.11 日本の運用管制システムの構成と主要な機能

サブシステム	概　　要
管制ネットワーク	運用管制システム内のサブシステム間をつなぐネットワークである。本ネットワークには軌道上JEMと筑波管制センター間をつなぐものとして、NASAデータ中継衛星（TDRS）と、JAXAデータ中継技術衛星（DRTS）の二つのループが計画されている
監視制御	軌道上のJEMの状態を表すテレメトリデータを実時間で処理し、管制要員に表示するとともに、テレメトリのトレンドを解析する機能を有する。地上から軌道上のJEMへのコマンド実行と関連コマンドファイルの管理、地上および宇宙飛行士によるコマンド、および自動実行コマンドの監視を行う
データ管理	検証済みの運用手順および軌道上からのデータを管理する。JEMシステムのテレメトリデータは解析評価に使用し、実験データは利用者に配信する
実験運用支援	通常の実験は、軌道上の実験装置の状況をテレメトリデータなどにより監視しながら宇宙飛行士あるいは地上からコマンドを実行してすすめる。本サブシステムは、これに必要なテレメトリおよびコマンド処理の標準的な機能を持っている。個々の実験に対応したテレメトリ処理のデータベースを準備すれば、特殊な処理にも対応できる
共通系設備	運用管制を支援する共通的な設備で、標準時刻発生および表示、管制要員間の通話のための音声設備、管制室内の大形表示や軌道上からのビデオデータを処理する画像設備など

先はホワイトサンズ地上局、TDRSを介してISS）に地上/海底ケーブルで接続されるとともに、筑波宇宙センター内にあるDRTS地上局とも接続されている。これらのネットワークを通じてJEMシステムとその搭載実験装置およびHTVの実時間運用が行われる。

6 国際宇宙ステーションの利用

　ISSの実験施設を提供する参加各国は，自らの利用計画を作成し多国間で調整したうえで利用実験を行う。その原則は，民生用国際宇宙基地のための協力に関する政府間の協定（IGA），ならびに民生用国際宇宙基地のための協力に関する日米間の了解覚え書（MOU）に規定されている（詳細は8章参照）。

　日本と欧州の実験棟は米国のISS本体から電力，排熱，データ伝送，空気，搭乗員作業時間などのリソースが提供されるので，日本実験棟の利用権の46.7％を米国（NASA）に与える。一方，カナダが提供するマニピュレータ（SSRMS）はISSのインフラストラクチャの一部という理由から，カナダ（CSA）に対して米国（NASA），欧州（ESA），日本（GOJ）はそれぞれ2.3％の実験施設の利用権を提供する。また，開発分担に応じて利用に必要なリソースが配分されるとともに，システム運用共通経費の分担と，宇宙飛行士の搭乗機会の割当てが決められている（図6.1参照）。

　日本提供の要素「きぼう」（JEM）についても米国が利用する場合は，利用計画を作り，実験装置を持ち込むことになる。さらに，各国が持ち込んだすべての装置を有効に利用するため国際公募で実験テーマを選定し実施する方法があり，この場合，日本の実験装置を海外の研究者も使用することになる。

　本章では，まず宇宙ステーション周りの宇宙環境の特徴を簡単に述べ，つぎに現在注目されている宇宙環境利用の分野と，それぞれの分野における現在の研究テーマについて概要を述べる。さらに，科学および技術開発のみならず，各国でも強く推進している商業化利用についてもふれる。最後にわが国におけるJEM利用の実験計画についての考え方，与圧部共通実験装置の概要，具体

6. 国際宇宙ステーションの利用

実験施設の利用権配分

米国外部ペイロード取付け部	欧州実験棟	日本実験棟	米国実験棟	ロシア実験棟
CSA 2.3 % NASA 97.7 %	CSA 2.3 % NASA 46.7 % ESA 51 %	CSA 2.3 % NASA 46.7 % GOJ 51 %	CSA 2.3 % NASA 97.7 %	RSA 100 %

利用用リソース配分およびシステム運用共通経費分担

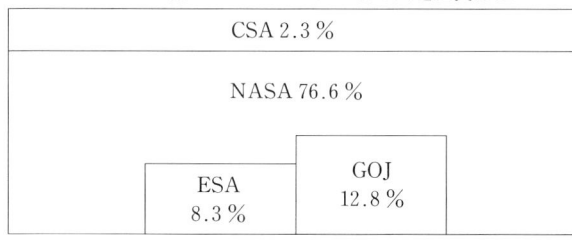

米国側資源: CSA 2.3 %／NASA 76.6 %／ESA 8.3 %／GOJ 12.8 %
ロシア側資源: RSA 100 %

搭乗機会の割当て（JEM 組立て後）

米国側4人: CSA 2.3 %／NASA 76.6 %／ESA 8.3 %／GOJ 12.8 %
ロシア側3人: RSA 100 %

※ GOJ: Government of Japan（日本国政府）

図 6.1　ISS 実験施設の利用権と利用用リソース配分

的な初期利用テーマ，および利用のためのテーマ募集と選定の手続きについて概説する．

6.1　宇宙環境の特質

微小重力・超高真空・広い視野という特徴を持っている宇宙環境に加えて，常時有人滞在というサービス機能をもつ国際宇宙ステーション (ISS) は，さ

まざまなフロンティア研究の可能性を持っている。これらの特質の詳細については，参考文献(1)に譲るとして，ここでは概要を紹介しよう。

6.1.1 微小重力環境

「無重力」状態を簡潔に言い表すと，地球の重力と軌道運動による遠心力が釣り合う理想的な状態である。したがって，実験装置がISSの重心から外れた位置に設置された場合や，希薄大気が存在したり太陽圧が作用する場合には，準定常加速度である残留加速度を受ける。また，宇宙船内の可動部分によって，外乱振動が生じ重力場が微小な振動（これをgジッターという）を受ける。これは，程度の差はあるがすべての宇宙機に共通の問題であり，宇宙環境では「微小重力環境」が実現されるにすぎない。その程度を定量的に表現するために，地上海面上の重力を$1g$として，それに対してどのくらいのレベルに相当するかを示すことが通例である。

微小重力が温度や圧力と同様の物理パラメータの一つとして利用できることから，新しい科学技術分野が開かれる。材料科学，バイオテクノロジーなどの分野において，地球上の重力環境（$1g$下）に隠されていた現象の発見や解明など，新たな科学的知見が期待できる。ライフサイエンス，医学などの分野では，地球上で進化してきた生命体と重力との関係を研究し，生命現象の解明や，生命起源の探求など，人類の根源的な課題に対する新たな視点からの研究が可能となる。さらに，新材料や医薬品の製造プロセスの開発，あるいは新たな生産技術や地球上の病気に対する医療技術の開発など，社会の発展や国民生活の向上に寄与する研究開発が行われることも期待される。

表6.1に，ISS，スペースシャトル，フリーフライヤ（人工衛星）による長時間実験手段，および小形ロケットから落下塔を含む短時間の各種微小重力実験手段の概要をまとめた。微小重力レベルは，前述の$1g$を基準にしており，10^{-3}～10^{-4}は，地球の重力加速度の1 000分の1から10 000万分の1の加速度が発生することを示す。また，図6.2にISSの準定常加速度レベルの推定包絡域の理論値を示す。周波数が非常に低い変動のゆっくりした準定常加速度を消

6. 国際宇宙ステーションの利用

表 6.1 各種実験手段の微小重力レベル（現役でないものも含む）

実験手段		微小重力レベル g	軌道高度放物線高さ落下高さ	持続時間
宇宙船	ISS	$10^{-5} \sim 10^{-6}$	400 km	30 日/180 日
	スペースシャトル/スペースラブ	$10^{-3} \sim 10^{-4}$	300〜350 km	15 日
	スペースシャトル/スペースハブ	$10^{-3} \sim 10^{-4}$	300〜400 km	8〜14 日
回収形フリーフライヤ	EURECA（欧州）	$10^{-5} \sim 10^{-6}$	525 km	6〜9 カ月
	SFU（日本）	$10^{-4} \sim 10^{-5}$	300〜500 km	10 カ月
	FSW-1（中国）	$10^{-4} \sim 10^{-5}$	175〜400 km	7〜10 日
ロケット	小形 TR-1 A TEXUS	$10^{-4} \sim 10^{-5}$	270 km	6 分
	MAXUS	$10^{-4} \sim 10^{-6}$	700 km	14 分
航空機	MU 300（DAS）	3×10^{-2} 以下	2 000 m	20 秒
	G-II（DAS）	10^{-2}	2 000 m	20〜25 秒
	KC-135（NASA）	10^{-2}	2 000 m	23 秒
	A-300（欧州）	10^{-2}	2 000 m	23〜25 秒
落下塔	MGLAB（土岐）	10^{-5}	100 m	4.5 秒
	JAMIC（上砂川）	10^{-5}	490 m	10 秒

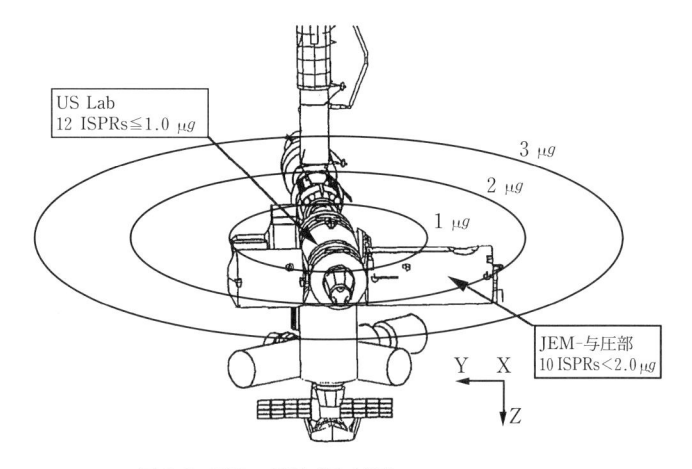

図 6.2 ISS の準定常加速度レベル
（NASA Integrated Design Review # 2 A）

去することは困難であるが，軌道上の機器から発生する高い周波数成分であるgジッターは，制振装置を取り付けることである程度軽減することができ，このため微小重力実験利用者の要望に応じて，ISS用に能動的あるいは受動的な制振装置が開発されている．

6.1.2 真空環境

宇宙の真空度は高度によって異なり，図6.3に示すようにISSの軌道高度約400 kmでは10^{-5} Pa程度になる．さらに，ガス分子・原子よりも高速で飛行する宇宙船後方の航跡（ウェーク）を利用すれば，原理的には直径10 mの円板の後方で10^{-13} Paの真空度まで到達できる．この状態は，ISS周辺よりも桁違いに清浄な高真空状態となり，これを利用した先端的な科学実験が可能である．一方，この高度付近の特徴の一つとして，原子状酸素の存在があげられることを特記しておく．

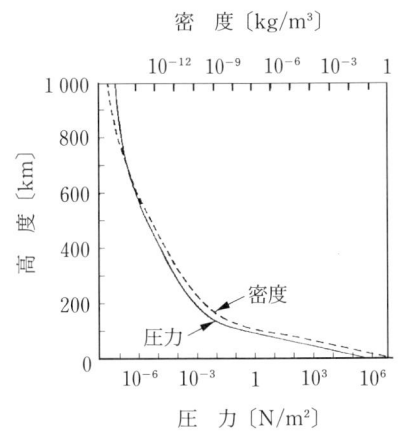

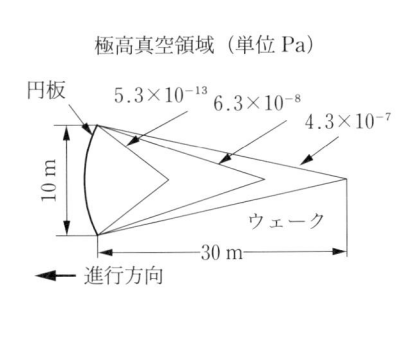

図6.3 宇宙の高真空環境（先端材料シリーズ：宇宙と材料，日本材料科学会編（1991.10））

6.1.3 広大な視野

地球科学の分野では，ステーションの高い軌道傾斜角，安定な軌道，軌道上での有人長期滞在，および年間を通じた地球上の同一点を定期的に通過すると

いう特徴を利用できる。この点からISSは，リモートセンシング研究の優れたプラットホームとなり得る。ISSは地球上の居住域の75％，人口の95％領域をカバーしながら同一地域を約3日に1回通過し，また，同一地域の同じ照度の領域を約3カ月に1回通過する。さらに，北緯51.6度と南緯51.6度を1日1回は視野にとらえることができる。

図6.4はISSの地表上のカバー範囲を示す。米国実験棟はこれを利用するために窓からの観測・研究施設がある。また，JEM曝露部，コロンバス，およびISSトラス上には宇宙空間に曝露する外部ペイロードを取り付ける施設が準備されている。ここに地球・天体観測の装置や宇宙環境計測装置を取り付けることで，長期間にわたる連続的観測が可能である。しかしながら，ISSには太陽電池アレーや放熱板など多くの大面積物体が付属し，また，姿勢条件もトルク平衡姿勢（2.3.6項参照）に維持されることもあるので，視野の確保には事前の解析を十分行う必要がある。

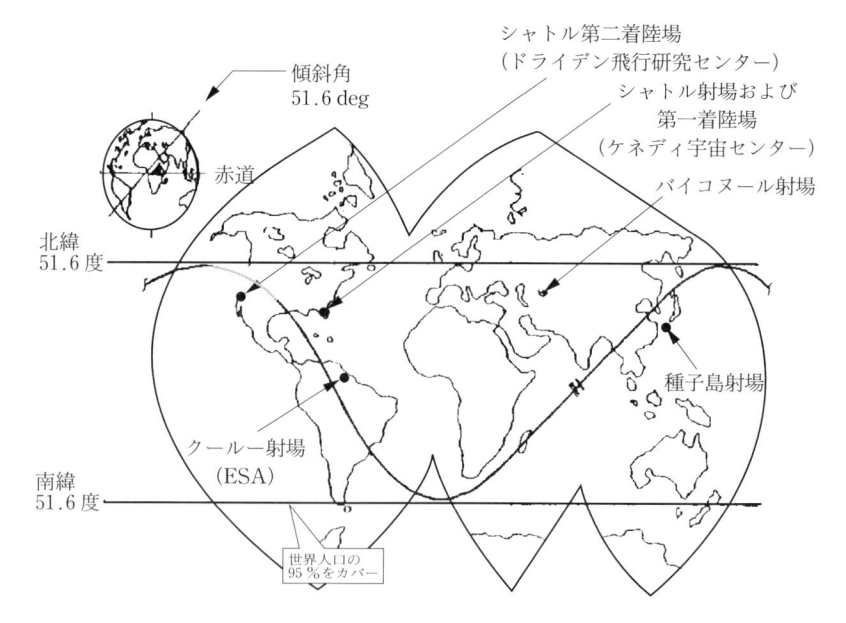

図6.4 ISSの地表上のカバー範囲
（第18回宇宙ステーション利用計画
ワークショップ観測分科会配布資料）

6.2 国際宇宙ステーションの利用分野

6.2.1 ISS利用の枠組み

ISS を利用するには，信頼性の高い装置を製作・試験して安全審査をクリアする必要があり，また，実験運用に際しても宇宙開発機関の支援を必要とする。このため，いままでの宇宙環境の利用者は国が投資して開発した装置を用い，国内的・国際的な調整の枠組みの中で実験を実施することが多かった。主要な枠組みは，以下のとおりである。

〔1〕 **国の研究** 国が定めた基礎科学あるいは先端技術分野の研究テーマを募集して，国の事業として実施するもので，成果は公開が原則である。米国は NASA 研究公募（NRA：NASA research announcement），欧州ではコロンバス（Columbus）利用公募により，広く研究テーマを募集している。日本では，JEM 利用公募により与圧部および曝露部の研究テーマを募集してきた（6.3節に詳述）。

また，ライフサイエンス，微小重力科学，および宇宙医学の各分野について，ISS を利用した研究の国際公募が行われている。

〔2〕 **応用化あるいは商業化研究** これは宇宙環境下での製品製造や，成果を地上の生産活動に応用することを目的として，企業が主体的に参加する研究テーマの実施である。共同研究方式により国が費用を一部負担するので，成果は原則的に共有となるが，民間の参加意欲を刺激するような配慮と，研究秘密の保護が図られる。欧米では，宇宙環境の商業化利用の促進を目的に，大学，国の研究機関および企業を特定分野ごとに有機的に結合させたコンソーシアムを形成し，有望研究テーマを選定，宇宙環境利用の機会を提供して，国や自治体の研究資金の有効かつ円滑な活用を図る応用化研究体制が整備・運用されている。

米国では宇宙商業化政策の一環として，NASA，大学などが共同で商業宇宙センター（CSC：Commercial Space Center）を設立，産学官共同のコンソ

ーシアムとして大学を拠点に運営されている。NASA は CSC に対して資金の援助，科学技術の専門知識の提供や，飛行機会提供などで継続的な支援を行い，企業は研究者や保有施設の提供などでこれに協力している。

欧州では，ESA 本部が宇宙環境利用への産業界の参入促進を図るべく，1994 年より 1996 年まで宇宙商業利用研究組合（RADIUS）を設置し，管理運営資金の出資や飛行機会を提供した。また，1997 年からは，ESA（ESTEC）において ISS 利用促進の一環として産業界からの積極的な参加を目指した「微小重力応用プロジェクト」（MAP：microgravity application programme）が開始された。

日本では，民間の主体的参加による応用化研究利用を目指した推進策を審議した宇宙開発委員会，応用化研究利用分科会の検討指針を受け，1999 年度から 2003 年度にかけて，国の支援に基づく「先導的応用化研究制度」が実施された。

2004 年度からは大学等外部研究拠点を中核とした，産学官連携体制構築による研究の実施が検討されている。

〔3〕 **商業利用**　実験施設利用費，打上げ費，利用にかかる運用諸経費などの一部またはすべてを利用者が負担して研究，開発，事業などを行うもので，成果もすべて利用者が獲得できる制度である。この商業化ガイドラインを作成するために，ISS 計画参加各機関で ISS 多国間商業化グループ（MCG：multilateral commercialization group）を設置，2001 年 9 月にスタートした。

〔4〕 **一般利用**　宇宙ステーションを研究・開発のみならず，宇宙にかかわる教育や，理解増進，広報の場，あるいはメディアによる娯楽提供や広告の場として利用するなどのアイデアがあり，その利用の枠組みづくりが進められている。

6.2.2 研究分野の例
〔1〕 基礎科学研究の領域[1],[2],[6],[7]
（1） 微小重力科学　微小重力環境では，「無対流」，「無沈降」，「無静圧」，および「無容器・非接触浮遊」を実現できる場であることを利用して基礎研究が行われてきた。過去には Apollo-14 号の実験，それに続くスペースシャトル搭載のスペースラブおよびスペースハブを利用した実験が続けられてきた。これらにはつぎの分野の研究が含まれる。

（a） 材料科学：材料科学では，凝固過程と，不純物，液体自由表面，および容器による影響，熱伝導率，表面張力，拡散定数などの材料の熱物性値，熱および物質移動における温度と濃度差による物理定数への影響などに関する研究がある。図 6.5 は宇宙の微小重力環境下で製造された半導体材料のインジウム・アンチモン（InSb）単結晶の例を示す。拡散支配下で均一な結晶を得るためには，融液からの成長では $10^{-6}g$ 以下，気相からの成長では $10^{-2}g$ 以下の微小重力レベルが必要といわれている。

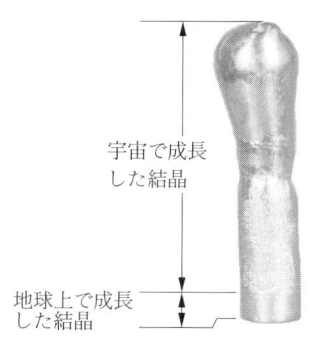

図 6.5　宇宙の微小重力環境下で製造された InSb 単結晶の例（スペースシャトルを利用した第一次材料実験；1992 年）

（b） 流体物理：流体物理では，マランゴニ（Marangoni）効果，流れ場における電磁場の影響，生物学プロセスにおける流体力学の役割，粒状材料における固体から液体への遷移に関する研究などがあげられる。なお，マランゴニとはイタリアの科学者（1840～1925）の名前で，流体-流体界面の界面張力分布により生じる界面自身，および隣接する流体の運動をいう。一般には温度

や濃度の違いにより高い方から低い方へ張力が働く．対流の生じない微小重力環境ではこの効果が顕著に現れる．図 6.6 は界面張力によるマランゴニ対流発生の原理とその例を示す．

```
      A             B
    T+ΔT            T
    →→→
   ////////////
(1) 温度勾配によるマランゴニ効果

      A             B
    C+ΔC            C
    →→→
   ////////////
(2) 濃度勾配によるマランゴニ効果

    ←――λ――→
      A     B       I
                    II
(3) 二液界面における濃度変化に伴う
    マランゴニ不安定（A から B へ
    の張力が働いている）

    (a) マランゴニ効果と不安定
```

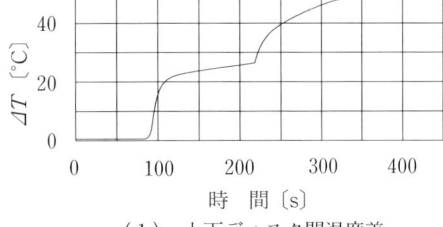

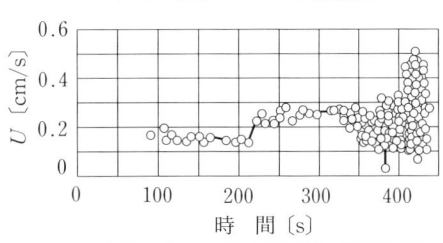

(1) 上下ディスク間温度差

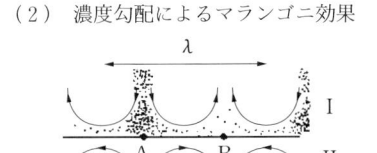

(2) トレーサの各瞬間の運動速度

(b) 固液界面近傍の境界層内の
    振動マランゴニ対流現象

図 6.6　界面張力によるマランゴニ対流発生の原理とその例
（まてりあ Vol.34, No.4, 日本金属学会 (1995)）

（c）燃　焼：この分野では，燃焼における汚染物質の低減，燃焼過程の改善，火災と爆発防止にかかわる研究などがある．図 6.7 は 1g 下と微小重力下でのローソクの災の状態比較を示す．

（d）バイオテクノロジー：バイオテクノロジー研究分野としては，たんぱく質結晶成長実験と，得られたたんぱく質単結晶の構造解析による医薬品の開発を目指した研究が数多く実施されている．また，細胞の三次元培養についての基礎研究も進められている．図 6.8 は地上と宇宙でできたたんぱく質結晶の比較の例を示す．宇宙環境では大形で構造が均一の単結晶が得られる．

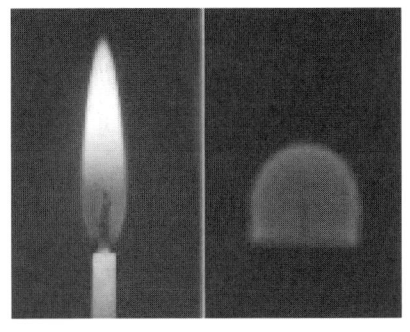

図6.7 1 g 下と微小重力下でのローソクの炎の状態比較（NASA 提供）

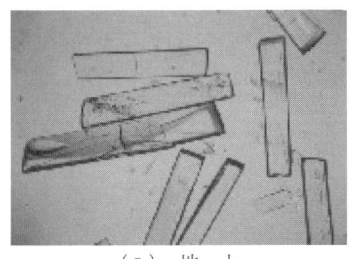

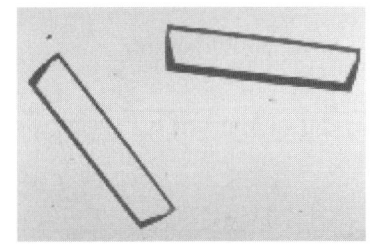

(a) 1 g 下　　(b) 微小重力下

図6.8 地上と宇宙（微小重力下）でできたたんぱく質結晶（アミノトランスフェラーゼ）の比較の例（第一次材料実験，1992年）

(a) 地上　　(b) 微小重力下

（2）ライフサイエンス　ライフサイエンス研究には宇宙医学研究と重力生物学，およびエコロジープログラムが含まれている．この分野には宇宙生理学，環境医学，放射線医学，挙動と能力，および臨床研究などが含まれる．これら活動の到達目標は，人間の宇宙滞在のリスクを最小にして，かつ搭乗員の安全と能力を最適化することにある．

他の分野として，生物学的に関連ある分子，器官について，単一有機体および発展とエコシステムにかかわる重力の影響についての基礎研究がある．研究の目標は生きた有機体やエコロジーシステムへの重力の基本的影響を理解し，重力および微小重力を道具として利用し，生物プロセスの理解を深めることにある．

(3) 地球および宇宙科学 研究分野としては，広大な視野の特徴を生かして，大気変動と化学の観察，大気中のオゾンや微量ガスの季節・温度変動，土地の季節による利用の違い，植生，土地利用変化の追跡，火山の噴火，台風，オイル流出などの現象の調査，海洋調査などが考えられる。

また，宇宙科学の分野では，天体に対する広い視野と障害とならない真空環境といったISSの特徴を生かして，宇宙の構造と発展，太陽系の探査，太陽-地球系の起源，惑星系の天文学といった分野の研究が行える。

〔2〕 技術開発研究 宇宙先端技術開発の手段としてISSを利用するもので，宇宙通信，電力，推進系，ロボットなどに関連するシステム，サブシステム，コンポーネント，部品など将来宇宙インフラストラクチャを発展させるための宇宙技術実証の場として利用する。この分野では，実験機器の定期的な交換や宇宙飛行士の支援などISSの特徴を生かすことにより，通常の人工衛星利用では困難な研究開発，短期間での成果の回収，低コストの実験機器の搭載，柔軟かつ機動性のあるミッションの実現などの新たな展開が可能となる。

表 6.2 日本における先導的応用化研究テーマの例

1. さまざまな分野への応用が期待される高機能性材料の研究
2. 通信分野への応用が期待される高性能半導体の研究
3. エンジン，ボイラなど関連への応用が期待される燃焼器の高効率・低公害化に関する研究
4. 医薬品の研究開発への応用が期待されるたんぱく質結晶成長・構造解析

表 6.3 JEM初期利用段階において優先的に推進すべき重点領域[5]

研究・開発分野	領域と課題
生命科学（ライフサイエンス）	宇宙ゲノム科学：重力感受遺伝子の働きの理解
基礎科学	臨界点ダイナミクス：物質の凝集原理と相転移のメカニズムの理解
科学観測	・全天X線モニタによる，宇宙の大構造マップの作成と宇宙誕生の謎解明への貢献 ・世界に先駆けたオゾン層破壊に関連する微量気体成分の実験的観測とセンサ技術の検証
物質科学	結晶成長メカニズム解明と革新的結晶成長制御技術の開発
技術開発	船外実験プラットホーム（曝露部）利便性向上のための技術開発
応用利用	・構造機能解析のための高品質たんぱく質結晶生成 ・高性能光学素子用三次元ホトニクス結晶開発

表 6.4 ISS の利用に向けた米国の商業宇宙センター (CSC) の利用テーマ例

分野	候補テーマ
材料製造	・半導体材料の開発（大形で欠陥の少ない単結晶の製造） ・光ファイバ（透過損失の少ないフッ化ガラスの製造） ・鋳造技術（鋳造の歩留まり向上を目指した計算機プログラム開発のための，鋳造合金の粘性と表面張力パラメータの測定） ・機械加工技術（欠陥の少ない工具材料の開発）
バイオテクノロジー	・植物バイオロジー研究（水再生，植物生育などの技術） ・たんぱく質結晶成長の研究（大形で構造が均一の結晶） ・バイオプロセス（医学界に興味のある流体処理技術で，薄膜技術，Macroencapsulation，液体拡散） ・生物医学的異種同形実験（動物を用いた宇宙飛行時の生物学的影響に関する商業研究を支援する．分野として免疫システムの応答，骨量減少などがあり，微小重力の影響を回避する対処策を研究） **ISS における当初の具体的候補ペイロードの例** ・商業ベースのたんぱく質結晶成長（高品質，大形のたんぱく質結晶の製造） ・商業ベースの汎用バイオプロセス装置（流体の活性化/停止サイクルを行い，バイオ工学とバイオプロセス研究を支援 ・コンタクトレンズ材料製造装置（コンタクトレンズ用特殊ポリマーの開発） ・商業ベースの生物医学実験（混合液体中での生物プロセスのバイオプロセシング，結晶成長，物質輸送の研究） ・宇宙での植物生育 ・Biodyn（骨量減少，筋萎縮，心血管系など，地上の病気のプロセスを研究するためのデモンストレーションに応用） ・先進分離技術（生細胞，細胞状粒子，たんぱく質などの分離） ・Aerogel（宇宙での Aerogel の製造） ・非線形光学（非線形光学材料の製造） ・宇宙での超電導材料製造の研究 ・製薬におけるドラッグ搬送システムとしてのマイクロカプセル，マイクロ球の製造

表 6.5 ESA の微小重力応用プロジェクト(MAP)の利用テーマ例

- 骨粗鬆症対策
  骨密度・骨構造モデルの開発
- カドミウムテルライド（CdTe）および関連化合物結晶成長
  医療用 X 線，γ 線検出器，光通信用半導体
- 石油回収に関連する拡散係数の精密測定
  原油の拡散係数，Soret 係数の決定
- 新形原子時計の性能に関する研究
  超高精度の基準時間の提供
  基礎物理学理論の検証実験
- 生物学的巨大分子の宇宙における結晶化に関する研究

168　6．国際宇宙ステーションの利用

〔3〕 **応用化研究利用**　宇宙開発委員会の応用化利用研究分科会では，当初は**表6.2**に示す分野を，先導的応用化研究の重点テーマとして例示した[4]。しかしながら，ISS計画の遅延により十分な飛行機会の確保が困難なことから，比較的簡易な実験装置で実施可能なたんぱく質結晶成長実験など，**表6.3**に示す応用利用テーマが，サービスモジュールなどを用いて先がけて実施されている。米国のCSCおよびESAのMAPにおけるおもな応用利用テーマ例を**表6.4**および**表6.5**に示す。

〔4〕 **日本の重点分野**[5]　宇宙開発委員会の利用部会では，日本のJEM初期利用段階における科学・技術開発・応用利用の分野で優先的に推進すべき重点領域を，表6.3のように見直し，識別した（2004年6月）。

6.3　日本の実験計画[3]

わが国はJEM組立ての早い時期から，まず与圧部での実験を行い，組立て完了後，曝露部の実験を行う計画である。与圧部実験では，多くのユーザが共通に使用できる共通実験装置（MUF）を組み立て段階から打ち上げる。これら装置のユーザとして，1993年にJEM一次選定テーマの募集を行った。その後，これらの一部はJEM打上げ前からスペースシャトルなどの飛行機会を確保して実験を実施している。また，曝露部については，初期ペイロードとして当初四つのペイロード（現在は三つ）が選定され，これらの開発も進められている。ここではこれら初期ペイロードの利用計画と概要について述べる。

6.3.1　与圧部利用

初期利用段階に設置される共通実験装置（MUF）は，多数のユーザが共通に利用できる汎用的実験装置で，主として基礎科学分野の実験を実施できる。これらの実験装置は，JEMおよび各国モジュールと共通に，前出の表3.2に示す電力，排熱，通信などのインタフェースを持つ五つの国際標準ペイロードラック（ISPR）に収納される。また，試料や器具などを保管する保管ラック

が用意されている．ISPRを運用できる箇所は，JEMの場合は10カ所が特定されている．

　JEM与圧部に搭載することを目的に開発を進めている共通実験装置の概要を以下に示す．共通実験装置は，限られたリソース（電力，排熱，データ伝送，搭乗員作業時間など）で多くの研究者の要求に応え得るように設計されている．基本的には，装置本体，供試体部（装置本体と実験試料とのインタフェース部分），試料部（試料を実験可能な状態に設置したもの）で構成される．共通実験装置を用いて最初に実施される初期選定実験テーマ例の概要を**表6.6**に示し，各装置の特徴を以下に概説する．

表6.6 JEM与圧部共通実験装置を使用する初期選定実験テーマ例

分野とテーマ選定基準	利用装置区分	テーマの例
・共通実験装置の利用で実施可能な材料分野およびライフサイエンス分野 ・科学技術としての有意性 ・宇宙環境利用の推進 ・研究遂行能力 ・搭載性などの技術評価	温度勾配炉	化合物半導体の結晶成長，拡散係数の測定
	流体物理実験装置	気液界面挙動，マランゴニ対流（カオス，乱流他）の観察
	溶液/たんぱく質結晶成長実験装置	各種たんぱく質の結晶成長，溶液からの結晶成長とその場観察
	細胞培養装置/クリーンベンチ	動物細胞への重力影響，細胞分化と形態形成，免疫，造血，骨機能，植物への重力影響，宇宙放射線他

〔1〕**温度勾配炉**　　図**6.9**に示す温度勾配炉は，温度差を用いた材料の結晶成長，半導体などの溶融・拡散の研究などに利用できる．真空炉であり，三つの加熱室を備え，最大3カ所で加熱して温度勾配を作り出す．試料の一方向凝固や各種単結晶の融液成長，気相成長実験において試料の温度制御ができる．各加熱室は独立に駆動可能で，実験試料は試料自動交換機構によって実験ごとに自動交換できる．**表6.7**に装置の性能を示す．

〔2〕**流体物理実験装置**　　図**6.10**に示す流体物理実験装置の標準的な利用分野は，液柱内のマランゴニ対流現象の研究に関するものを想定しており，2枚の円板間に液柱を形成し，温度勾配を作ることによりマランゴニ対流を発生させる．また，観察・計測機器として，液柱内の三次元流速分布を計測する

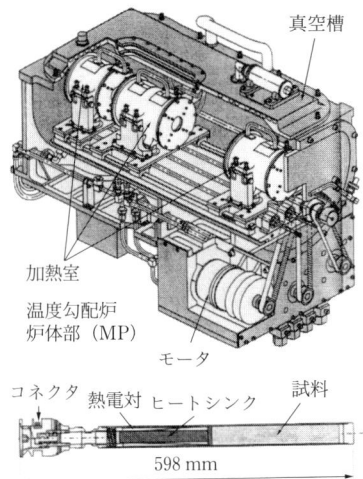

図 6.9 温度勾配炉[*2]

表 6.7 温度勾配炉の性能

項　目	性　能
加熱温度範囲	500～1 600℃
温度安定性	±0.2℃（1 600℃ 1 時間）
温度勾配	最大 150℃/cm （1 450℃のとき）
移動速度	0.1～200 mm/hr
温度測定点	5 点（最大 10 点）
試料寸法	最大で ϕ 32×320 mm

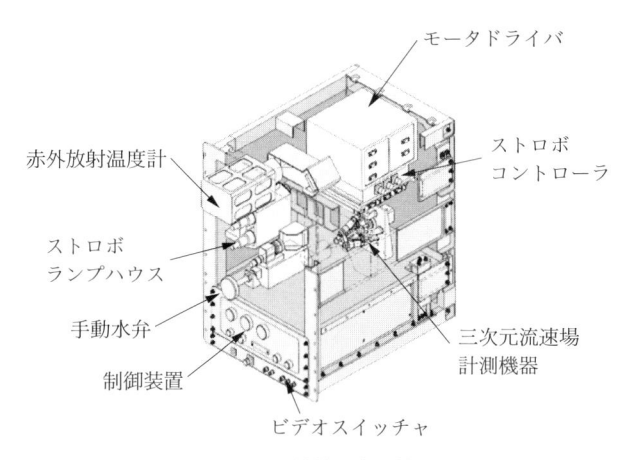

図 6.10 流体物理実験装置[*2]

光学系，二次元断面観察用の光学系および赤外放射温度計を搭載しており，透明な流体中の二次元的/三次元的な流速分布，および表面温度分布の計測が可能である．さらに，実験者の要求により，試料表面の流速を計測するための装置，あるいは超音波流速計を搭載できる．なお，実験セル部または上記観察・

[*2] JAXA 提供（以下同様）

計測機器の一部を交換することにより，マランゴニ対流現象研究以外のさまざまな流体実験要求に対応することもできる．**表6.8**に装置の性能を示す．

表6.8 流体物理実験装置の性能

項　目	性　能
実験系：液柱形成寸法	ϕ 30, ϕ 50 mm
温度制御範囲	高温側　室温～100℃，低温側　5℃～室温
観察系：二次元流速計測	観察：CCDカメラ（1台），照明：スリット光，GN_2レーザ
三次元流速計測	観察：CCDカメラ（3台），照明：ストロボ光
計測系：赤外放射温度計	検出波長域：8～12 μm
	計測温度範囲：0～100℃
	時間分解能：30フレーム/秒
内部流速計測	UVP法（5 Hz以上）

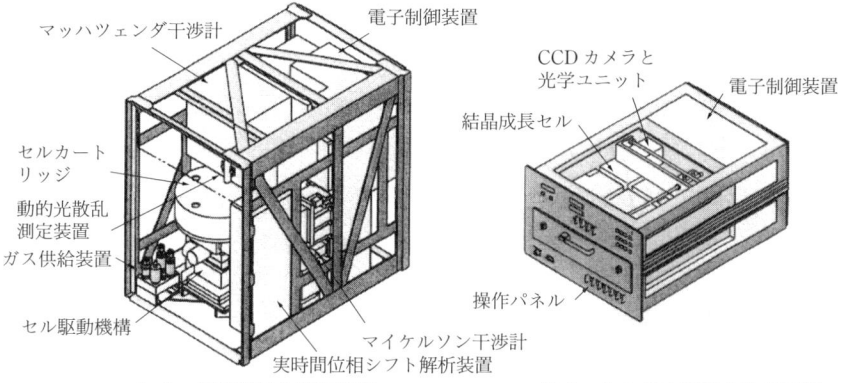

（a）溶液結晶化観察装置　　　　　　　　（b）たんぱく質結晶生成装置

（c）蒸気拡散式たんぱく質結晶成長カートリッジ

図6.11　溶液/たんぱく質結晶成長実験装置の概念[*2]

〔3〕 **溶液/たんぱく質結晶成長実験装置**　図6.11に示す溶液/たんぱく質結晶成長実験装置は，微小重力環境下で，たんぱく質を含む溶液からの結晶成長の基本現象を研究する実験に用いる。装置は顕微鏡，2波長干渉計，動的光散乱測定装置などを用いて，結晶成長と周囲の環境をその場で観察する，図(a)に示す溶液結晶化観察装置と，地上に持ち帰るたんぱく質結晶を成長させる，図(b)に示すたんぱく質結晶生成装置の二つから構成されている。両装置とも，結晶を成長させる，図(c)に示すカートリッジを収納できる。

溶液結晶化観察装置では，カートリッジに試料を収める複数のセルを装備し，セルに対し結晶成長に必要な温度，圧力を制御する。たんぱく質結晶生成装置では，数個のカートリッジ内に多数のセルを装備し，各セルを周期的にCCDカメラで観察し，結晶生成を確認できる。表6.9に装置の性能を示す。

表6.9　溶液/たんぱく質結晶成長実験装置の性能

	項　目	性　能
溶液結晶化観察装置	実験条件制御 観察装置	温度制御　　−10〜220℃ 振幅変調方式顕微鏡 リアルタイム位相シフト2波長顕微干渉計 動的光散乱計 2波長マッハツェンダ型顕微干渉計
たんぱく質結晶生成装置	実験条件制御 観察装置 同時搭載可能カートリッジ 搭載可能セル数	温度制御　　0〜35℃ CCDカメラ 6個 最大10セル/カートリッジ （蒸気拡散法，膜分離2液拡散法） 最大16セル/カートリッジ （静置バッチ法，液-液界面2液拡散法）

〔4〕 **細胞培養装置**　図6.12に示す細胞培養装置は，動物，植物，微生物の細胞，組織などを用いて，微小重力環境下の生命の基本現象を研究するために，温度，湿度，およびCO_2濃度を制御した培養環境を提供する。また，内部の回転テーブルにより人工重力場を作り出し，微小重力と加重力の両条件による対照実験を実施できる。各実験器具と試料は，キャニスタと呼ぶケース（大，中，小がある）内に収納したうえで，装置内部の所定の場所にセットさ

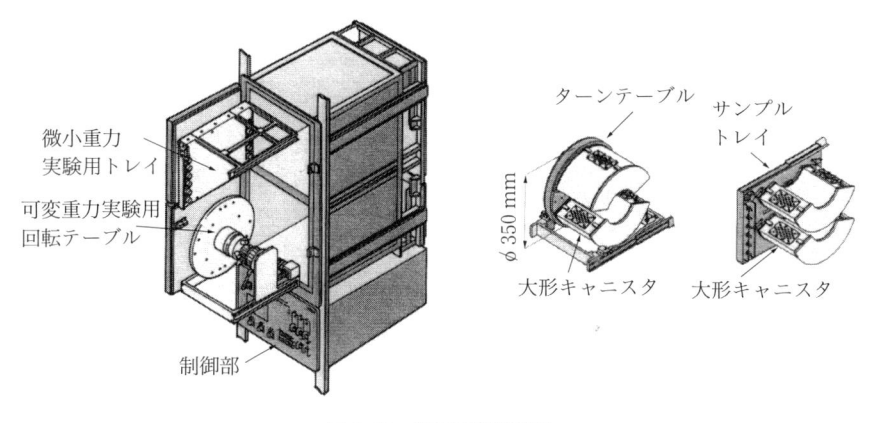

図 6.12　細胞培養装置[*2]

れ，実験を行う．キャニスタに対しては，電源，制御信号，センサ出力，ビデオ出力などができる．また，キャニスタをつぎに述べるクリーンベンチ内に持ち込むことで，キャニスタ内部の試料を直接操作することができる．表 6.10 に装置の性能を示す．

表 6.10　細胞培養装置の性能

項　目	性　能
方式	炭酸ガスインキュベータ
環境制御	温度制御：15～40℃ 湿度制御：最大 80％±10％ RH 炭酸ガス制御：0～10％ Volume 重力制御：遠心力方式（0.05～2 g 連続可変）

〔5〕　**クリーンベンチ**　図 6.13 に示すクリーンベンチは，ライフサイエンス/バイオテクノロジーの実験を実施するために，無菌操作が可能な閉鎖作業空間を提供する．実験試料・機材（培養容器など）を作業チャンバに持込み/持出しする際の微生物汚染を防止するための前室を持ち，前室内で殺菌が可能である．また，前室と作業チャンバ内では，アルコールと紫外線殺菌灯による殺菌，HEPA（high-efficiency particulate air）フィルタによる微粒子除去が可能である．作業チャンバ前室は透明素材で作られ，視認性の良い無菌環境下で実験操作を行うことができる．また，実験支援のために，位相差/蛍光

図中ラベル：電源、制御装置、液晶モニタ、作業チャンバ、ジョイスティック、グローブ、顕微鏡、前室

図 6.13　クリーンベンチ[*2]

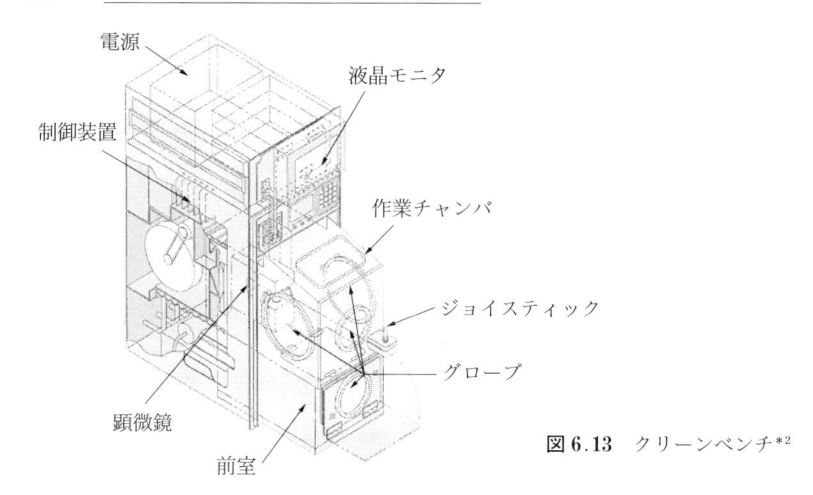

表 6.11　クリーンベンチの性能

項　目	性　能
形状	引出し形グローブボックス
内容積	作業チャンバ 52 リットル，前室 14 リットル
内蔵装置	位相差/蛍光顕微鏡：倍率は 4，10，20，40 倍 作業モニタ用 CCD カメラ
環境制御	HEPA フィルタによる微粒子除去 殺菌方法：アルコール拭き取り，UV 照射 温度制御：20～38℃
環境モニタ	温度，有機ガス，微粒子

顕微鏡やモニタカメラを内蔵している。表 6.11 に装置の性能を示す。

〔6〕　**画像取得処理装置**　　画像取得処理装置は，JEM に搭載される実験

表 6.12　画像取得処理装置の性能

項　目	性　能
入出力データ	入力データ：ビデオ信号（NTSC） 　　　　　　操作コマンド 　　　　　　静止画（ディジタル） 出力データ：テレメトリ 　　　　　　圧縮静止画像データ（TIFF/LIZ） 　　　　　　圧縮動画像データ（MPEG 2）
画像処理	MPEG 2 方式で 5 チャネル同時圧縮，1 チャネル伸長
記憶装置	ディジタル VTR 6 台 リムーバブル HD/9.1 GB 以上
クルーインタフェース	操作パネル　12.1 インチカラー液晶モニタ

装置から送られてくるさまざまな実験のビデオ画像を集中的に，符号化・編集して，JEMシステムの伝送ラインに出力する装置である．また，地上との通信回線が空いていない場合，データをビデオレコーダに記録できる．画像取得処理装置のおもな特徴は，5チャネル同時，独立に動画像の取得・圧縮ができ，ディジタルVTRにより，各チャネル当り120分間の動画像データを記録できることである．**表6.12**に装置の性能を示す．

6.3.2 曝露部利用

曝露部には，ペイロードを取り付け可能な装置交換機構（EEU）が12箇所あり，そのうち実験装置（ペイロード）に対して10カ所が割り当てられ，わが国は5ポートの利用権（残りはNASA他）を持っている．曝露部の実験ペイロードは**図6.14**に示す標準の曝露部共通バス部に組み込んで搭載される．曝露部からペイロードに供給されるリソースは前出の表3.3を参照されたい．

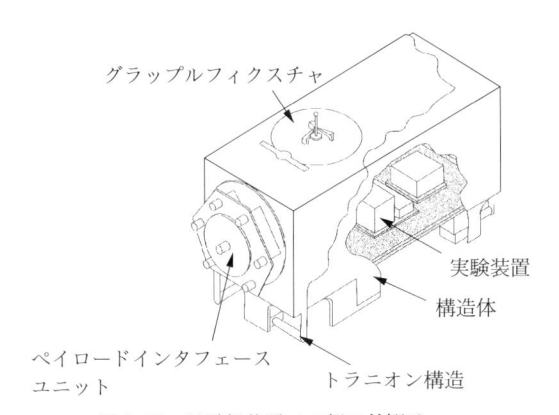

図6.14 曝露部共通バス部の外観[*2]

曝露部の初期運用段階ではJEM曝露部初期利用テーマとして選ばれた実験装置が搭載される．これらは**表6.13**に示す四つの利用カテゴリーに対して，四つのテーマが選ばれたが，現在はつぎの3テーマに重点化されている．

〔1〕 **全天X線監視ミッション（MAXI）**　　X線で見る宇宙は，光でみる宇宙とまったく異なる．X線を放射する天体の多くは，中性子星やブラッ

6. 国際宇宙ステーションの利用

表 6.13 JEM 曝露部初期利用テーマの評価・選定カテゴリー

利用カテゴリー	定　義
曝露部を利用した先端的な科学研究の実施	宇宙ステーションの特徴を生かした科学研究を行い、人類共通の利益となる知見や知識を獲得し、人類共通の知的フロンティアの拡大を図るテーマ
宇宙インフラストラクチャ構築のための先端的・基盤的技術の開発	宇宙インフラストラクチャは、宇宙開発を効率的・安定的に展開していくために必要な共通基盤的システムであり、その構築に向け、長期的な観点から着実な技術開発を進めるテーマ
新たな宇宙利用の創出に向けた利用ミッションの実証	利用ニーズの高度化や多様化に対応し、新たな宇宙利用ミッションの創出を図ることが重要であり、そのためには、独創的なアイデアや技術的難度の高い開発が必要なテーマ
共同利用プラットホームとしての多くの利用ニーズへの対応	共同利用形の活動を効果的に展開することで、より多くの研究者の宇宙開発への参画や独創的な研究開発を促すテーマ

クホールがかかわり、爆発的に増光したり、ジェットを出したりして宇宙の果てまで広がっている。この X 線で宇宙を見るには大気の吸収のない宇宙空間での観測が必要になる。MAXI は激しく活動する宇宙を X 線で見張る監視形広視野カメラである。ISS が地球を 1 周すると、ほぼ全天の X 線天体を見ることができ、MAXI（monitor of all-sky X-ray image）と呼んでいる。

MAXI はいままでに実現されていない世界最高の高感度（かに星雲の X 線強度の約 1/1 000）で、全天の X 線の長期的な観測およびその時間変動をモニタする。観測エネルギー帯域は 0.5〜30 keV であり、ガス比例計数管スリットカメラと CCD スリットカメラを用いる。全天で 1 000 個を超える X 線天体

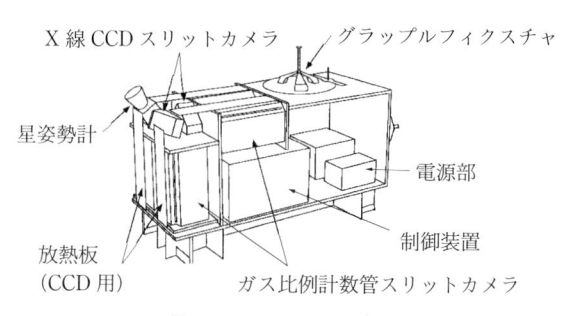

図 6.15 MAXI の外観[*2]

の1日から数カ月の強度変動の監視を行う．この時間尺度で銀河系外の天体がモニタできるのは世界で初めてである．図 6.15 に MAXI の外観を示す．

〔2〕 **超伝導サブミリ波リム放射サウンダ（SMILES）**　近年，人類の活動に起因するオゾン層破壊や地球温暖化が深刻な国際問題となっている．オゾン層はフロンなど人工起源の物質に由来する塩素，窒素，臭素などの酸化物によって破壊されている．また，水蒸気やオゾンは地球の熱収支に影響を与え，気候変動にも大きな役割を果たしている．これらの微量気体（分子）は，それぞれに固有の波長の短い電波（サブミリ波）を放出しているので，それを宇宙から観測すれば，現在，地球大気中に生じている目に見えない重要な変化を広範囲に知ることができる．

SMILES（superconducting submillimeter-wave limb-emission sounder）は，地球温暖化やオゾン層破壊に関連する成層圏の微量気体成分から放出されるサブミリ波帯の信号を観測し，宇宙からのサブミリ波による微量気体の三次元広域観測を可能とする技術の実証を行う．観測には 640 GHz 帯のサブミリ波を利用し，世界初の超伝導ミクサを用い，超伝導ミクサの冷却には世界初の機械式宇宙用 4 K 冷凍機を用いている．図 6.16 に SMILES の外観を示す．

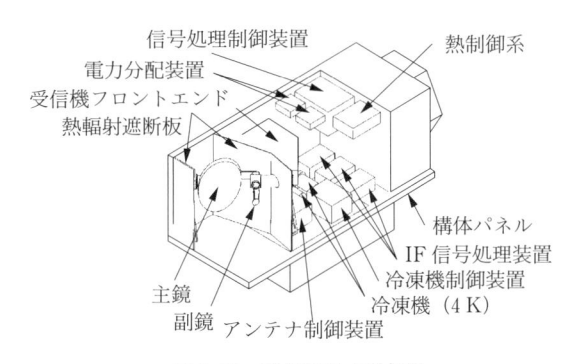

図 6.16　SMILES の外観[*2]

〔3〕 **宇宙環境計測ミッション**　宇宙環境計測ミッション（SEDA-AP: space environment data acquisition equipment-attached payload）は，JEM 曝露部で，中性子，高エネルギー軽粒子，重イオン，ダスト，原子状酸素，プ

ラズマなど，ISSの搭載機器や実験装置が曝されている宇宙環境を定量的に計測する。これらのデータを用いて宇宙環境モデルを構築するとともに，材料や電子部品の曝露評価実験を行い，宇宙環境が，材料・部品に与える影響を調べる。このため，これらを計測する各種センサを搭載している。図 6.17 にSEDA-AP の外観を示す。

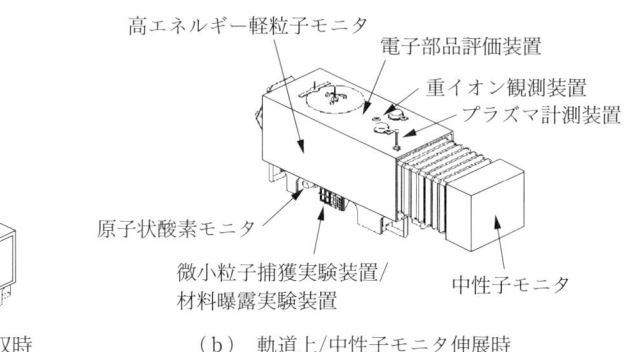

(a) 打上げ/回収時 (b) 軌道上/中性子モニタ伸展時

図 6.17　SEDA-AP の外観[*2]

6.3.3　利用募集とテーマ選定

〔1〕　**国が支援する基礎的・基盤的な研究**　　JEM 利用を希望する国内の利用者に向けて，いままでに国の研究として，1993 年 10 月に「JEM 与圧部一次選定テーマ」が，1997 年 10 月には「JEM 曝露部初期利用テーマ」の公募が行われている。今後も JEM 打上げに向けて募集される予定である。図 6.18 に ISS・きぼう利用実施までの流れを示す。

　利用者が応募要領に従って作成，提出した提案書は，科学・先端技術テーマの場合，科学技術上の意義，宇宙環境利用の有効性，研究実施体制，JEM への搭載性や適合性などが評価され，選定される。

　応用利用テーマについては，実験成果が産業界の課題解決にどう寄与できるかといった観点から評価され選定される。これらの研究テーマは JAXA の ISS・きぼう利用推進委員会で総合的な評価がなされたあと，宇宙開発委員会へ報告，フライト実験候補として承認される。

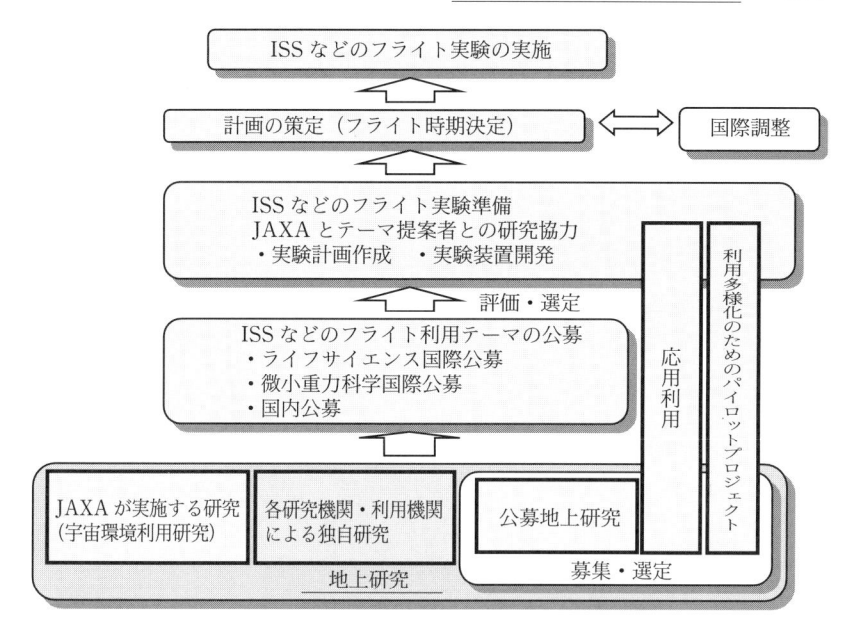

図 6.18　ISS・きぼう利用実施までの流れ

〔2〕 **新たな利用募集の枠組み**　「官から民へ」の時代の流れの一環として，宇宙開発委員会は2004年4月，きぼうの民間利用促進策として，きぼうの軌道上リソースの一定割合を民間事業者に一括委託し，実費支弁の有償利用を原則として利用テーマ募集から実施までを民間の主体性に委ねることとした。国の制約を極力最小化し，民間の自由な発想に基づく利用の拡大が期待されている。

7 宇宙飛行士の選抜と訓練

7.1 概　　　要

　1961年4月12日のユーリ・ガガーリンの初飛行以来，有人宇宙飛行は旧ソ連および米国の二大国が競うかたちで進められてきた．現在においても，有人宇宙輸送機としては，米国のスペースシャトルとロシアのソユーズ宇宙船が使用されており，したがって，これらの宇宙船での飛行権利は米ロ両国が有している．宇宙船への搭乗者についても，それぞれの宇宙船を所有する機関が決定し，宇宙飛行士の訓練もNASAのジョンソン宇宙センターおよびロシアのガガーリン宇宙飛行士訓練センター（GCTC：Gagarin Cosmonaut Training Center）を中心に行われてきた．旧ソ連時代のソユーズ宇宙船による有人飛行は，ソ連と東欧諸国の宇宙飛行士が中心であったが，現在のロシアは世界各国の宇宙飛行士を訓練して飛行させている．

　NASAも，ISS計画に参加する国際パートナ（IP）の宇宙飛行士をスペースシャトルの搭乗員（ペイロードスペシャリスト：PS，あるいは，ミッションスペシャリスト：MS）として訓練し飛行させている．宇宙航空研究開発機構（JAXA）の宇宙飛行士である毛利　衛，向井千秋，土井隆雄，若田光一，野口聡一もNASAで訓練を受け，それぞれペイロードスペシャリストまたはミッションスペシャリストとして飛行し，今後も飛行する予定である．

　これに対して，ISSは国際協力で建設しているので，宇宙飛行士の搭乗権利は，それぞれの貢献度に応じて各IPに配分される．したがって，ISSに搭乗

する宇宙飛行士は，これまでのように宇宙船を保有する機関のみが決めるのではなく，各IPの権利に応じて国際調整により決められる。また，宇宙飛行士（候補者）の選抜および宇宙飛行士として育成するための基礎訓練は各IPが責任をもち，ISSシステムやミッションに関する訓練はそれらを提供するIPが訓練も提供することとなっている。

例えば，ISSに搭乗する日本人宇宙飛行士の場合，選抜から基礎訓練，その後の維持向上訓練，さらに宇宙飛行士の管理は日本の責任で実施する。基礎訓練を修了した日本人宇宙飛行士は，ISSシステムやミッションに関する訓練をそれらを提供するIPへ出向いて受ける。わが国は，日本人宇宙飛行士を含め各IPの宇宙飛行士に対して，JEM，HTV，および日本のペイロードに関する訓練を実施することになる。スペースシャトルの搭乗員であるミッションスペシャリストについては，各IPの判断によりISSに長期滞在する宇宙飛行士にすることができ，日本のミッションスペシャリストもISS滞在宇宙飛行士としての訓練も受ける。

ここでは，日本人宇宙飛行士の選抜，訓練，および宇宙飛行士の健康管理の概要について紹介する。

7.2　宇宙飛行士の選抜[1]

ISSの宇宙飛行士は，長期にわたり軌道上の微小重力環境下に滞在し，ISSシステムの運用と宇宙実験に携わる。また，ISSは国際プロジェクトであるから，異なる言語，文化の下で生活してきた少数の宇宙飛行士が長期間，閉鎖環境で生活することになる。そのため，このような特殊な環境に耐えられ，しかも与えられたミッションを遂行できる宇宙飛行士が求められる。ここでは，日本人宇宙飛行士の選抜の概要を紹介する。

7.2.1　応募の条件および選抜

宇宙開発事業団が1998年に実施した国際宇宙ステーション搭乗宇宙飛行士

候補者の選抜への応募の条件は**表 7.1** のとおりである．選抜は，書類選考により応募資格を確認したのち，3 段階の選抜試験により実施される．ここでは，1998 年の選抜を例に各段階での選抜の方法を紹介する．

表 7.1 宇宙飛行士の応募の条件

国　籍	日本国籍を有すること
学　歴	自然科学系の大学を卒業していること
実務経験	自然科学系の研究，設計，開発などに 3 年以上の実務経験があること
専門能力	宇宙飛行士としての訓練活動，幅広い分野の宇宙飛行活動などに円滑かつ柔軟に対応できる能力（科学知識，技術など）を有すること
語学力	国際的な宇宙飛行士チームの一員として円滑な意思の疎通が図れるよう，英語が堪能であること
医学的・心理学的特性	宇宙飛行士としての訓練活動，長期宇宙滞在などに適応することのできる医学的，心理学的特性を有すること ① 医学的特性 　身　長：149 cm 以上，193 cm 以下 　血　圧：最高血圧 140 mmHg 以下，最低血圧 90 mmHg 以下 　視　力：両眼とも裸眼視力 0.1 以上，かつ矯正視力 1.0 以上 　色　神：正常 　聴　力：正常 　その他心身ともに健康であり，宇宙飛行士としての業務に支障のないこと ② 心理学的特性 　協調性，適応性，情緒安定性，意思力など国際的なチームの一員として長期間宇宙飛行士業務に従事できる心理学的特性を有すること
教　養	日本人の宇宙飛行士としてふさわしい教養を有すること
勤　務	10 年以上宇宙開発事業団に勤務が可能であり，かつ，海外での勤務が長期間可能であること
推　薦	所属機関（またはそれに代わる機関）の推薦が得られること

〔1〕**書類選考**　書類選考では，応募書類（志願書，経歴書，健康診断書，健康状況調査書，大学卒業証明書など）による応募資格の確認および英語検定試験結果による英語能力評価を行う．英語検定試験は筆記試験とヒアリング試験からなる約 2 時間の試験である．1998 年の選抜では 864 人の応募者の中から 195 人が合格している．

〔2〕**第一次選抜**　第一次選抜は 2 日間にわたり，一次医学検査，一般教

養試験，基礎的専門試験，および心理適性検査を実施する。一次医学検査は約半日程度の医学検査で，身体計測，視力検査，血液・尿検査などを行う。一般教養試験は人文科学分野（文化，歴史，芸術など）や社会科学分野（政治，経済，国際関係など），基礎的専門試験は基礎的な専門知識（数学，物理，化学，生物，地学，宇宙関連など）について問う筆記試験である。心理適正検査は情緒安定性，個性・人格などを評価するための筆記試験である。この段階で50人程度を選抜する。

〔3〕**第二次選抜** 第二次選抜は，約1週間かけて，二次医学検査，面接試験（心理，英語，専門，一般）を実施し，各方面からの適性を試験する。二次医学検査は通常の人間ドックの約3倍に相当する150項目程度の検査を1週間にわたって実施する。面接では，専門能力，適応能力，広範な活動能力，英会話能力，総合的な心理学適正などの審査が行われる。第二次選抜の結果で候補者を10人以下に絞り込む。

〔4〕**第三次選抜** 第三次選抜では，ISSでの長期滞在に備えて，長期滞在適性試験，および総合的な面接試験を実施し，最終的にISS滞在宇宙飛行士候補者を選抜する。

長期滞在適性試験では，筑波宇宙センター（TKSC）内の閉鎖環境適応訓練設備において，約1週間にわたり閉鎖環境で生活し，閉鎖環境での共同作業に対する適性を確認する。

7.2.2 選抜関連設備（閉鎖環境適応訓練設備）

1998年の宇宙飛行士候補者選抜の最終段階で，長期にわたる閉鎖空間での共同生活への適応性などを評価するために，候補者を閉鎖環境適応訓練設備に滞在させて各種活動をさせた。閉鎖環境適応訓練設備の概要を以下に示す。

この設備は，図7.1に示すように，実験モジュールと居住モジュールとに分かれており，空気調和装置，二酸化炭素/有毒ガス除去装置，運転制御設備などがあり，最大8人が滞在した状態で最長6カ月の連続運用が可能である。

〔1〕**実験モジュール** JEMの与圧部を模擬しており，外径4.5m，長

7. 宇宙飛行士の選抜と訓練

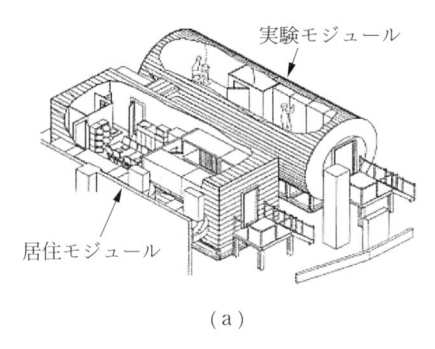

図7.1 閉鎖環境適応訓練設備（TKSC）

さ11mの円筒形で，4人が同時に各種の模擬実験や運動が実施できる。実験区画は幅および高さともに2.2mであり，一方の壁に5台の模擬ラックが，反対側には保管庫がある。トレーニング区画にはトレッドミルやエルゴメータを設置し，運動ができる。その他，テレビ電話で外部と個人的に面接できる検査区画，昼間相当の高照度光が浴びられる高照度照明区画がある。また，内部滞在者の安全監視などのため，実験区画とトレーニング区画の天井には内部監視カメラが設けられている。内部環境は**表7.2**のように制御される。

表7.2 閉鎖環境適応訓練設備の内部環境

項目	制御範囲
温　度	15〜30℃の範囲に制御
湿　度	25〜75％RHの範囲に制御
CO_2	人体に影響のない範囲に制御
微粒子	クリーンルーム相当の清浄な空気に除塵
騒　音	50 dB（1 000 Hz）以下
照　明	床上1mで300ルクス以上に調整可

〔2〕 **居住モジュール**　外幅3.8m，高さ4.8m，長さ11mで，最大8人が同時に食事，休憩や睡眠ができる。内部環境は実験モジュールと同様の制御ができる。ただし，寝室区画は100ルクス以上，トイレ，シャワー室は70ルクス以上である。食事区画には，冷凍冷蔵庫，オーブンレンジ付き流し台，食器等収納棚，個人用保管ロッカーが設置されている。寝室区画は，8人が同時に睡眠できるカプセルタイプのベッドがあり，ベッド内部には，ビデオテレビやインタホンなどがある。外部との物品受け渡し室，実験モジュールと居住

モジュールをつなぐ通路も設置されている。各設備は専用のコンピュータで自動制御し，運転中は常時，状態の監視をする。

7.3 宇宙飛行士の訓練[1]

選抜された宇宙飛行士は，3段階に分かれた訓練で養成される。

第一段階は基礎訓練である。この段階では，宇宙飛行士として必要な科学的・技術的知識，技術，心構え，およびその後の訓練の基礎となる基本的知識などを修得するのを目的とし約1.5年で終了する。基礎訓練を修了すると宇宙飛行士として認定を受ける。この基礎訓練は，各IPが個別に実施する。

第二段階は，アドバンスト訓練と呼ばれ，宇宙飛行士として認定された各国の宇宙飛行士のチーム構成で約1年間かけて実施されるISSシステムに関する運用訓練である。この段階は各IPが提供した要素に関して訓練を実施する。

第三段階は，インクリメント固有訓練と呼ばれ，アドバンスト訓練を修了した宇宙飛行士に，特定のインクリメント（5.2.2項参照）への搭乗が割り当てられたのち，その宇宙飛行士を対象にインクリメントで計画されている運用についての訓練を実施する。これらのほかに，アドバンスト訓練修了者で飛行が割り当てられていない宇宙飛行士，および宇宙から帰還してつぎの割当てを待

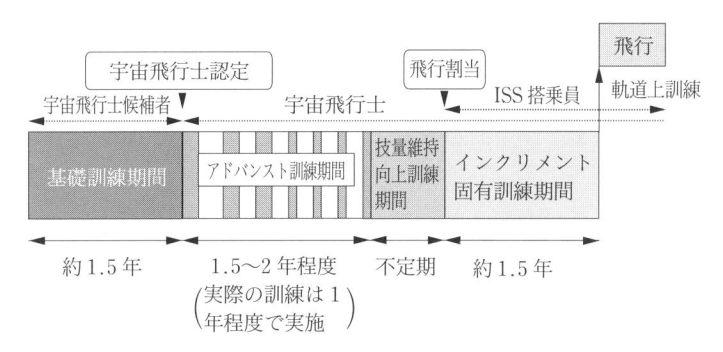

図7.2　ISS搭乗日本人宇宙飛行士の訓練フロー

っている宇宙飛行士に対して技能の維持を目的としたリフレッシャー訓練を実施する。

その後，長期間（6カ月程度）ISSに滞在し，日本の実験棟「きぼう」（JEM）を含むISSの操作・保守，およびさまざまな分野の利用ミッションを実施する。**図7.2**，**図7.3**にISS搭乗宇宙飛行士の訓練フローと訓練プロセスを示す。

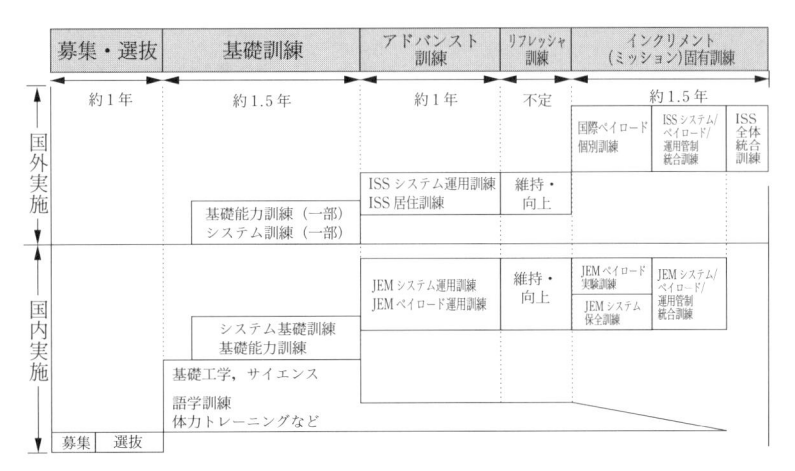

図7.3 ISS搭乗日本人宇宙飛行士の訓練プロセス

7.3.1 基 礎 訓 練

宇宙航空研究開発機構（JAXA）が実施するISSに搭乗する宇宙飛行士候補者の基礎訓練について以下に示す。

〔1〕 **基礎訓練の目的・位置付け**　ISS日本人宇宙飛行士候補者に対する基礎訓練（以下，基礎訓練）は，日本人宇宙飛行士候補者に対し，選抜・採用後の最初に実施する訓練である。本基礎訓練の目的は，宇宙飛行士として必要な科学的・技術的知識，技術，技能，心構え，および今後の訓練（アドバンスト訓練，インクリメント固有訓練と呼ばれるISSの内容に特化した訓練など）の基礎となる基本的な知識を習得させることである。

宇宙飛行士の候補者は，基礎訓練修了後，宇宙飛行士としての認定を経て，

他のIPの宇宙飛行士とともに，国際チームの一員としてIPが提供する各要素の訓練をその機関において実施することとなる．

〔2〕 **基礎訓練の内容** 基礎訓練で実施する項目は，ISS計画に参加するIPが共通的に実施する訓練項目と，それに加えてJAXAが固有に実施する項目で構成されており，前者はISSの訓練に関する国際会議で調整・合意され

表7.3 基礎訓練の主要な項目

項　目	内　容	概略の時間
イントロダクション	訓練計画概要，宇宙活動の現状と枠組，日本および世界の宇宙開発などについての講義	約60時間
基礎工学	航空宇宙工学概論，電気・電子工学概論，計算機概論に関する講義と実習	約45時間
宇宙機システム・運用概要	スペースシャトル，ロシアの宇宙機，ESAのアリアンロケット，H-IIAロケットの概要に関する講義と実習	約50時間
ISS運用	ISS計画の国際的枠組み，搭乗権利，管理文書，運用文書，運用概念などに関する講義	約10時間
ISSシステム	ISSのシステム，サブシステム（構造・機構系，推進系，熱制御系，電力系，通信系，誘導・航法・制御系，環境制御・生命維持系，ロボティクスなど）に関する講義と実習	約70時間
JEMシステム	JEMシステム概要，運用概要に関する講義および，訓練システムを用いた実習	約90時間
宇宙科学研究	宇宙科学概論および宇宙環境利用研究に関する講義	約10時間
ライフサイエンス	基礎生物学，宇宙生物学，放射線生物学，基礎医学・生理学，宇宙医学，ライフサイエンス技術に関する講義およびライフサイエンスに関する実験技術や医学検査などの実習	約70時間
微小重力科学	基礎物理，流体物理，燃焼科学，物質科学と材料工学に関する講義と微小重力科学研究にかかわる実験・計測技術に関する実習	約40時間
地球観測・宇宙観測	地球観測および宇宙科学に関する講義および実習	約40時間
基礎能力訓練	一般サバイバル技術訓練，水泳技術，SCUBA，心理支援プログラム，健康管理，体力訓練，航空機のパラボリックフライトによる無重量体感訓練，低圧環境適応訓練，水槽内での船外活動訓練，飛行機操縦訓練，写真技術，英語，ロシア語，日本語および英語でのメディア対応訓練の講義および実習	約1050時間

188　7. 宇宙飛行士の選抜と訓練

たものである。

　基礎訓練の主要な項目を**表7.3**に，実施フローを**図7.4**に示す．これらの項目は，実際にはさらに科目レベル（担当講師レベル）にまで細分化されており，合計約200科目ほどになる．**図7.5**に1999年から2000年に実施した基礎

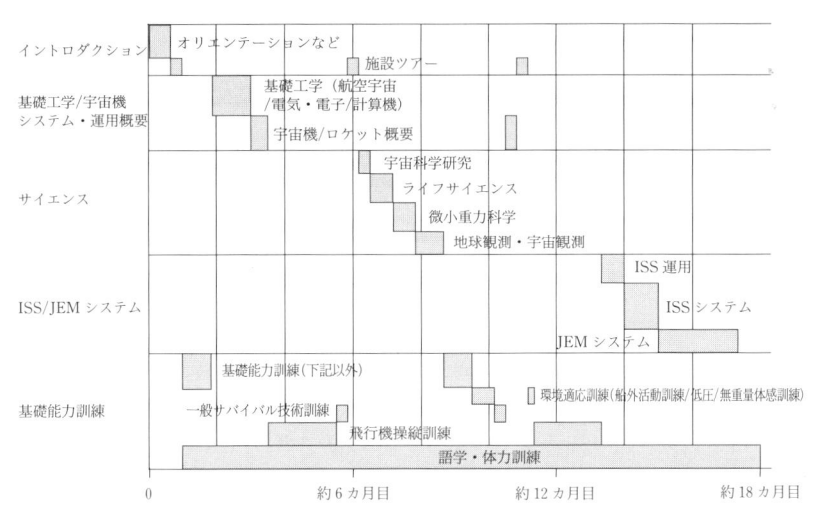

図7.4　基礎訓練の実施フロー

水上サバイバル訓練　　冬期陸上サバイバル訓練　　無重量体感訓練

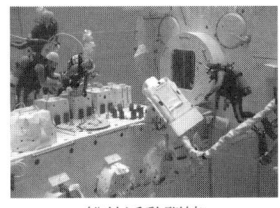

船外活動訓練　　低圧環境適応訓練　　JEMシステム訓練

図7.5　基礎訓練の様子

訓練の様子を示す．募集・選抜の条件から，基礎訓練で対象とする宇宙飛行士の候補者は，自然科学系の大学卒業以上であり，かつ自然科学系の研究，設計，開発などに3年以上の実務経験を有する人を想定し，訓練のレベルを決めている．

7.3.2　基礎訓練関連設備

〔1〕**低圧環境適応訓練設備**　宇宙飛行士の基礎訓練の一つである飛行機操縦の訓練中に，飛行機の不具合で低圧環境に曝されたり，あるいは，ISS滞在中に，デブリの衝突により急減圧が起こる可能性がある．こういう事態を事前に体験するとともに，それらへの対処訓練のため，低圧環境適応訓練設備がある．図7.6に低圧環境適応訓練設備および訓練の様子を示す．この設備は二つの減圧室（主室，副室），訓練管制システム，および運転制御システムからなる．

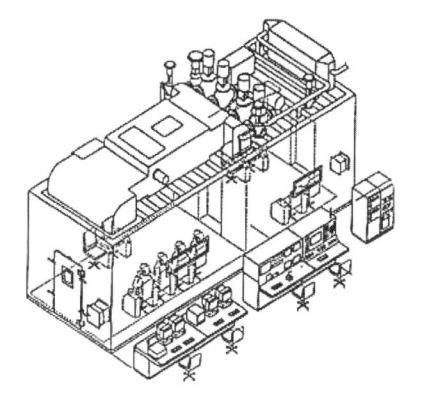

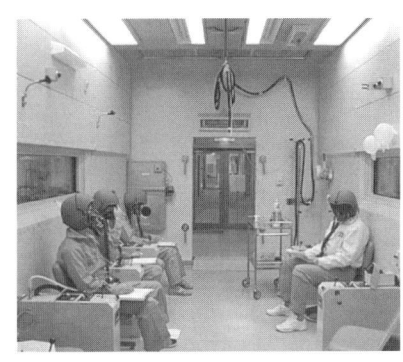

図7.6　低圧環境適応訓練設備および訓練の様子（TKSC）

主室は，長さ6m，幅2.85m，高さ3mで最大6人が入室でき，低圧飛行パターンの訓練に使用する．圧力は1.0から0.2気圧まで設定でき，30分以内で設定気圧まで減圧できる．副室は，長さ3m，幅2.85m，高さ2.5mで最大4人が入室でき，急減圧の訓練に使用する．0.7気圧から0.4気圧まで1

190　　7．宇宙飛行士の選抜と訓練

秒以内に，1.0気圧から0.3気圧まで90秒以内に減圧できる。

　訓練管制システムでは，内部滞在者の医学的データおよび内部気圧などの環境をモニタしながら，被験者と連絡（双方向通信）を取り適切に訓練を進められる。運転制御システムでは，訓練の指揮者の指示に従って，内部圧力の制御ができる。

〔2〕　**無重量環境試験設備**　　図7.7に無重量環境試験設備（WETS）および訓練の様子を示す。

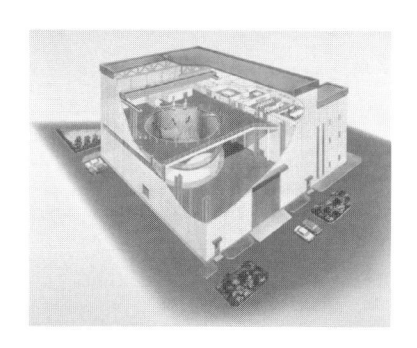

図7.7　無重量環境試験設備および訓練の様子（TKSC）

　無重量環境試験設備は，水槽内に設置したJEMなどの水中モックアップの周りで，宇宙服着用者が重力と浮力をバランスさせた模擬無重量状態で，軌道上の船外活動などを模擬し，設計の検証，手順の確認および宇宙飛行士の運用訓練をすることを目的としており，以下に構成要素の概要を示す。

（1）　無重量環境模擬水槽：水槽本体，水槽付帯設備，水質/水温調整設備からなる。

　　水槽本体は，直径16 m，高さ11 m（水深10.5 m）の円筒形の鋼製水槽で，内部には約2 100 tの水を溜められる。

　　水槽付帯設備は，水槽監視窓，水中機器固定金具，水槽カバー，水槽内部ステージなどからなる。

　　水質/水温調整設備は，水中におけるダイバーの作業性を向上させるための温水供給設備で，水質調整設備，水温調整設備，給排水設備などから

なる。

(2) コントロール設備：設備運転状況を監視するとともに，宇宙服着用者やダイバーの安全確保を含む試験の状況をモニタするもので，集中監視設備，ビデオ設備，通話設備からなる。

　集中監視設備は，各構成設備の遠隔制御・監視，データ管理などを行い，設備系とライフサポート系の制御監視卓からなる。

　ビデオ設備は，水槽中および頂部デッキ上における作業状況をモニタ・記録するものである。通話設備は，試験関係者間で，必要な作業指示や連絡を行うために使用する。

(3) 呼吸用空気供給設備：宇宙服着用者へ呼吸用空気（低圧）およびスクーバ（SCUBA）タンク充填用空気（高圧）を供給するもので，圧縮機，空気槽などからなる。

(4) 冷却水供給設備：宇宙服着用者の作業温度環境を快適にするために，宇宙服の冷却下着に冷却水を供給する，空冷式チラー，制御ユニット，および冷却水貯蔵タンクからなる。

(5) 試験支援設備：宇宙服の整備・維持や水中作業を容易にするものであり，被験者昇降台，宇宙服支援機器，スクーバ乾燥機，水中作業支援器具からなる。

　被験者昇降台は，宇宙服着用者の水中への出入りを容易にするため，頂部デッキに設けてある。

　宇宙服支援機器は，水中で使用した宇宙服の整備・維持に用いる。

　水中作業支援器具は，水中で使用する工具類の移動，吊り上げに使用する。

　スクーバ乾燥機は，潜水器具の乾燥機であり，擬似宇宙服，船内活動用潜水具，スクーバ器具などの乾燥に使用する。

(6) 複室式再圧設備：医師などが複室からチャンバ内に入ることにより，減圧症などの圧力障害にかかった患者に対して直接再圧治療を行うもので，再圧チャンバ本体と空気供給装置からなる。

7.3.3 宇宙飛行士運用訓練

宇宙飛行士の運用訓練は，関係各 IP がおのおのの責任に応じて分担して実施する．以下に，日本が実施する運用訓練についてその概要を示す．運用訓練は，そのフェーズにより，アドバンスト訓練，インクリメント固有訓練，軌道上訓練，およびアドバンスト訓練を修了した宇宙飛行士に対して実施するリフレッシャー訓練に分かれる．リフレッシャー訓練の内容はアドバンスト訓練およびインクリメント固有訓練と同様であり，軌道上訓練は軌道上で適時手順の再確認のために実施するものであることから，ここではアドバンスト訓練とインクリメント固有訓練について示す．

〔1〕 **アドバンスト訓練** 基礎訓練を修了し，認定された宇宙飛行士に対して実施する訓練で JEM システムの運用を中心に訓練する．アドバンスト訓練全体を 12 カ月で完了するため，JEM 関連の訓練は 1～2 カ月である．この

講 義　　　　　　　　管制システムトレーナでの訓練

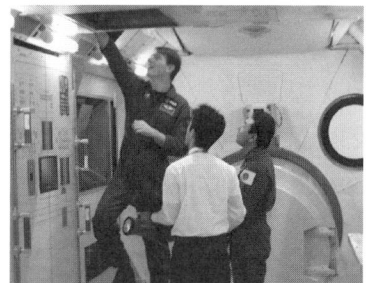

PM トレーナでの訓練

図 7.8　JEM アドバンスト訓練の様子（TKSC）

期間に，教材を使用した教室訓練と訓練設備を使用した操作訓練を筑波宇宙センター（TKSC）で実施する。そのため，必要な訓練教材および訓練システムを準備するとともに，インストラクタを養成している。図7.8に2001年から2002年に実施したJEMアドバンスト訓練の様子を示す。

〔2〕 **インクリメント固有訓練** この訓練も，各IP固有の訓練は各IPが担当し，全体の訓練はヒューストン（JSC）で実施する。この訓練では，合計1年6カ月を計画しており，最後の6カ月はヒューストンからの移動を制限し，打上げ直前の3カ月は移動を禁止している。そのため，初めの1年で各IPをまわってIP固有の訓練を実施する。したがって，JEMおよび日本の実験のための訓練は1〜2カ月で実施することとなる。一般的なシステムの運用訓練はアドバンスト訓練で修了しているので，インクリメント固有訓練では，当該インクリメントで実施する実験運用とシステムの保全作業が中心となる。

7.3.4 JEM運用訓練システム

宇宙飛行士は，軌道上で運用する内容について，事前に訓練を受ける。このためJEMを構成する与圧部，曝露部，補給部，マニピュレータのそれぞれに対応した訓練システムを準備している。訓練システムは運用の模擬と訓練を管制する機能が中心であり，運用の模擬機能は，運用手順の確認・検証にも使用できるように構成されている。JEMの宇宙飛行士運用訓練システムの構成を図7.9に示す。

運用訓練システムには，与圧部（PM）トレーナ，補給部与圧区（ELM-PS）トレーナ，管制システムトレーナ，エアロックトレーナ，JEMRMSトレーナ，JEMRMS子アームトレーナなどがある。また，宇宙飛行士の打上げ前6カ月からの移動制限期間は，JSCでJEMの運用訓練ができるようNASA用JEMトレーナを準備している。表7.4におもなトレーナとその概要を示す。

194　7．宇宙飛行士の選抜と訓練

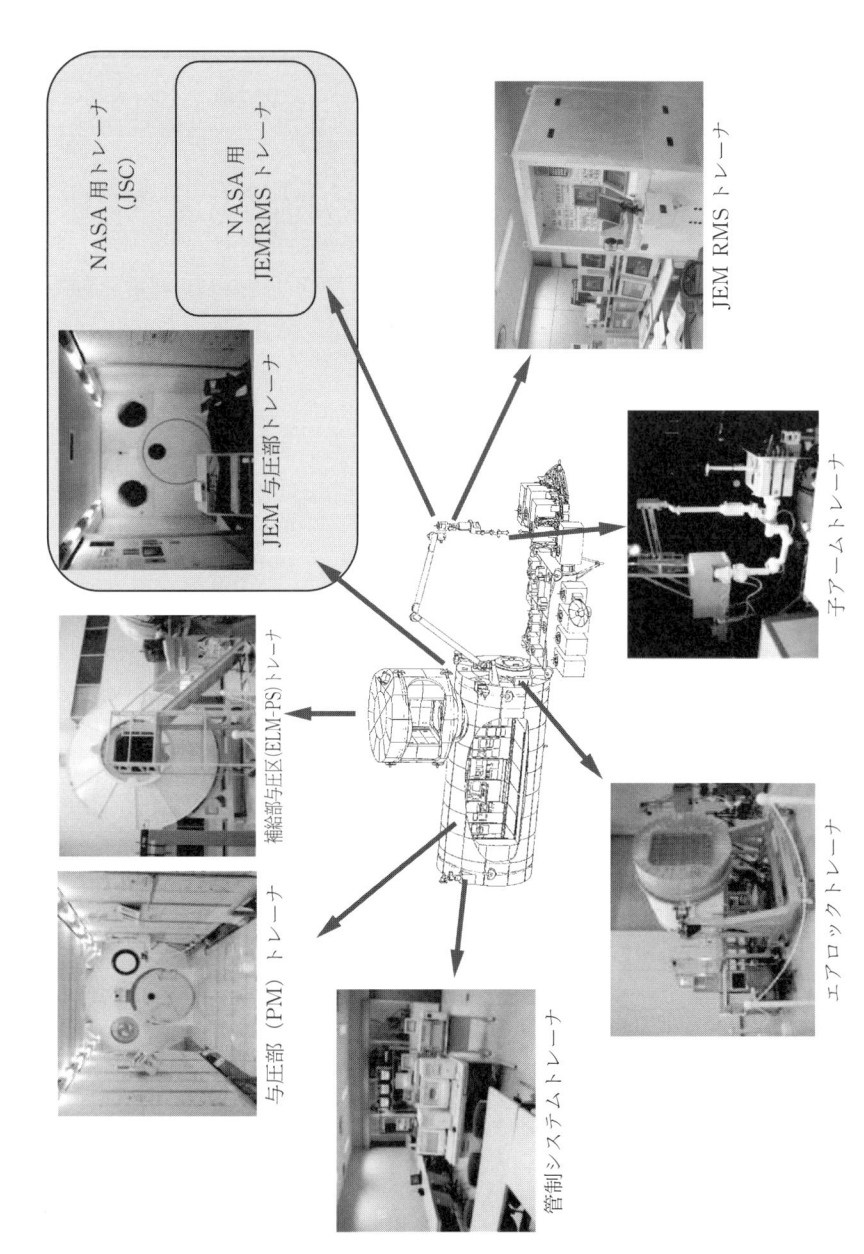

図7.9　JEMの宇宙飛行士運用訓練システム

- NASA用トレーナ（JSC）
- NASA用JEMRMSトレーナ
- JEM与圧部トレーナ
- JEM RMSトレーナ
- 補給部与圧区(ELM-PS)トレーナ
- 与圧部(PM)トレーナ
- 管制システムトレーナ
- エアロックトレーナ
- 子アームトレーナ

7.3 宇宙飛行士の訓練

表 7.4 おもなトレーナとその概要

PM トレーナ	与圧部内を模擬し，宇宙飛行士の機械的な操作の訓練に使用するトレーナで，PM 内部の艤装（ORU を含む），宇宙飛行士とインタフェースのある機器，およびラックなどを模擬した機能を持つ．この訓練システムでは，ORU の交換（保全運用），宇宙飛行士の操作（スイッチ類，船内活動補助具），ラックの取扱い（交換など）の訓練を行う．また，管制システムトレーナの SLT（システムラップトップコンピュータ）を取り付けられ，緊急時対応の訓練も実施できる
ELM–PS トレーナ	PM トレーナと同様に，宇宙飛行士の機械的な操作の訓練に用いる．
管制システムトレーナ	宇宙飛行士の SLT の操作訓練を目的としたトレーナ．このトレーナは，JEM 実機と同じ機能を有する制御用コンピュータを備え，フライトソフトウェアがそのまま動作できるようになっている．別のコンピュータで JEM 内の各機器をシミュレーションすることで，軌道上の JEM の挙動を再現できる．宇宙飛行士が操作する SLT シミュレータも JEM 実機と同じ機能のラップトップコンピュータを用い，搭載ソフトウェアが動作する．宇宙飛行士の訓練はこの SLT シミュレータが中心であり，必要に応じ，これに PM トレーナ，JEMRMS トレーナなどを組み合わせて使用する．また，運用管制システムと組み合わせて，フライトコントローラとの統合運用訓練も実施できる．このシステムでは，通常の運用訓練のほか，緊急時の訓練，不具合究明処置も重要な訓練項目である
エアロックトレーナ	開発モデルを転用したもので，船内側のハッチ操作，移動テーブルの操作，船外側のハッチ操作ができる訓練システムで，エアロックの操作を習得する
JEMRMS トレーナ	JEMRMS（親アームと子アーム）の操作訓練のシステムで，ラップトップコンピュータ，ハンドコントローラ，テレビモニタ，フライトソフトウェア搭載コンピュータなどを有するコンソールと，ロボットアームの挙動を計算し，コンピュータグラフィックスで表示するシミュレーション用計算機で構成される．JEMRMS を使用した曝露部実験装置の交換，曝露部 ORU の交換（保全）および JEMRMS 関連機器保全の運用訓練を行う
JEMRMS 子アームトレーナ	子アームは，曝露部上の ORU の交換に使用するが，この操作は，宇宙飛行士の手動操作によるところが大きい．子アームトレーナは，コンピュータグラフィックスでは再現しにくい物理的な接触を伴う子アームの操作を習熟するために，重力下で動作する物理的なアームと ORU を組み合わせた訓練装置である

7.4 健康管理

　宇宙飛行士は，選抜および基礎訓練を経て，宇宙飛行士としての認定を受けたのち，習熟訓練を行い，さらに，飛行割当て後，飛行に応じた個別訓練を受ける。この期間，宇宙飛行士には定期的に実施される医学検査を中心とした疾病予防や治療など，健康管理プログラムが適用され，安全でかつ確実に任務を遂行できるよう計画される。ISSの日本人宇宙飛行士に対する健康管理プログラムは，シャトルの宇宙飛行士に対して行われている医学検査を参考に確立されつつある。

8 国際宇宙ステーションの国際協定と管理

8.1 国 際 協 定

8.1.1 宇宙条約および関連協定

　宇宙法（space law）が論ぜられるようになったのは1950年代以降である。宇宙空間ならびに地球以外の天体上における活動に関して国際的な法律が適用されるべきであるとの指針が，1961年12月20日の国連総会決議で採択され，その後，1963年12月13日の国連総会決議で，宇宙空間の探査および利用における国家活動を律する法的原則の宣言が採択されるに至って，国際的な法律（international space law）制定に向けての具体的な動きが始まった。現在，世界の主要各国議会で批准されて，宇宙活動全般に広く適用されている国際的な法律は，基本的にはつぎの四つである（以後，これらを総称して宇宙条約および関連協定と呼ぶ）。

（1）　月その他の天体を含む宇宙空間の探査および利用における国家活動を律する原則に関する条約（「宇宙条約」と略称する。1967年10月10日発効）

（2）　宇宙飛行士の救助および返還ならびに宇宙空間に打ち上げられた物体の返還に関する協定（「返還協定」と略称する。1968年12月3日発効）

（3）　宇宙物体により引き起こされる損害についての国際的責任に関する条約（「責任条約」と略称する。1972年9月1日発効）

（4）　宇宙空間に打ち上げられた物体の登録に関する条約（「登録条約」と

略称する。1976 年 9 月 15 日発効)

　一般に，宇宙空間に打ち上げられた物体は，宇宙機 (space vehicle, spacecraft)，宇宙船 (spaceship)，人工衛星 (artificial satellite, satellite) などと呼ばれているが，宇宙条約および関連協定では，地球より宇宙空間に打ち上げられた物体を総括して，「宇宙物体 (space object)」と名づけている (登録条約第 1 条)。宇宙条約および関連協定では，また，宇宙物体を打ち上げる国を「打上げ国 (launching state)」と呼んでいるが，打上げ国とは，宇宙物体を打ち上げる国，あるいは打上げさせる国，あるいは，宇宙物体がその領域または施設から打ち上げられる国と規定されている (登録条約第 2 条)。

　宇宙物体は，国際連合事務総長の保管する登録簿に登録される必要があり，登録は打上げ国によってなされ，打上げ国が複数の場合には，いずれか一つの国を登録国と決定することになっている。

　以上に定義した用語を用いて宇宙条約ならびに関連協定の内容を簡単に述べるとつぎのようになる。

　「宇宙条約」は，打上げ国の責任，宇宙物体の管轄権および管理，所有権などについて規定していて，宇宙物体の管轄権および管理の権限ならびに所有権は登録国が持つことになっている。「返還協定」は，宇宙飛行士の救助および返還ならびに宇宙物体の返還に関し規定しており，「責任条約」は，宇宙物体によって引き起こされる損害についての国際的責任について規定している。「登録条約」は，宇宙物体の登録に関する手続きなどを規定している。

8.1.2　国際宇宙ステーションへの宇宙条約等適用上の問題点

　国際宇宙ステーションは，カナダ，欧州宇宙機関 (ESA) 加盟国，日本，米国がその構成要素を分担して開発して，地球周回軌道上に国際協力で展開するとの構想で開始されたが (ロシア連邦への参加の呼びかけは 1993 年で，1985 年に計画が開始されたときには，カナダ，欧州宇宙機関 (ESA)，日本，米国の 4 者が参加していた)，この計画に宇宙条約および関連規定を適用しようとする場合，まず問題になったのは，宇宙条約の中で，国際宇宙ステーショ

ンについて一般に認められるような定義がなされていないことであった。宇宙条約の中には，基地（station）という用語（正確にいうと名詞）は，「月その他の天体上のすべての基地」という表現で1個所（第12条）にしか現れてきていなかった。すなわち，月その他天体上のステーションについては述べていても，宇宙空間に浮かぶ宇宙ステーションについては述べていないのである。

　他の大きな問題として，国際宇宙ステーションを単一の宇宙物体として捉えるか，あるいは複数の宇宙物体の結合体として捉えるかということがあった。もし，単一の宇宙物体として捉えるならば，宇宙条約ならびに登録協定によれば，登録は，カナダ，欧州，日本，米国のうちの一国（当然のように米国が，自分が登録すると主張するであろう）が行い，その国が管轄権および管理の権限を有することになるが，これは他の参加者の認めるところではなかった。複数の宇宙物体の結合体として捉えると，参加者が，それぞれの担当分について登録を行うことになる。しかし，ある国の管轄に属する施設は，相互主義（reciprocity）により，他の当事国の代表者に開放されるものの，計画された訪問につき合理的な予告を行う必要があることになり（宇宙条約第12条），また，他国の施設に移るたびごとに出入国手続き，物品の輸出入管理などを行わねばならず，受け入れがたい煩雑さが予想された。

　さらに，国際宇宙ステーションの構成要素をどのように定義するかという問題があった。例えば，地上から国際宇宙ステーションに持ち込まれる補給される物品，実験機器類は，単独の宇宙物体なのか，それとも宇宙条約でいうところの宇宙物体の構成要素とみなされるのかという問題である。さらには，欧州を，当事者が国単位となっている宇宙条約および関連法規にどう適合させるかということも問題であった。

8.1.3　国際宇宙ステーションにかかわるIGAとMOU

　これらの諸問題を初めとする国際宇宙ステーションにかかわる国際宇宙法上の問題を，現行の宇宙条約ならびに関連規定との適合性を維持しつつ，解決するために，カナダ，欧州宇宙機関加盟国，日本，米国（これらを参加主体と呼

ぶ）の間での取決めがなされた。

　1985年から1986年にかけての予備設計の結果を受けて，1988年9月各国政府は国際宇宙ステーションの本格的開発に向けて政府間取決めの締結を行った。この政府間取決めは，正式には「常時有人の民生用宇宙基地の詳細設計，開発，運用，および利用における協力に関するアメリカ合衆国政府，欧州宇宙機関の加盟国政府，日本国政府，およびカナダ政府の間の協定」と称し，1988年のIGAと呼ばれる。

　欧州宇宙機関の加盟国政府にはベルギー王国，デンマーク王国，フランス共和国，ドイツ連邦共和国，イタリア共和国，オランダ王国，ノルウェー王国，スペイン王国，およびグレートブリテンおよび北部アイルランド連合王国の政府の9カ国が参加し，米国，日本，カナダと合わせ12カ国が署名をした。IGAは国レベルの国際取決めであるが，実際に計画を遂行する協力機関がこのIGAに基づいて具体的にどのように計画をすすめるかについて記述したものに了解覚え書きがある。

　国際宇宙ステーション計画の協力機関はIGA第4条において規定されており，米国政府については航空宇宙局（NASA）を，欧州諸国政府については欧州宇宙機関（ESA）を，カナダ政府については科学技術省（MOSST）を協力機関として指定し，日本国の協力機関については日本国政府との間で取り交わされる了解覚え書きで指定されることになった。これは日本国においてはIGAだけでなく，その関連規定である了解覚え書きも締結できるのは日本国政府であることによっている。

　了解覚え書きはNASAとESA，NASAとMOSSTおよびNASAと日本国政府で締結され，日本国政府とは1989年3月に締結された。了解覚え書き（MOU）の正式名称は「常時有人の民生用宇宙基地の詳細設計，開発，運用および利用における協力に関する日本国政府とアメリカ合衆国航空宇宙局との間の了解覚え書き」という。

　MOUにおいて日本国政府は宇宙基地協力を実施する責任を有する日本国の協力機関として科学技術庁（STA）を指定し，日本国の宇宙開発事業団

(NASDA) は適当な場合この計画の実施において STA を援助できるとされている。こうして締結された IGA と MOU のもと各協力機関は本格的宇宙ステーションの開発を開始した。これがフリーダム計画である。

その後，1992 年に米国はクリントン大統領が就任し，米国の国家財政状況改善のため宇宙ステーション計画の設計見直しをすることになった。見直しが進む過程で世界情勢が急変し，社会主義諸国の民主化と東西冷戦構造が崩壊したため，米国は，宇宙ステーション計画を真の国際協力計画とすべくロシアの計画への招請を提案した。宇宙ステーション計画参加各国も米国とともにロシアの計画への参加を招請した。当時ロシアは独自の宇宙ステーション「ミール」を運用していたが，その提案は次世代のミール II の独自開発を断念し，これを西側諸国がこれまで進めてきたフリーダムと合わせて，国際宇宙ステーション計画に参加することを促すものであった。

1994 年ロシアは計画に参加することを承諾し，従来の計画の枠組みである IGA と MOU の改定交渉が開始された。交渉開始から約 4 年，この間実質的に開発のための設計作業は協力的に進められていたが，1998 年 1 月 IGA の改定が合意された。この取決めは，国際宇宙ステーションの設計，開発，運用，および利用のための枠組みを確立することを目的として，「民生用宇宙基地のための協力に関するカナダ政府，欧州宇宙機関の加盟国政府，日本国政府，ロシア連邦政府およびアメリカ合衆国政府の間の協定」[3] と呼ばれている。欧州機関の加盟国政府として，新たにスペイン王国とスイス連邦が参加し，全体で 15 カ国の国際協力計画となった。新 IGA においてロシアはロシア宇宙庁 (RSA) を，カナダはカナダ宇宙庁 (CSA) を協力機関として指定した。また，IGA と平行して，この協定の実施に関する詳細を規定した NASA と各国政府との間の新了解覚え書 (MOU) が結ばれた。NASA と日本国政府間 MOU は，「民生用国際宇宙基地のための協力に関する日本国政府とアメリカ合衆国航空宇宙局との間の了解覚え書」[4] と呼ばれている。

IGA では，「常時有人の民生用国際宇宙基地 (国際宇宙ステーションは略称であって，これが正式名称である) は，低軌道上の多目的施設であり，すべて

の参加主体によって提供される飛行要素，宇宙基地専用の地上施設からなる」と定義している（第1条）。ここに，参加主体とは，カナダ政府，欧州諸国政府，日本国政府，ロシア連邦政府，米国政府のことを指す。また，IGA付属書では，国際宇宙ステーションは，複数の宇宙物体の結合体であるとの立場をとり，例えば，日本の場合，つぎの要素が宇宙物体であるとされている。

（1） 日本実験棟（基本的な機能装備品ならびに曝露部および補給部を含む）

（2） 宇宙基地に補給を行うその他の飛行要素

これらの要素の所有権は各参加主体にある（第6条）。ただし，宇宙ステーション上で生まれた物質および得られたデータの所有権ならびに知的所有権については別途定められている（第6条および第22条）。

日本実験棟はJEMと略称されている。各参加主体は，それぞれの提供する宇宙物体の登録を行うことになっており（第5条），それぞれ自ら登録した宇宙物体における管轄権ならびに管理の権限を持ち，各国の管轄する宇宙物体間の人の移動に伴う事前連絡の義務は簡素化し，物の移動に伴う輸出入関税は免除することになっている（第18条）。

例えば，盗難などの犯罪が発生したときの刑事裁判権は，ある国のモジュール内で発生した事件に対しては，その国が裁判権を持つが，一方，犯罪を犯した宇宙飛行士の属する国も裁判権を主張でき，どちらが裁判をするかは協議によることになっている（第22条）。

宇宙飛行士がすべての関係国の犯罪に関する法律を事前に知っていることは不可能であるし，一方，どこで犯罪を犯そうとその犯罪者の国が裁くということも不合理であるということから属地主義と属人主義の折衷案をとったような形になっているのである。また，各参加主体間の損害賠償責任に関する請求は相互放棄することが定められている（第16条）。

MOUは，米国と他の参加主体との間の役割分担と責任，設計・開発・運用・利用の具体的仕組み，安全でかつ効率的・効果的運用のための協力（安全，搭乗員の提供など）について定めている。NASAと日本政府間のMOU

で定められている主な事項を挙げるとつぎのとおりである。
- 日本政府は，宇宙基地協力を実施する責任を有する機関として科学技術庁を指名し，宇宙開発事業団は，MOUの実施ほかについて科学技術庁を援助すること（第1条）
- 日本政府およびNASAは，日本の宇宙基地の飛行要素（JEM）へのアクセスを確保すること（第4条）
- JEM第1回打上げ2001年，JEM組立完了2002年とすること（第5条）
- NASAの責任と日本政府の責任（第6条，詳細略）
- 各参加主体の飛行要素の利用権（第8条，例えば，日本のJEMの利用権は日本51％，NASA 46.7％，カナダ2.3％）
- 利用用リソース（電力，排熱能力，データ処理能力など）の配分（第8条，日本は12.8％）
- 搭乗員作業時間の配分（第8条，日本は12.8％）
- 運用の経費および活動に関する責任（第9条，詳細略）
- NASAは，宇宙基地の全体的な安全要求および安全計画を設定し，全体的なシステム安全審査を実施すること（第10条）
- 各参加機関は，宇宙基地搭乗員を提供する権利を有すること（第11条，搭乗員の飛行機会は共通経費の分担開始とともに発生するが，組立て期間中は3人の搭乗員の飛行機会がNASAとRSAで等分される。日本は組立て期間中はJEMの与圧部の検証終了後，全体の12.8％，宇宙飛行士が，7人になったあとは4人分の飛行機会の内の12.8％が割り当てられ，JEMの組立て検証のためには少なくとも1人が飛行できる）
- 輸送ならびに輸送の資金（第12条，16条，詳細略）

なお，国際宇宙ステーションの発展性（IGA第1条の4，第14条）に関しても配慮してある。さらに新MOUにおいて，日本の追加的責任としてはJEMのシャトルによる打上げ役務とのひきかえに人工重力発生装置搭載棟，人工重力発生装置，生命科学グローブボックス（4章参照）およびH-ⅡA（2トン級）の打上げ1回を提供することが追加された。また，宇宙基地への

打上げ輸送業務として，輸送システムを提供することが記述された。さらに，日本，ESA は自己の要素および搭載物への指令，管制，運用のため自己のデータ中継衛星を提供することができる。

8.1.4 運営

国際宇宙ステーション（ISS）の開発および運用は，図 8.1 に示す国際間調整のメカニズムにより原則的な調整がなされる。NASA と各協力機関二者間のトップレベルの会合を計画調整委員会（PCC）と呼び，両者が共同議長を努め，設計，開発の協力活動の実施を確保するための必要な決定を行う。必要に応じ他協力機関の PCC と合同の会合を開くこともある。NASA と他機関のプログラムマネージャ間の会合で二者または多数者間で行う計画検討会議（JPR/PMR：joint program review/program management review）が開かれ，開発活動の進捗状況について報告，討議を行う。国際宇宙ステーション計画の要求，組立て手順，統合輸送計画立案，リソースの設計上の配分，要素間インタフェースの定義など宇宙ステーションのコンフィギュレーションに関連することを日常活動として管理する会議として，NASA が議長を行う多数者間の宇宙基地（ステーション）管理会議（SSCB）がもたれる。

ISS の運用と利用に関する長期計画レベルの調整を確保するため，多数者間調整委員会（MCB）が NASA を議長として各参加機関の代表で構成され，決定はコンセンサスベースで開催される。MCB はシステム運用パネル（SOP：system operations panel），利用者運用パネル（UOP：user operations panel），搭乗員運用パネル（MCOP：multilateral crew operations panel）を設立し，統合運用・利用計画（COUP）の承認，利用者の知的所有権保護手続きの作成，システム運用経費・活動の上限値の承認，搭乗員行動規範の承認のほか，各パネルで解決できない問題の解決を行う。実施レベルの統合された指令・管制の計画立案・運営を行う場所として NASA は宇宙ステーション管制センター（SSCC）を設置，運営する。

ロシアは SSCC と連係してステーション全体に対する統合された指令およ

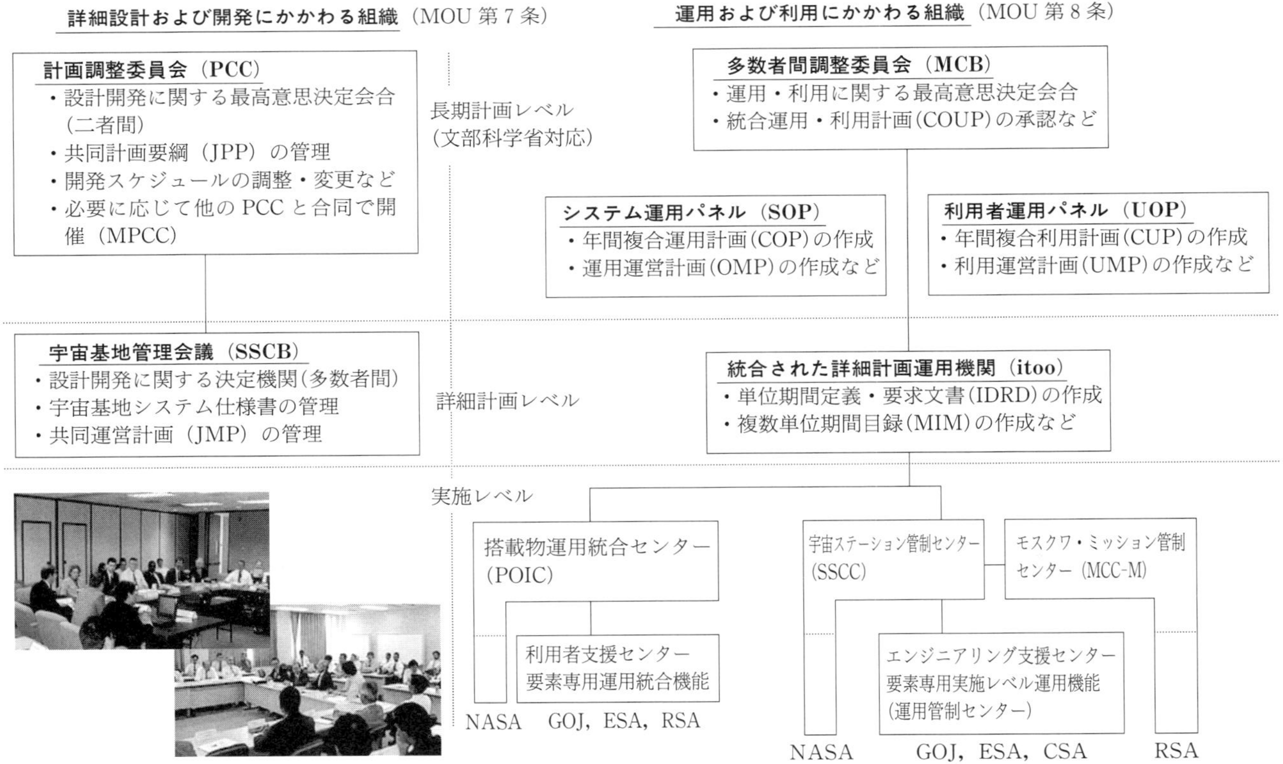

8.1 国際協定

詳細設計および開発にかかわる組織 (MOU 第7条)　　　　**運用および利用にかかわる組織** (MOU 第8条)

計画調整委員会 (PCC)
- 設計・開発に関する最高意思決定会合（二者間）
- 共同計画要綱 (JPP) の管理
- 開発スケジュールの調整・変更など
- 必要に応じて他の PCC と合同で開催 (MPCC)

長期計画レベル
(文部科学省対応)

多数者間調整委員会 (MCB)
- 運用・利用に関する最高意思決定会合
- 統合運用・利用計画 (COUP) の承認など

利用者運用パネル (UOP)
- 年間複合利用計画 (CUP) の作成
- 利用運営計画 (UMP) の作成など

システム運用パネル (SOP)
- 年間複合運用計画 (COP) の作成
- 運用運営計画 (OMP) の作成など

宇宙基地管理会議 (SSCB)（多数者間）
- 設計・開発に関する決定機関の管理
- 宇宙基地システム仕様書の管理
- 共同運営計画 (JMP) の管理

詳細計画レベル

統合された詳細計画運用機関 (itoo)
- 単位期間定義・要求文書 (IDRD) の作成
- 複数単位期間運用目録 (MIM) の作成など

実施レベル

搭載物運用統合センター (POIC)

利用者支援センター
要素専用運用統合機能

宇宙ステーション管制センター (SSCC)

エンジニアリング支援センター
要素専用実施レベル運用管制機能
（運用管制センター）

モスクワ・ミッション管制センター (MCC-M)

NASA　GOJ, ESA, RSA　　NASA　GOJ, ESA, CSA　RSA

図 8.1 ISS 国際間調整のメカニズム

び管制機能を行うモスクワミッション管制センター（MCC-M）を設置運営し，自己の要素の運用も行う。NASA，ロシア以外の機関も自己の要素専用の実施レベルの運用機能を設置し，SSCC と連係して実時間運用を行う。実施レベルにおいて，利用者活動の計画立案の統合，利用者活動の実施に関する全体的な運営，調整を行う搭載物（ペイロード）運用統合センター（POIC）をNASA が設置し，各機関が自己の要素のために設置する利用運用機能と調整をはかりながら利用活動を実施する。

8.1.5 残された課題

　国際宇宙ステーションに関する多くの問題は，宇宙条約ならびに関連協定と適合性を持つように解決されているが，いくつかの課題が将来に残されている。

　その一つの問題は，宇宙条約および関連法規でいう宇宙物体は，地球起源すなわち地球上の資源から作られ，地上から宇宙空間に打ち上げられることが前提になっている点である。もし，将来，宇宙空間の資源から作られた製品が出現した場合，これは定義上宇宙物体ではなく，登録もできない（登録は打上げ国が行うことになっているので，地上から打ち上げたものでないと登録できない）。

　もう一つの問題は，搭乗員の法律的な立場である。国際宇宙ステーションに搭乗員でない訪問者があったときの訪問者の立場，あるいは，搭乗員が船外宇宙活動をしているとき，その搭乗者の立場に対して，より詳細な規定が必要であると考えられている（この問題は，その後ロシアのソユーズにより宇宙ステーションへの一般人の訪問が行われた際に新たな取決めがなされ解決している）。

8.2 プログラム管理

8.2.1 スケジュール管理

　宇宙ステーション計画のスケジュールは，詳細設計・開発と運用・利用に大別されるが，両者は一部重複する．組立て期間および組立て完了後の 1 年間は，初期運用上の検証期間であるため「詳細設計・開発」期間に含め，その後開始する「本格的な運用・利用」期間と区別する．1986 年予備設計完了時はコロンブスがアメリカ大陸を発見して 500 周年を記念する 1992 年に建設を開始し，1995 年に組立て完了する予定であった．実情は，1998 年に最初の打上げが行われ，2008 年に組立て完了予定となっている．

　これは宇宙ステーション計画が参加各国の条約レベルの政府間取決めであるとはいえ，この計画遂行に必要な資金については「自己の責任を果たすための経費は各参加機関が負担する」こととし，その資金上の義務は自国の予算手続きおよび利用可能な予算に従うとされているため，各国の事情により計画の遅延が余儀なくされている．

　1989 年本格的開発着手以後，技術的課題解決のための度重なる設計見直し，ロシアの参加，各国の財政危機などの影響を受け，すでに 6 〜 13 年の遅れとなっている．組立てのための詳細なスケジュール管理は SSCB で行われ，各機関はこの決定されたマイルストーンに従って自国の開発スケジュールを調整していくこととなる．

　JEM の開発においては国際間で調整された組立てシーケンスのスケジュールに基づき，宇宙開発事業団が開発企業にマイルストーンを示し，これに基づいて各企業は詳細な設計，製造，試験の工程を計画し開発を進めてきた．したがって，組立てスケジュールの遅れに伴い，JEM の打上げスケジュールも当初から 10 年以上も遅れた．

8.2.2 コスト管理

政府間協定（IGA）において，各参加主体は宇宙ステーション全体のシステム運用に共通に発生する経費を参加割合に応じて分担することを含め，それぞれが自らの責任を果たすための経費を負担すると定められている。しかしながら，各機関の参加計画の内容，進捗に応じて必要な経費が毎年変動するため，それぞれの機関のコストを正確に見積もり，実際に発生したコストを把握することは困難である。コスト管理はそれぞれの国の予算制度，契約の執行方法に応じて，必要な経費の管理をすることになり，唯一のルールはない。宇宙ステーション計画における必要なコストとしてはシステムのハードウェア・ソフトウェアの設計，製作，試験などの開発経費のほか，製作，試験に必要な治工具，輸送，設備の経費，ならびに宇宙ステーションの打上げ，組立て経費，運用，利用の準備のための経費，組立て完了後の利用実験，運用のための経費，宇宙飛行士の訓練経費，保全経費などさまざまな経費が挙げられる。

米国が宇宙ステーション計画を最初に提案した1984年当時，NASAは宇宙ステーション本体のシステムの開発に約$8B（billion dollar）と見積もっていた。その後，予備設計，および本格的開発準備の段階（1985年）においてシステムの開発費を見直したところ，1984年ベースの見積りで，$13.2Bとなった。しかし，1989年，本格的開発着手の時点で，開発費を1984年ベースで$12.3B（実年ベースでは$16.6B）と見積もり直して，開発に着手した（この時点で開発費は最初の要素打上げまでの開発費と定義）。ところが，実際はこの時点で改めて組立て完了から初期段階の運用1年を含めた2000年までの計画の総コストを実年ベースで見積もったところ，$29.3Bとなっていたのである。

開発着手後の1992年，米国の財政難から計画の縮小見直しが強く要求され，$16.6Bが$13.4Bに圧縮され，$29.3Bは$27.2Bとされた。1993年，米国の財政事情のさらなる悪化により，NASAは宇宙ステーション計画を取り止めるか，大幅なコスト削減をして，残りの開発費を，$5B，$7B，$9Bの三つのオプションにするかの検討を指示された（設計見直し）。

大統領府に特別の諮問機関（ブルーリボンパネル）を設置して検討を進めた結果，オプションアルファという名で，従来のフリーダム計画を縮小して，1994年以降，毎年＄2.1Bを上限として4年間でこれまでにフリーダム計画で消費した＄9Bを加え，＄17.4Bでシステム開発を行うことを決めた。

その後，順調に開発が進められたが，1998年国際宇宙ステーションの最初の要素が打ち上げられる時点で，開発資金としては毎年＄2.1Bの上限を継続してきたことを踏まえて，2004年の組立て完了までの総コストは毎年の＄2.1Bが11年分で約＄23.4Bとなり，これにロシア支援，搭乗員の緊急帰還機の開発を加えて，1999年時点で＄25.3Bと見積もられている。ここでは初期のフリーダム時代の経費は組立て期間中の開発費に置き換わった形で総コスト論が展開されている。

このように米国における開発資金が年ごとに変遷していること，また，これにはシャトルによる打ち上げ経費，国際宇宙ステーションの利用のために必要な経費が含まれていないことにも留意しなければならない。さらに，2004年の宇宙ステーション完成後の定常運用経費として米国は＄1.3B/年を見積もったが，これにもシャトル打上げ経費と利用の資金は入っていない。これは米国内の予算配分の仕方によっている。

一方，カナダも計画の途中でたびたび予算問題がおこり，最終的に，1996年に2000年のカナダの貢献が終了する時点までに1.2Bカナダドルを使うこととして，計画を見直した。

欧州も開発資金はたびたび見直しが行われ，同じく1996年時点で初期利用経費を含めて約2.5B.米ドル相当に決めている。しかし，欧州はそれ以前にもかなりの支出を行っており，全体の総開発費としては日本円で5 000億円以上になるとみられている。

日本の場合は，開発担当の機関・企業にとって，有人宇宙システムの開発は初めてであったため，最初のコスト見積りは手探りの状態であった。開発計画を決めるにあたり，数回の見積りとヒアリングに基づき，総開発コストとその内訳を推定した。このようにして1987年にシステムの開発，初期の利用およ

び筑波宇宙センターにいくつかの施設を整備するなどの諸経費を含めて約3000億円でJEMを開発することとして，開発に着手した．JEMの開発にあたっては開発にクリティカルな機器を試作するための開発基礎試験フェーズ，フライト品と同一の設計，同等の部品材料で機能性能を確認するための技術試験モデル（EM）の製作・試験フェーズおよびフライト品製作のフェーズの3段階に分け，設計も基本設計，詳細設計，維持設計と分割して段階的に開発を行うこととした．また，日本の多くの宇宙関連企業が有人宇宙技術の修得に関与すべく参加要請するとともに，宇宙開発事業団が国外・国内インタフェースのとりまとめの責任を担い，また開発後の運用フェーズにおける有人宇宙技術の自在性を確保するためすべての有人技術の蓄積は事業団に集約させることになった．

契約に当たってはコストを適切に管理するため，各企業に対し，作業の識別と，その内容を定義したものを提示してもらった．作業は図8.2に示す開発実施担当企業ごとに見積もられた．

設計作業に対しては解析工数，文書および図面の作成工数を，ハードウェア製作に対してはその材料費および加工工数，組立て工数，試験工数を，ソフトウェアに対しては設計，アルゴリズム作成，コーディング，試験などの工数を，詳細に見積もって，各年度ごとに必要な契約を執行する形で進め，毎年のコスト評価を行うことで全体の資金管理を行っている．企業の見積りに対して，必要な作業であるかどうか，要求仕様を変更してコスト削減が可能かどうかなどを，開発と設計内容に照らしながら評価して，最終的に目標コスト内に開発資金を納める活動を行う．これを国際宇宙ステーション開発におけるDTC（design to cost）活動と呼ぶ．

開発の過程において，経費増となる要因，経費削減を可能とする要因が複雑に交錯し，資金管理は開発業務の約1/3の作業となる．コスト管理を行ううえで重要なことを挙げるとつぎのようになる．

（1）予算要求，契約の資金管理は全体を管理する一部門が統合的に管理し，プロジェクトマネージャがコントロールする．

8.2 プログラム管理

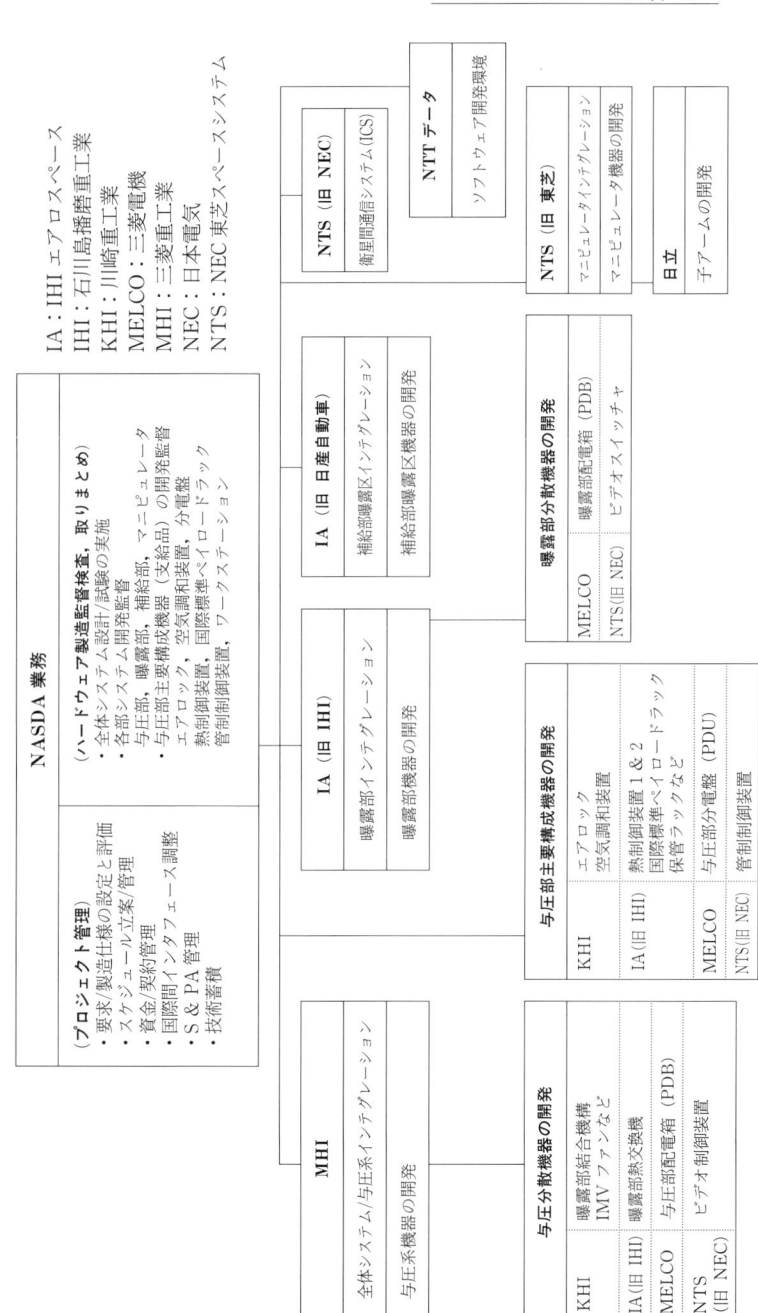

NASDA 業務

（プロジェクト管理）
- 要求/製造仕様の設定と評価
- スケジュール立案/管理
- 資金契約管理
- 国際間インタフェース調整
- S&PA管理
- 技術蓄積

（ハードウェア製造監督検査，取りまとめ）
- 全体システム設計/試験の実施
- 各システム開発監督
- 与圧部，曝露部，補給部，マニピュレータの開発監督
- 与圧部主要構成機器（支給品）の開発監督
  エアロック，空気調和装置，国際標準ペイロードラック，
  熱制御制御装置，国際標準ペイロードラック，
  管制制御装置，ワークステーション

IA：IHI エアロスペース
IHI：石川島播磨重工業
KHI：川崎重工業
MELCO：三菱電機
MHI：三菱重工業
NEC：日本電気
NTS：NEC東芝スペースシステム

MHI
- 全体システム/与圧系インテグレーション
- 与圧系機器の開発

与圧分散機器の開発

KHI	曝露部結合機構 IMVファンなど
IA(旧 IHI)	曝露部熱交換機
MELCO	与圧部配電箱 (PDB)
NTS (旧 NEC)	ビデオ制御制御装置

与圧部主要構成機器の開発

KHI	エアロック 空気調和装置
IA(旧 IHI)	熱制御装置 1&2 国際標準ペイロードラック 保管ラックなど
MELCO	与圧部分電盤 (PDU)
NTS(旧 NEC)	管制制御装置

IA (旧 IHI)
- 曝露部インテグレーション
- 曝露部機器の開発

IA (旧 日産自動車)
- 補給部曝露区インテグレーション
- 補給部曝露区機器の開発

曝露部分散機器の開発

MELCO	曝露部配電箱 (PDB)
NTS(旧 NEC)	ビデオスイッチャ

NTS（旧 NEC）
- 衛星間通信システム(ICS)

NTT データ
- ソフトウェア開発環境

NTS（旧 東芝）
- マニピュレータインテグレーション
- マニピュレータ機器の開発

日立
- アームの開発

図 8.2 JEMプロジェクトの開発実施体制

（2） 上記部門はコストのマージンとリスクをつねに認知しておく。
（3） 目標コストはあらかじめ各システムに配分し，追加は極力行わない。
（4） 追加コストが必要な要因が生じた場合，設計要求を見直し，それを補う削減要因を識別する。
（5） 設計の標準化，共通化を行い，まとめ買いを推進する。
（6） すべての個々の要求の根拠を再確認しつつ，契約内容を設定する。
（7） 設計ならびにソフトウェアなどのコスト見積りは包括的に行うのが難しいため，内容の識別ができたものから必要に応じて，個別に契約する。

以上のことを考慮した結果，JEM の開発は打上げスケジュールが当初に比べて大幅に遅延したにもかかわらず，目標コストの範囲で完了することができた。

8.2.3 リスク管理

国際宇宙ステーション計画では，開発の過程において，コスト，スケジュール，システム性能の点で要求を満足させることが困難な課題に数多く直面する。開発費はそれぞれの参加国の予算の範囲で進められるとはいえ，国際間の取決めを守ることは重要である。しかし，米国を中心とする宇宙ステーション計画では，米国の国内事情に左右されることが多い。特にスケジュールや，技術要求を米国の動きに応じて進めている日本にとって，自らの開発課題に加えてこれらの課題を解決していくことは重要であるが，困難で，かつ解決に時間を要する。したがって，発生する課題に対して，つねに管理を行い，米国などの参加国と課題を共有し，優先度をつけて解決する必要がある。このためリスク管理として，特定の課題に対し，その発生しうる蓋然性とその結果起こりうる影響の大きさを5段階に分けて管理を行いつつ，国際間での情報共有と国際調整ならびに国内での問題解決に当たってきた。リスク管理の優先度評価の一例を図 8.3 に示す。これにより優先度の高いリスクを識別，管理していく。

図8.3 リスク管理の優先度評価の例

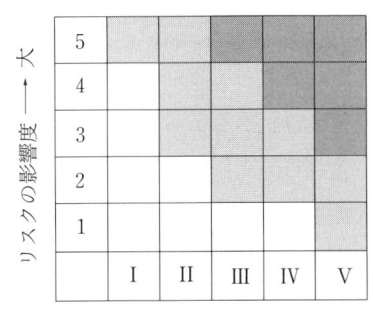

（縦軸：リスクの影響度 → 大、1〜5）
（横軸：リスクの蓋然性 → 高い、I〜V）

8.3 安全・開発保証

国際宇宙ステーション（ISS）の開発，運用，利用において，その目的を安全に達成させる活動を安全・開発保証（S & PA：safety and product assurance またはS & MA：safety and mission assurance）という。これは安全性，信頼性，保全性，部品材料，品質保証などの管理を統合的に実施することである。安全・開発保証の要求は，プログラムの開始から完了までのフライトハードウェア，ソフトウェアおよび地上支援装置の設計，開発，製造，組立て，試験，輸送および運用，利用のすべての範囲にわたって適用される。S & PA活動は，開発を実施する部門と，安全・開発要求を設定し，その履行を確認する独立した部門が協力して行う。ここでは，ISS計画におけるS & PA活動の概要を述べる。

8.3.1 安全管理

ISSの安全管理では，プログラムの全段階においてハザード（危険要因）を識別し，それらを排除または制御するとともに，残存リスクが許容し得るかどうかの判断に必要なデータを提示する。具体的な安全要求事項は，つぎのとおりである。

・システムの不具合あるいはその機能停止が，宇宙飛行士に対する致命傷や

ISS 全体の損傷を引き起こすシステムに対しては，二つの故障または誤操作があっても安全に保てるよう設計すること（2 故障許容）。

　また，宇宙飛行士に対して傷害や危険を与えるが致命傷にはならないものについては 1 故障許容が要求される。すなわち，万一故障があっても安全上の支障が生じないことが求められる。

- 構造のように故障許容設計が合理的でない場合は，十分な安全係数を確保することでリスクを最小にする設計が要求される。すなわち，故障が起こらないようにして安全上の支障が生じないようにする。
- ハザードの制御は設計による対処が第一に求められるが，運用による制御も認められる場合がある。
- 与圧室内での火災発生に備え，火災の兆候（煙）を検知し，消火する機能を持つこと。
- 緊急用の携帯酸素マスクなどの救命設備を整備し，万一の場合は緊急帰還機により地球に戻れること（したがって，常時滞在人員は緊急帰還機の収容可能人数以内に制限される）。
- 放射線対策として，地上での許容値をもとにシステムを設計し，被曝量を監視すること，また，太陽活動などの状況により，宇宙飛行士の軌道上で

表 8.1　JEM で識別されているハザード

1. 火災	16. 高温，低温物体への接触
2. 水の漏洩	17. シャープエッジおよび突起物
3. 空気の汚染	18. 挟込みおよび締付け
4. 環境の劣化	19. 放射線
5. 空気の漏洩	20. 騒音
6. 過圧負荷による構造破壊	21. 隔離，脱出の阻害
7. 圧力容器の破壊	22. 軌道上負荷による構造破壊
8. 負圧負荷による構造破壊	23. 電磁干渉による異常
9. 隕石・デブリの衝突	24. 不適切な搭乗員移動補助具および移動の阻害
10. 打上げ，帰還の際の構造破壊	
11. 軌道上において浮遊した機器の衝突	25. 無線電磁波放射
12. 移動物体の衝突	26. JEM からのガス放出による船外活動への危害
13. 回転物体の衝突	
14. ガラス破壊に伴う破片による危害	27. 地上局からの不慮の安全でない指令
15. 感電	

の滞在期間を見直すなどの運用による対策もとること。
- 隕石・デブリに対しては，与圧部構造に対し超高速ガス銃を用いた隕石・デブリの衝突地上試験と評価を行い，防護バンパを取り付けて安全を確保すること。
- 与圧機器および圧力容器は，破壊の前にリークをする（leak before burst）設計とすること。

JEM で識別されているハザードを表 8.1 に示す。

8.3.2 信頼性管理

信頼性要求を満足していることを保証するため，信頼性プログラム計画を作成する。信頼性を評価するための解析としては，つぎのものがある。
- 信頼度予測モデルに基づく設計トレードオフと信頼度予測
- 部品，コンポーネントレベルのストレス解析
- ワーストケース解析
- トレンド解析
- 故障モードおよび影響解析（FMEA）とクリティカルアイテムの識別（CIL：critical item list）
- 有効寿命品目の識別
- 設計過誤を含む人為的故障可能性の排除

信頼性を確認するための重要な方法は試験であり，試験の目的はつぎのとおりである。
- 設計された機能・性能の実証
- 故障モードに対する限界の識別評価
- 機器間のインタフェースの相互作用の評価
- 品質管理の欠陥による故障の洗い出し
- 故障率，寿命の評価

これらを踏まえて，システムのハードウェアがミッション遂行条件のもとで，所用の機能を発揮することを保証する。このため，部品，材料，ORU/コ

ンポーネント，サブシステム，システムの各レベルで設計要求に対して認定がなされる。

試験において，異常/故障が発生した場合はその内容の報告を行うとともに，原因究明のため異常/故障解析を実施し，結果を設計に反映して是正措置をとらなければならない。

8.3.3 保全性管理

ISS で，無人宇宙機の開発と大きく異なる要素として，軌道上保全設計がある。ミッション寿命期間中における運用要求を満足させるため，保全および補給の計画を明確にしなければならない。寿命期間中の機器の劣化，磨耗や性能低下によるシステムへの影響を未然に防止する予防保全を行うものはすべて識別し，事後保全を行うものと区別する。

保全計画にあたっては軌道上で異常/故障を発生した機器，有効寿命に達した機器などに対し，その修理，交換のために軌道上に保管する補用品，地上から補給する補用品を識別して，必要な保全スケジュールを設定する。保全作業を確実に実行できるように，保全性設計を行い，その活動を管理しなければならない。

保全性設計基準にはつぎのものが含まれる。

- モジュラー化
- アクセス性
- 正確な故障診断
- 標準化，共通化
- 交換性（取扱い，交換ツール，時間）
- 訓練の容易さ

さらに機器のアベイラビリティ，平均修復時間といった定量的なパラメータの設定を行い，これらの実現性を評価する。保全性の検証，評価には宇宙飛行士による人間工学的検証行為（FCIT：flight crew interface tests）も含まれる。

8.3.4 EEE（電気，電子，電気機構）部品および材料管理

JEM に使用する EEE 部品は JEM 承認部品リストに記載された部品から選定する。JEM 承認部品リストにない EEE 部品を使用する場合は，非標準部品申請に基づき部品ごとに妥当性を評価する。おもな評価項目は部品設計，製造工程，試験・検査である。

また，使用する EEE 部品は，設計時にはアズデザインド（as designed）部品リスト，製造時にはアズビルト（as built）部品リストにまとめられ，部品不具合の影響評価などに活用される。ハードウェア設計の一環として，EEE 部品の適用ストレスレベルが妥当であることを電気的，機械的，熱的，放射線などのストレスに対して解析し，加えて，寿命解析，故障履歴確認により評価する。

有人システムの特徴の一つとして材料管理があり，軌道上の与圧室内の空気の汚染，火災，構造破壊や臭気などに対する要求が課せられる。JEM に使用する材料は該当する材料特性を満足する必要がある。おもな材料特性は，有機材料に対するオフガス（材料から出るガス），燃焼性，臭気，金属材料に対する応力腐食割れである。これらの材料特性は JEM 材料選定リストや NASA の材料データベースに記載されており，データのない材料については試験により確認する。また，どうしても材料特性要求を満足しない部品を使わざるを得ない場合は，その使用ごとに，使用量，使用環境などを評価して使用する。

8.3.5 品質管理

開発する品目が調達，製造，検査，試験の各工程において適用される，規格，基準，仕様書に適合していることを保証する管理を行う。このため品質保証プログラム計画書を定め，品質保証要求を確認する設計審査，設計・製造工程確立のための認定審査，および納入品出荷にあたっての品質記録確認に対する計画を明確にする。特に製造管理においては，有効寿命品目の時間経過，使用に伴う品質劣化，特性変化（トレンド）の記録，静電気放電による電子部品の破損からの保護，温度，湿度，清浄度などの環境管理，特殊工程に対する管

理を適切に行わなければならない．また，不具合が発生した場合は，原因を追究し，現品に対する処置を決定し，必要な再発防止対策を行う．現品処置には，つぎのものがある．

- 再加工：追加作業などで要求に適合する状態にすること
- 修　理：最終品目の機能，性能，信頼性などに影響を与えない範囲で使用可能な状態にすること
- 廃　却：修理などを行っても使用に適さないと判断されるときの処置
- そのまま使用：最終品目の機能，性能，信頼性などに悪影響を与えず使用できると判断されるときの処置

これらの判断は不具合の重要度により異なる．

8.3.6　ソフトウェアの安全・開発保証管理

ISS 計画においては宇宙飛行士によるシステムの運用，保全が可能であるが，クルー活動には制限，制約があることから可能な範囲での自動化が求められ，そのためのソフトウェアを確実に開発・維持するソフトウェアの安全・開発保証管理（SPA：software product assurance）が特に重要となっている．おもな対象ソフトウェアの例を**表 8.2** に示す．

表 8.2　ソフトウェアの安全・開発保証管理の対象ソフトウェア

1．フライトソフトウェア
2．フライトソフトウェアの開発，検証，維持などに使用されるソフトウェア
3．地上管制センターで使用するソフトウェアのうち軌道上要素とインタフェースを持つソフトウェア
4．軌道上運用を模擬するためのモデル，シミュレーションなどに使用される試験・検証ソフトウェア

SPA の要求には，SPA 活動の組織，計画作成などの一般管理要求から，ソフトウェア文書，ソースコードなどに対する品質保証要求，コンフィギュレーション管理要求，不具合管理要求などがある．また，JEM のフライトソフトウェアについては，軌道上の安全対策として，動作させたいときに正しく動作

し，動作してはならないときに誤って動作しないためにソフトウェア構成の故障許容性/一貫性などのソフトウェア安全要求が課せられる。

　ソフトウェアの開発，検証などで使用されるソフトウェアツール（コンパイラ，デバッガなど）についても使用前にコンフィギュレーション管理下に置かれ，それらツールの修正，更新がなされた場合，変更後の確認や，更新記録が確実になされなければならない．ソフトウェアの信頼性，品質保証はハードウェアの信頼性，品質保証活動と基本的には同一の活動を行うが，ソフトウェア固有の故障解析，ハザード解析が必要である．

　また，ソフトウェアは特に設計者の設計過誤，条件分岐の多様性によるすべての検証の困難があるため，重要なソフトウェアに対しては開発者とは独立の機関による妥当性，正当性の評価が重要になってくる．

9 将来に向けての宇宙ステーション構想

9.1 宇宙環境と人間

　宇宙空間は，決して静かで平和な場所ではない。プラズマ風が吹き，荷電粒子が飛び交い，重力ポテンシャルの山谷がある動的かつ高真空度の空間で，人間の生存に対しては，きわめて厳しい環境である。人間が宇宙空間に居住する場合にまず考えなければならないのが，そのような宇宙環境との適合性である。

　人間を生物学的に定義すると，地球上に発生し，高度に進化した，2足歩行の，雌雄両性の区別のある脊椎動物である。地球上で進化してきたことから当然地球の自然環境に適応している。このように，地球上で進化してきた生物としての人間が，宇宙環境の中でいかなる影響を受けるかということと，害をなす宇宙環境に対して適切な防護手段を取りうるかということは基本的な問題であり，そのような観点から，宇宙環境の人体に与える影響とそれに対する防護策の有無を調べた結果が表9.1である。表において，宇宙環境の分類・定義は，文献(2)をガイドラインとして行った。

　宇宙環境の大部分は与圧環境を与えることによって，多かれ少なかれ防護対策が取れるが，微小重量環境（月・惑星上を除いては，一般的に無重量状態となる）のみは通常の手段では，対策をとることができない。遠心力を与えることによって人工重力を与えることが考えられているが，小形の宇宙ステーションで，回転の遠心力によって人工重力を与えることは，回転中心からの距離に

表 9.1 宇宙環境の人体に与える影響とそれに対する防護策

宇宙環境	人体への影響など（括弧内は考えうる防護策）
高層大気・高真空	呼吸困難，血液の蒸発（与圧環境を与える）
プラズマ環境	放射線被爆（与圧環境下では防護されている）
荷電粒子環境	放射線被爆（防護困難）
電磁波環境	放射線被爆（与圧環境下では，ある程度防護される）
宇宙機の周りに作られる環境	（与圧環境下では防護されている）
隕石とデブリ	傷害（与圧環境下では直接の危害はないが，隕石・デブリの衝突で与圧環境を破壊されることによって間接的被害を受ける可能性あり）
地球磁場	強い磁場のもとでは影響がある（シールドによって防護される）
熱環境	環境温度上昇あるいは低下（環境制御により防護）
微小重量環境	心肺循環系異常，骨からのカルシウム喪失，神経・前庭系異常（平衡感覚異常），体液分布変化（定住の場合，人工重力を与えて防護。定住でない場合には，運動でカルシウム喪失から防護）
その他	季節感・生活リズムの乱れ（生活リズムの乱れには人工的な日の出・日没で対応）

よって加速度が異なる，コリオリの加速度が生ずるなどの理由により，好ましくなく，ミールや国際宇宙ステーションなどでは，むしろ無重量の状態のままとし，進行性のある骨からのカルシウム喪失に対して，運動をするなどの対策を講ずることが一般に行われている．しかし，定住の宇宙ステーションが実現した場合には，人工重力を与えることは必須条件であろう．

9.2 文化的・社会的・経済的存在としての人間[3],[4]

一方，人間はまた，文化的動物であり，心理的な行動をし，生きていくためには，文化的・社会的環境を必要とする．すなわち，言語でのコミュニケーションができる環境，さらには，心の通い合える仲間を必要とし，また，医療・教育・福祉などの環境が整っていて，レクリエーション，ペットなど，単に生きていくだけではなく，生活を豊かにする環境の存在も必要である．

また，その社会の構成要員が，個人として経済的に独立していて，社会の中である役割を持ち，社会に実質的に貢献しているという認識をそれぞれ持っていることが，生きていく原動力として必要であるという事実を忘れてはならない。

さらに，宇宙空間にある生活圏を作ったときに，その構成員が心理的に孤立しているという認識を持たないようにすること，すなわち，地球への輸送システム，通信システムが完備していて孤立感がないことも大切である。将来の宇宙ステーションでは，これらのことすべてを考慮しなければならない。

9.3 閉鎖生活空間と閉鎖生態系

エネルギーや情報の出入りはあっても，物質の出入りのない空間を閉鎖空間と呼ぶ。太陽エネルギーの供給を受けて自給自足している地球も一つの閉鎖空間である。宇宙で人間の生活できる空間を作るとき，それは，ミニ地球のような閉鎖空間でなければならない。このような空間は，一般的に閉鎖生活空間と呼ばれている[1]。

地球の生態系とは，地球上のすべての生物とそれを取り巻く環境とを包括したシステムである。生態系には，生産者，消費者，分解者（還元者）があり，例えば，植物は生産者として光合成で栄養物を作り出し，動物はそれを消費し，バクテリアなどが動物の死骸を分解（還元）するような一つの連鎖を形成している。地球は，エネルギーと情報を外部から供給されることを除けば，生態系としてそれ自体で閉鎖しているので閉鎖生態系と呼ばれる。地球のような自然の閉鎖生態系に対して，人間が人工的に作る閉鎖生態系を人工閉鎖生態系と呼ぶ。

すなわち，上記の閉鎖生活空間は，人工閉鎖生態系でなければならない。それに加えて，文化・社会的環境と経済活動基盤が整備されていることが，人間が宇宙に住む条件として要求されているのである。

閉鎖生活空間の展開の段階を追って分類してみると**表9.2**のようになると考

表9.2 閉鎖生活空間の段階別区分[6]

段階	滞在指数〔人/年〕	循環系	文化的・社会的・経済的環境	備考
第一段階	～3	なし 循環系クラス6, 7	なし 個人のプライバシー考慮せず	短期滞在形 (man-tended) スカイラブ, サリュート
第二段階	3～30	物理・化学的ECLSSで一部循環（水，酸素），循環系クラス5	個人のプライバシー多少考慮	地球周回長期滞在形ミール，国際宇宙ステーション
第三段階	30～300	物理・化学的ECLSSで水，酸素完全リサイクル 循環系クラス4	個人のプライバシー考慮 公共の遊びの空間が加わる	月・惑星科学研究基地 大形軌道上宇宙ステーション
第四段階	300～3 000	固形物一部リサイクル 食糧一部生産 循環系クラス3	―	同上．教育・観光目的などが加わる
第五段階	3 000～30 000	固形物・廃棄物リサイクル 食糧生産 循環系クラス2	―	恒久的教育施設・観光施設 一部永久的居住が始まる
第六段階	30 000～300 000	物理・化学的/生物系ECLSS並行利用 循環系クラス1	文化，教育，医療施設などが加わる	月・惑星上あるいは宇宙空間の小形居住基地（数万人～数十万人規模）
第七段階	300 000～	生物学的ECLSS	経済活動（産業，商業，金融など）を行う	月・惑星上あるいは宇宙空間内の大形居住基地（数十万人～百万人規模）

えられる。

　宇宙空間において閉鎖生活空間を実現するということは，地球上でのいろいろな物質循環過程を単純化し，その過程を工学的方法によって再現することである．

　これらの工学的方法の中で，特に開発要素の大きいのは，連鎖の中の分解（還元）に相当するリサイクル（あるいは再生）技術である．リサイクルの程度は，閉鎖生活空間の閉鎖度に関連する[1]．閉鎖度の低い閉鎖生活空間（短期

間の宇宙飛行・宇宙ステーション滞在）では，要求されるリサイクル度は低いが，閉鎖度が，宇宙ステーションでの長期滞在，惑星間飛行，月・惑星基地と，上昇するにつれ，要求されるリサイクル度が高くなる。

　これまでの宇宙船や宇宙ステーション（国際宇宙ステーションを含む）で試みられてきた閉鎖生活空間の工学的方法による実現は，室内大気の圧力と組成，温度，湿度などを一定の範囲内に保つ環境制御技術と，酸素，水などの基幹物質をリサイクルして再生させる技術の開発に向けられていた。

　人間の排出するCO_2は，スカイラブやサリュートでは，水酸化リチウム（LiOH），酸化カリウム（K_2O）などで吸着して，地球に持ち帰っていたが（第一段階），ミールや国際宇宙ステーションでは，アミン，モレキュラシーブなどの入ったキャニスタにいったん吸着させたCO_2を，キャニスタを加熱することによって取り出し，ボッシュ反応あるいはサバチエ反応を用いて酸素を再生すること，再生水を電気分解して酸素を取り出すことなどが試みられている。また，除湿機で集められた呼気・汗などからの水分の回収・再利用，尿・シャワー排水などの浸透膜あるいは蒸留などの方法による浄化・再使用も現在すでに実施されている。固形廃棄物のリサイクルなども地上実験を経て，軌道上での実験段階に移行しつつある（以上は第二段階）。

　地球に近い惑星への飛行では，多分，要求される閉鎖生活空間は長期滞在形の宇宙ステーションと同程度であるが，遠距離の惑星への飛行あるいは，月・火星上の科学基地（訪問滞在形）となると，要求される閉鎖度が上昇してきて，人間の排泄物を含む固体・液体廃棄物のほとんどをリサイクルして再使用する（例えば肥料として食用植物を栽培する）ことが求められ，また，ある程度の社会・文化的環境が求められてくるであろう（第三段階）。

　この段階の閉鎖生活空間の実験を地上で行ったのが，1991年9月から2年間，アリゾナの砂漠の中に約1ヘクタールのドームを築き，この中に8人の男女を入れて行った米国のバイオスフェアⅡである。この実験は，地球環境と同じ状況を作り出すことがいかに難しいかという課題を残して終了したが，その経験を生かして，さらに改良した実験を行う計画が青森県六ヶ所村の環境科学

技術研究所で立てられている[1]。

　第二段階の閉鎖生活空間は，主として訓練された人間を対象とするが，第三段階以降になると，必ずしも訓練を受けない人たちも対象になってくる。

　定住形になると，閉鎖生活空間の段階がさらに進むが，第四～六段階では，教育・医療なども含めた完全な社会・文化環境が整い，第七段階になると，産業が興こり，みずから経済活動をするようになり，商業・工業・金融業などの経済的基盤の整備も必要になる。

　人類の宇宙空間進出は，ようやく第二段階の閉鎖生活空間を作り出すところに到達しつつあるが，第四段階以降の閉鎖生活空間はもとより，第三段階の閉鎖生活空間実現に至るまででも，技術と周囲状況の十分な熟成が必要で，これから先の道のりは長い。

9.4　定住形大形宇宙ステーション

　表9.2の分類に従うと，第四段階ないしは第五段階の閉鎖生活空間に相当する定住形の大形宇宙ステーションは，宇宙コロニー，宇宙島，などとこれまで呼ばれてきた。英語では，space complex, space settlements, spaceplex などと呼ばれている。

　イギリスの生物学者バーナル（J. D. Bernal）は，球形で1万人規模の宇宙空間複合体，いわゆる「バーナル球体」（Bernal sphere）構想を1929年の著書の中で述べているが，大規模な宇宙空間の居住地についての現代的な構想の最初のものであると考えられる。

　プリンストン大学のオニール（G. O'Neill）は，1974年，四段階の円筒形の宇宙ステーション構想を発表した。第一段階は，直径100 m，長さ1 kmの円筒で，約1万人を収容でき，第四段階は，直径3.2 km，長さ32 kmで，20万人以上（生態学的限界は2 000万人）を収容できる。円筒の外側には，大きな鏡があり，人工的に生活リズムを作り出せる。

　1975年，オニールも参加して，スタンフォード大学で夏季研究会が開かれ，

その結果として，第五ラグランジュ点に建設される1万人用の宇宙ステーション，いわゆる"スタンフォード・トーラス(Stanford truss)"が発表された[4]。ドーナツ状の形状をし，軸に対して斜めに取り付けられた反射鏡で太陽光を調節し，人工的に1日のリズムを作り出している。

スタンフォード大学での研究会は，この種の宇宙空間での居住地は，人間の生物学的・生理的な安全性・快適性に加えて，心理的・美的需要，社会的要件も満たさねばならないとして，その設計条件を，おおよそつぎのように検討している[2]~[4]。

（1）　重　力：宇宙に住む人たちには，$1g$レベルの重力が必要であろう。人工重力は，回転で与えられるが，回転数は1 rpm程度が適当であろう。

（2）　大　気：大気の成分として酸素・窒素が必要である。CO_2は規定値以下に抑える。

（3）　ストレスを軽減させる環境設計が必要である。

（4）　必要空間（面積）の確保（住民1人当り40 m^2以上の面積）

（5）　サイズ：商業活動が行われるためには10～20万人，生産活動が行われるためには20～50万人規模が必要（10万人規模以下の居住地は，地球からの支援が常時必要）

（6）　輸送・通信システム：孤立感を持たせないために，地球との間の輸送・通信システムを確保する必要がある。

（7）　秩序と安全：秩序と安全の維持には十分な配慮を払わなければならない。

そして，生物学・生理学的な設計基準と広い意味の環境ならびに組織の設計基準を与えている。

定住形大形宇宙ステーションの実現に向けては，なお多くの研究が必要である[5]~[6]。

略　語　集

0 FT	zero failure tolerant	故障を許容しない設計（1台構成）
1 FT	one failure tolerant	一重故障を許容する設計（2台構成）
2 FT	two failure tolerant	二重故障を許容する設計（3台構成）
AAA	avionics air assembly	アビオニクス空気アセンブリ
AIP	agreement in principle	（JEM打上げ費代替の）原則合意
APM	attached pressurized module	欧州の実験棟の初期の名称で，現在のコロンバス実験棟
ARC	Ames Research Center	エームズ研究センター（NASA）
ARIS	active rack isolation system	モジュール内微小重力環境改善能動式ラック制振装置
ASC	aisle stowage container	通路側の保管コンテナ
ASTP	Apollo Soyuz test program	アポロ・ソユース試験プログラム
ATCS	active thermal control system	能動熱制御系
ATU	audio terminal unit	音声端末装置
ATV	automated transfer vehicle	自動形軌道間輸送機（ESA）
B,$	billion dollar	10億ドル
BIT/BITE	built-in test/equipment	組込み形試験装置
CAM	centrifuge accommodation module	人工重力発生装置搭載モジュール（セントリフュージ）
CBM	common berthing mechanism	共通結合機構
CDG	concept development group	概念開発作業グループ
C & DH	command and data handling	コマンドおよびデータハンドリング

CDR	critical design review	詳細設計審査
CDRA	carbon dioxide removal assembly	二酸化炭素除去アセンブリ
CETF	critical evaluation task force	評価タスクチーム
CHeCS	crew health care system	搭乗員健康管理システム
CMG	control moment gyroscope	コントロール・モーメントジャイロ
CMS	countermeasures system	予防システム
COUP	consolidated operations and utilization plan	ISS統合運用・利用計画
CR	centrifuge rotor	人工重力発生装置（セントリフュージロータ）
CRV	crew return/rescue vehicle	緊急帰還機
CSA	Canadian Space Agency	カナダ宇宙庁
CSC	Commercial Space Center	米国の商業宇宙センター
C & T	communication and tracking	通信および追跡
C & W	caution & warning	警告・警報
D & C	display and control	表示制御盤
DC	docking compartment	ドッキング室（ロシア）
DIU	data interface unit	データインタフェース装置
DTC	design to cost	目標コスト内に開発資金を収める活動
EEL	emergency egress lights	緊急脱出用照明
EETCS	early external thermal control system	初期外部熱制御系
EEU	experiment exchange unit	ペイロード取付け機構（曝露部）
EF	exposed facility	JEM船外プラットホーム（曝露部）
EHS	environmental health system	環境衛生システム
ELM-ES	experimental logistics module-exposed section	JEM船外パレット（補給部曝露区）
ELM-PS	experimental logistics module-pressurized section	JEM船内保管庫（補給部与圧区）
EM	engineering model	技術試験モデル

EMU	extravehicular mobility unit	宇宙服（米国）
ERA	European robotic arm	欧州ロボットアーム
ESA	European Space Agency	欧州宇宙機関
ETCS	external thermal control system	外部熱制御系
EVA	extravehicular activity	船外（宇宙）活動
EVR	extravehicular robotics	船外ロボティクス作業
FCIT	flight crew interface tests	宇宙飛行士による人間工学的検証行為
FCS	flight crew systems	フライトクルーシステム
FDIR	fault detection, isolation, and recovery	故障検知・分離・識別
FGB	functional cargo block Функционально-грузового блока（ФГБ）	機能貨物ブロック（ロシア語の略称）愛称；ザーリャ
FMEA	failure mode and effects analysis	故障モードおよび影響解析
FRGF	fligth releasable grapple fixture	受動型グラップルフィクスチャ
FSA	Federal Space Agency	ロシア宇宙庁（旧RSA）
GCTS	Gagarin Cosmonaut Training Center	ガガーリン宇宙飛行士訓練センター
GF	grapple fixture	グラップルフィクスチャ
GLA	general luminaire assembly	一般照明組立て
GLONASS	global navigational satellite system	全方位航法衛星システム（ロシア）
GNC	guidance, navigation and control	誘導・航法・制御系（米国）
GPS	global positioning system	全方位航法システム（米国）
HMS	health maintenance system	健康維持システム
HTV	H-IIA transfer vehicle	宇宙ステーション補給機
IAS	internal audio subsystem	内部オーディオサブシステム
ICS	inter-orbit communications system	衛星間通信システム
IDR #1	incremental design review #1	第一段階設計審査
IDRD	increment definitions requirements document	単位期間定義・要求文書

IFHX	interface heat exchanger	インタフェース熱交換器
IGA	inter-government agreement	政府間協定
IMMI/EMMI	IVA/EVA man-machine I/F	IVA/EVA マン-マシンインタフェース
IMV	intermodule ventilation	モジュール間換気
IP	international partner	国際パートナ
IRR	interface requirements review	インタフェース要求審査
ISPR	international standard payload rack	国際標準ペイロードラック
ISR	interim systems review	中間システム審査
ISS	International Space Station	国際宇宙ステーション
ITCS	internal thermal control system	内部熱制御系
ITOO	integrated tactical operations organization	統合された詳細計画運用機関
IVA	intravehicular activity	船内（宇宙）活動
JAXA	Japan Aerospace Exploration Agency	宇宙航空研究開発機構 （旧 NASDA）
JCP	JEM control processor	JEM 管制制御装置
JEM	Japanese experiment module	日本実験モジュール （愛称；きぼう）
JSC	Johnson Space Center	ジョンソン宇宙センター
KSC	Kennedy Space Center	ケネディ宇宙センター
LCA	lab cradle assembly	ラボクレイドルアセンブリ
LEE	latching end effector	ラッチ型エンドエフェクタ
LOS	loss-of-signal	信号通信不能状態
LSG	life science glovebox	生命科学グローブボックス （生物実験用の隔離処理室）
LTL	low temperature loop	低温ループ
LVLH	local vertical/local horizontal	局所的垂直/局所的水平姿勢
MAP	microgravity application programme	欧州宇宙機関（ESA）の微小重力応用プロジェクト
MAXI	monitor of all-sky X-ray image	全天 X 線監視ミッション
MBS	mobile remote servicer base system	移動形遠隔支援ベースシステム

MCB	multilateral coordination board	多国間調整委員会
MCC-H	mission control center-Houston	ヒューストンのミッション管制センター
MCC-M	mission control center-Moscow	モスクワのミッション管制センター
MCG	multilateral commercialization group	ISS 多国間商業化グループ
MCOP	multilateral crew operations panel	多国間搭乗員運用パネル
MCS	motion control system	軌道上要素運動制御システム（ロシア）
MDM	multiplexer/demultiplexer	米国コンピュータ
MIM	multi-increment manifest	複数単位期間目録（インクリメントごとの輸送計画）
MLI	multi-layer insulation	多層断熱材
MMT	mission management team	運用管理会議
MOSST	Ministry of States for Science and Technology	カナダ科学技術省
MOU	memorandum of understanding	了解覚え書
MPESS	mission peculiar experiment support structure	ミッション固有実験支持構造部
MPEV	manual pressure equalization valve	手動均圧弁
MPLM	multi-purpose logistics module	多目的補給モジュール（イタリア）
MRWG	mission requirements working group	ミッション要求作業グループ
MSFC	Marshal Space Flight Center	マーシャル宇宙飛行センター（NASA）
MSS	mobile servicing system	移動形支援システム
MT	mobile transporter	移動台車
MTC	man tended capability	有人支援機能
MTBF	mean time between failures	平均故障間隔
MTL	moderate temperature loop	中温ループ

MUF	multi-user facility	共通実験装置
NASA	National Aeronautics and Space Administration	米国航空宇宙局
NASDA	National Space Development Agency of Japan	宇宙開発事業団（JAXAと改称）
NSC	National Space Council	米国宇宙評議会
OOS	on-orbit operations summary	日単位の運用計画
O & PE	operational & personal equipment	作業用および個人用機器
ORU	orbital replacement unit	軌道上交換ユニット
PBA	portable breathing apparatus	携帯用呼吸器
PCC	program coordination committee	計画調整委員会
PCS	portable computer system	ラップトップコンピュータ
PCU	plasma contactor unit	プラズマコンタクターユニット
PDB	power distribution box	配電箱
PDGF	power and data grapple fixture	電力・データ供給型グラップルフィクスチャ
PDR	preliminary design review	基本設計審査
PDU	power distribution unit	分電盤
PEHG	payload ethernet hub gateway	ペイロードデータの収集用中速イーサネットハブゲートウエイ
PEP	portable emergency provision	携帯用緊急設備
PFM	proto-flight model	プロトフライトモデル
PLSS	primary life support system	主生命維持システム
PM	pressurized module	JEMの船内実験室（与圧部）
POIC	Payload Operations Integration Center	搭載物（ペイロード）運用統合センター（米国，ハンツビル）
PPA	pump package assembly	ポンプパッケージアセンブリ
PRR	program requirements review	プログラム要求審査
P & S	pointing and support system	指向制御・支援システム
PTCS	passive thermal control system	受動熱制御系
QDM	quick done mask	簡易着用マスク（EVA）
RFP	request for proposal	開発提案要請

略　　語　　集　　**233**

RGA	rate gyro assembly	レートジャイロアセンブリ
RHC	rotational hand controller	回転ハンドコントローラ
RMS	remote manipulator system	遠隔マニピュレータシステム
RSA	Russian Space Agency	ロシア宇宙庁（FSAと改称）
RSP	re-supply and stowage platform	補給品保管ラック
RUR	reference update review	基準更新審査
SAFER	simplified aid for EVA rescue	EVA救助簡易支援装置
SDR	systems design review	システム設計審査
SEDA-AP	space environment data acquisition equipment-attached payload	宇宙環境計測ミッション
SM	service module	サービスモジュール（ロシア居住棟）
SMILES	superconducting submillimeter-wave limb-emission sounder	超伝導サブミリ波リム放射サウンダ
SOC	space operation center	宇宙運用センター
SOP	system operations panel	システム運用パネル
SOP	supplementary oxygen pack	補助酸素パック
S & PA	safety and product assurance	安全・開発保証
SPA	software product assurance	ソフトウェアの安全・開発保証管理
SPDM	special purpose dexterous manipulator	特殊目的精密マニピュレータ
SPP	solar power platform	科学電力プラットホーム（ロシア）
SRR	system requirements review	システム要求審査
SSCB	space station control board	宇宙ステーション管理会議
SSCC	Space Station Control Center	ヒューストンのISS管制センター
SSIPC	space station integration and promotion center	宇宙ステーション総合センター（JAXA）
SSRMS	space station remote manipulator system	宇宙ステーション遠隔マニピュレータシステム（カナダアーム）

SSU	sequential shunt unit	シーケンシャルシャントユニット
SVS	space vision system	スペースビジョンシステム
TCS	thermal control system	熱制御系
TDRS	tracking and data relay satellite	追跡・データ中継衛星（米国）
TEA	torque equilibrium attitude	トルク平衡姿勢
THC	translational hand controller	並進ハンドコントローラ
TNSC	Tanegashima Space Center	種子島宇宙センター（JAXA）
ULC	unpressurized logistics carrier	非与圧補給キャリヤ
UOP	user operations panel	利用者運用パネル
VDS	video distributions subsystem	ビデオ配布サブシステム
WETS	weightlessness environment test system	無重量環境試験設備（JAXA）
XPOP	X-axis perpendicular to orbit plane	軌道面垂直X軸姿勢

引用・参考文献

〔1章〕

(1) G.R. Woodcock：“Space Station and Platforms”, Orbit (1986).
(2) E. Messerschmid and R. Bertrand：“Space Stations”, Springer (1999).
(3) 狼　嘉彰, 冨田信之, 中須賀真一, 松永三郎：“宇宙ステーション入門”東京大学出版会（2002）.
(4) J. M. Logsdon and G. Butler：“Space Station and Space Platform Concept: A Historical Review”, (I. Bekey and D. Herman, ed.：“Space Stations and Space Platforms-Concepts, Design, Infrastructure, and Uses”, AIAA (1985)の第4章).
(5) G. R. Woodcock：“Space Station and Platforms”, Orbit (1986).
(6) J. M. Logsdon：“Together in Orbit, The Origin of International Participation in the Space Station”, (1998).
(7) 宮沢政文：“宇宙基地計画の展望”, 電子情報通信学会誌（1987.8）.
(8) W. E. Burrows：“This New Ocean”, Random House (1998).
(9) M. Logsdon and G. Butler,：“Space Station and Space Platform Concept: a historical Review”, (I. Bekey and D. Herman, ed.：“Space Stations and Space Platforms-Concepts, Design, Infrastructure, and Uses”, AIAA (1985)の第4章).
(10) J. D. Fisher：“Skylab” (I. Bekey and D. Herman, ed.：“Space Stations and Space Platforms-Concepts, Design, Infrastructure, and Uses”, AIAA (1985)の第2章第1節).
(11) L. David：“Steering the station back on the course”, Aerospace America, pp. 36-43 (2002.4).
(12) J. Oberg：“STAR-CROSSED ORBITS: Inside the U.S.-Russian Space Alliance”, McGraw-Hill (2002).
(13) В. П. Грушко 編集：“Энциклопедия Космонавтика（宇宙科学百科辞典）”, Москва (1985).
(14) D. Newkirk：“Almanac of Soviet Manned Space Flight”, Gulf (1990).

(15) 大田憲司："有人宇宙基地・ミール", 新読書社 (1995).
(16) M. S. Smith："The Soviet Salyut Space Station Program", (I. Bekey and D. Herman, ed.："Space Stations and Space Platforms-Concepts, Design, Infrastructure, and Uses", AIAA (1985)の第2章第2節).
(17) Jane's Space Directory, (1998〜1999).
(18) 的川泰宣："ミール落下日誌", 宇宙科学研究所ホームページ．
(19) D. M. Harland："The MIR Space Station；A Precursor to Space Colonization", John Wiley & Sons (1997).

〔2章〕

(1) "System Specitication for the lnternational Space Station", NASA SSP 41000 Revision AP (2004.1).
(2) "International Space Station Familiarization", NASA Mission Operations Directorate, Revision B (2001.7).

〔3章〕

本章については，日本航空宇宙学会誌の連載特集，"国際宇宙ステーション日本実験モジュール「きぼう」の全貌"に詳しい解説がある．以下においては，「同上連載第1回」のように略記する．

(1) 堀川 康："同上連載第1回：国際宇宙ステーション計画の概要", 日本航空宇宙学会誌, Vol. 49, No. 571, pp. 192-198 (2001).
(2) 白木邦明："同上連載第2回：「きぼう」全体システム", 日本航空宇宙学会誌, Vol. 49, No. 572, pp. 211-225 (2001).
(3) 坂下哲也："同上連載第3回：船内実験室と船内保管庫", 日本航空宇宙学会誌, Vol. 49, No. 573, pp. 248-263 (2001).
(4) 小鑓幸雄, 和田 勝："同上連載第4回：船外実験プラットフォーム", 日本航空宇宙学会誌, Vol. 49, No. 574, pp. 273-286 (2001).
(5) 永井直樹："同上連載第5回：船外パレット", 日本航空宇宙学会誌, Vol. 49, No. 575, pp. 311-219 (2001).
(6) 土井 忍 他："同上連載第6回：ロボットアーム", 日本航空宇宙学会誌, Vol. 50, No. 576, pp. 7-14 (2002).
(7) 伊藤 剛："同上連載第7回：衛星間通信システム", 日本航空宇宙学会誌, Vol. 50, No. 577, pp. 23-32 (2002).
(8) 酒井純一："同上連載第8回：系統概要(1)監視制御系", 日本航空宇宙学会

誌,Vol. 50, No. 578, pp. 35-45 (2002).
(9) 小松正明："同上連載第9回：系統概要（2）電力系", 日本航空宇宙学会誌, Vol. 50, No. 579, pp. 59-72 (2002).
(10) 上杉正人 他："同上連載第10回：系統概要（3）通信制御系", 日本航空宇宙学会誌, Vol. 50, No. 580, pp. 92-102 (2002).
(11) 青木伊知郎 他："同上連載第11回：系統概要（4）熱制御系", 日本航空宇宙学会誌, Vol. 50, No. 581, pp. 124-132 (2002).
(12) 青木伊知郎 他："同上連載第12回：系統概要（5）環境制御系", 日本航空宇宙学会誌, Vol. 50, No. 582, pp. 153-162 (2002).
(13) 和田 勝, 山本哲也："同上連載第13回：系統概要（6）構造・艤装系", 日本航空宇宙学会誌, Vol. 50, No. 583, pp. 182-190 (2002).
(14) 豊部 睦, 久保田伸幸："同上連載第14回：系統概要（7）機構系", 日本航空宇宙学会誌, Vol. 50, No. 585, pp. 239-248 (2002).
(15) 吉原 徹 他："同上連載第15回：宇宙ステーション特有の設計（1）安全設計", 日本航空宇宙学会誌, Vol.50, No.587, pp.300-307 (2002).
(16) 林 直司, 岸 克宏："同上連載第16回：宇宙ステーション特有の設計（2）部品・材料設計", 日本航空宇宙学会誌, Vol.51, No.588, pp.15-22 (2003).
(17) 山口孝夫："同上連載第17回：宇宙ステーション特有の設計（3）人間工学設計", 日本航空宇宙学会誌, Vol.51, No.589, pp.51-59 (2003).
(18) 酒井純一 他："同上連載第18回：宇宙ステーション特有の設計（4）フライトソフトウェア設計", 日本航空宇宙学会誌, Vol.51, No.591, pp.118-125 (2003).
(19) 高柳昌弘 他："同上連載第19回：「きぼう」の利用", 日本航空宇宙学会誌, Vol.51, No.592, pp.146-153 (2003).
(20) 中原潤二郎："同上連載第20回：日本実験モジュール「きぼう」の運用と運用システム", 日本航空宇宙学会誌, Vol.51, No.593, pp.170-178 (2003).
(21) 筒井史哉, 金子洋介："同上連載第21回（最終回）：「きぼう」の組立・起動", 日本航空宇宙学会誌, Vol.51, No.595, pp.216-226 (2003).

〔4章〕

(1) H. Uematsu, et al.:"Gravitational Biology in Space-Development of Centrifuge Facility for the International Space Station", ISTS 2002-o-4-09V, 23rd ISTS, May-June, (2002).

〔5章〕

（ 1 ）　3章の(20)の文献
（ 2 ）　3章の(21)の文献

〔6章〕

（ 1 ）　東　久雄 編：“宇宙環境利用の基礎と応用”，宇宙工学シリーズ 5，コロナ社（2002）．
（ 2 ）　日本マイクログラビティ応用学会編集：“宇宙実験最前線-DNA の突然変異から謎の対流出現まで”，ブルーバックス，講談社（1996）．
（ 3 ）　3章の(19)の文献
（ 4 ）　宇宙環境利用部会報告書：“宇宙環境利用の新たな展開に向けて”，科学技術庁（1996.7）．
（ 5 ）　宇宙開発委員会利用部会報告書：“我が国の国際宇宙ステーション運用・利用の今後の進め方について”，文部科学省（2004.6）．
（ 6 ）　小田原　修 監修：“軌道上実験概論，宇宙・流れ・生命”，海文堂出版（2000）．
（ 7 ）　井口洋夫 監修：“宇宙環境利用のサイエンス”，裳華房（2000）．

〔7章〕

（ 1 ）　3章の(20)の文献

〔8章〕

（ 1 ）　C. Bin："Studies in International Space Law", Clarendon Press (1997).
（ 2 ）　S. Gorove："Developments in Space Law", Dordrecht (1991).
（ 3 ）　Agreement among the Government of Canada, Governments of Member States of the European Space Agency, the Government of Japan, the Government of Russian Federation, and the Government of the United States of America Concerning Cooperation on the Civil International Space Station.
（ 4 ）　Memorandum of Understanding between the Government of Japan and the National Aeronautics and Space Administration of the United States of America Concerning Cooperation on the Civil International Space Station.

〔9章〕

(1) 新田慶治, 木部勢至朗："宇宙で生きる", テクノライフ選書, オーム社 (1994).
(2) A. C. Tribble："Space Environment", Princeton University Press (1995).
(3) G. H. Stine："Living in Space", Evans (1997).
(4) NASA SP-413, "Space Settlements" (1977).
(5) 冨田信之："宇宙システム入門", 東京大学出版会 (1993).
(6) 狼　嘉彰, 冨田信之, 中須賀真一, 松永三郎："宇宙ステーション入門", 東京大学出版会 (2002).

おわりに

　本書は，現在建設途上の国際宇宙ステーション ISS とこれを支える支援技術について，その成立過程，米国 NASA・ロシア・欧州諸国などを含む全体構想，日本の参加形態，運用と利用の仕組み，将来構想などについて述べた．建設が軌道に乗り出した 2003 年初頭に，不幸にもスペースシャトル「コロンビア号」（ミッション番号 STS-107）が帰還途中で空中分解するという重大事故が発生した．

　コロンビア号は，宇宙ステーションの建設に直接使用されていたわけではなかったが，宇宙輸送システムの中心を担うスペースシャトル「エンデバー号」，「ディスカバリー号」，「アトランティス号」の運用再開には事故原因の究明がなされ対策が講じられる必要があり，組立てスケジュールの遅れは避けられない状況が生じた．日本においても，この事故の影響を見きわめ，利用計画に対する影響を検討する作業が進められている．

　1984 年になされたレーガン米国大統領の呼びかけに応じて参加を決定してから，すでに 20 年の歳月が流れようとしている．日本が参加するにあたって目標とした「有人宇宙技術の習得」は達成されたのかどうか，また，ISS 利用の宇宙実験の枠組みは整備され成果の見通しは得られたのか，などが問われる段階にきている．

　日本実験モジュール「きぼう」（JEM）の構成システムを開発し運用に参加することにより，長期宇宙滞在に必要な基本技術の多くを学び経験したことは疑いない．単に与圧部・曝露部・マニピュレータなどのハードウェアのみならず，有人安全にかかわる数多くの基準，試験・運用手順など，ソフトウエア面での収穫もはかりしれないものがある．宇宙ステーションの運用において先駆者であり，多くの実績を有するロシアの技術に触れることができたのも，意義

深いことである。しかし，問題がないわけではない。

　第一は，開発プロジェクトに共通する技術修得のレベルの問題である。すなわち，基準やマニュアルに記載された諸元の理解と実行に止まらず，それらの根拠を与える技術基盤を含めた広範かつ専門性の高い技術の修得がなされたかどうかが問われたとき，十分であったとはいえない状況である。この問題は，きわめて少ない人員で宇宙開発を行っている日本の現状では，宇宙関連者のみでは解決できる問題ではなく，広く大学・学界・企業との連携が重要となる。

　第二のさらに重要なことは，有人宇宙技術は大規模な国家プロジェクトでありシステム技術の典型であるから，習得した技術を維持し発展させるには，つぎのチャレンジングな国家プロジェクトが不可欠であることである。大規模システムの成功には，管理者・技術者・技能者・研究者など広範な人材とともに製作・試験設備の維持と向上，全体モラルを高揚するタイムリーな実証実験などが継続的に実施されなければならない。国際宇宙ステーション計画参加により習得した広範な分野にわたる技術を生かすべきつぎのプロジェクトが設定されていないため，ISS定常運用に必須の人材が他の分野に分散するなど由々しい問題が生じつつある。

　第三の重要課題は，有人宇宙システムが一品生産の典型であり，大量生産指向に限定された日本の社会体制に適合しなくなっている傾向である。高度技術は，もともと単品生産と試作試験から始まるものであり，これまでの日本の技術基盤は明治以来の遺産として残されてきた試作試験能力に依存してきた。経済状況の悪化に伴って，このような基盤が弱体化しつつある現状において，つぎのステップの有人宇宙へのチャレンジは，伝統ある技術基盤を強化するのに役立つと同時に多くの高度技術者の雇用を生み出すことは疑いない。幸いにして，H–IIAロケットは本格的運用段階に入り，これを利用した軌道上サービス機HTVの開発も進み，次世代宇宙輸送システムの検討も行われている。

　有人宇宙輸送システムを含めたトータルかつ自律性の高い有人宇宙インフラストラクチャ構想を練り上げ，その実現に必要な技術ロードマップを描くことが急務である。

最後に，国際宇宙ステーション ISS の利用計画の問題がある。度重なるスケジュールの遅延により，多くの科学者・技術者・開発関係者を失望させてきたことは隠しようもない事実である。しかし，2008 年ごろまでには，定期的な補給運用と宇宙飛行士の行き来が日常的となり，本格的な ISS の利用が現実のものとなる。このような段階になってから急に宇宙環境利用の本格的な研究を立ち上げても間に合わない。国際的な利用公募への積極的な参加を勇気づけ，日本独自の利用推進策を強化するとともに，ISS 定常運用までのかなり長期間における簡便な宇宙実験・宇宙実証の機会を飛躍的に増加させる政策が強く望まれる。

国際宇宙ステーションへ参加したことにより日本技術のプライドを世界に示す日がくるのも間近である。広範な人々が宇宙ステーションの意義を理解するうえで，本書がいささかなりとも役立つことを念じて止まない。

最後に，本書の実現には多くの方々の協力があったことを付記して御礼に代えたい。特に，関連資料の収集と整理にお骨折りいただいた元宇宙開発事業団の若生義人さん，宇宙航空研究開発機構の木村　創さんほかの皆さん，辛抱強く原稿完成を待っていただいたコロナ社の皆さんに心から感謝いたします。

索　　引

【あ】

アグニュウ報告　　　　　　6
アドバンスト訓練　　185, 192
アポロ計画　　　　　　　　4
アポロ・ソユーズ試験
　プログラム　　　　　　　9
アルファジンバル　　　　　44
安全・開発保証　　　　　213
安全管理　　　　　　　　213

【い】

一次電源系　　　　　　　43
移動型支援システム　　　67
移動台車　　　　　　　　71
インクリメント　　　　　132
インクリメント固有訓練
　　　　　　　185, 192, 193
インタフェース熱交換器
　　　　　　　　　　　　54

【う】

ヴォズドフ　　　　　　　59
宇宙環境計測ミッション
　　　　　　　　　　　177
宇宙ステーション管理
　会議　　　　　　　　　23
宇宙ステーション計画
　の再構築　　　　　　　25
宇宙ステーション補給機
　　　　　　　　　　　　92
宇宙生理学　　　　　　　8
宇宙飛行士の運用訓練　192

宇宙服　　　　　　　　　79
運用管理会議　　　　　138

【え】

衛星間通信システム　　109
エレクトロン　　　　　　58

【お】

欧州ロボットアーム　　　67
応用化研究利用　　　　168
音声系　　　　　　　　　99
音声端末装置　　　　　　48
温度勾配炉　　　　　　169
温度・湿度制御系　　　　60

【か】

回転ハンドコントローラ
　　　　　　　　　　　　70
概念開発作業グループ　90
火災探知と消火　　　　　61
画像取得処理装置　　　174
カタストロフィック
　ハザード　　　　　　109
環境衛生システム　　　　88
環境制御系　　　　　　105
環境制御と生命維持
　システム　　　　　　　57

【き】

技術開発研究　　　　　166
技術試験モデル　　　　115
基礎訓練　　　　185, 186
軌道上保全　　　　　　87

軌道上保全単位　　　　139
軌道面垂直X軸姿勢　　　66
きぼう　　　　　　　　　22
きぼうロボットアーム　　67
基本エンドエフェクタ　　73
基本設計　　　　　　　　91
基本設計審査　　　　　　25
キューポラ　　　　　　　68
共通結合機構　　　77, 78
共通結合システム　　　　77
共通実験装置　　　　　168
共同エアロック　　　　　82
局所的垂直/局所的水平
　姿勢　　　　　　　　　64

【く】

空気再生系　　　　　　　59
組立て完了　　　　　　　24
クリティカルアイテム
　の識別　　　　　　　215
クリティカルハザード　110
クリーンベンチ　　　　173
クルーインタフェース
　検証　　　　　　　　113
クロスストラップ　　　　45

【け】

計画検討会議　　　　　204
計画調整委員会　　　　204
警告・警報　　　　　　　41
警告・警報機能　　　　　39
携帯用緊急設備　　　　　85
減圧症　　　　　　　　　83

索引

健康維持システム　　　88
健康管理プログラム　　196

【こ】

構造・機構系　　　　　104
高速/中速データ伝送系　99
国際宇宙ステーション　　28
国際パートナ　　　　　128
国際標準ラック　　　　134
故障モードおよび影響
　解析　　　　　　　　215
コスト管理　　　　　　208
コマンドおよびデータ
　処理系　　　　　　　 38
コロンバス計画　　　　 22
コントロール・モーメント
　ジャイロ　　　　　　 63

【さ】

再生形熱交換器　　　　 54
細胞培養装置　　　　　172
材料管理　　　　　　　217
サリュート　　　　　　 13

【し】

指向制御・支援システム
　　　　　　　　　　　 62
事後保全　　　　　　　140
システム運用パネル　　204
システム設計審査　　　 28
システム要求審査　　23, 28
実験支援系　　　　　　106
実験モジュール　　　　 22
実時間運用　　　　　　138
実時間運用管制　　　　138
シャトル・ミール計画　　 9
車輪形宇宙ステーション
　構想　　　　　　　　　3
主生命維持システム　　 79
受動熱制御系　　　　　 50

商業宇宙センター　　　161
商業利用　　　　　　　162
詳細運用計画　　　　　136
詳細設計　　　　　　　 92
初期外部熱制御系　　　 54
人工重力発生装置　　　119
人工重力発生装置搭載
　モジュール　　　　　119
信頼性管理　　　　　　215

【す】

スカイラブ　　　　　　　6
スペースハブ　　　　　 12
スペースラブ　　　　　 10

【せ】

政府間協定　　　　　　 24
生命科学グローブ
　ボックス　　　　　　119
設計の見直し　　　　　 27
船外宇宙活動　　　　　　8
船外活動　　　　　　　 78
船外活動スーツ　　　　 48
船外実験プラットホーム
　　　　　　　　　　　 93
船外パレット　　　　　 93
全天X線監視ミッション
　　　　　　　　　　　175
先導的応用化研究制度　162
船内実験室　　　　　　 93
船内保管庫　　　　　　 93

【そ】

ソフトウェアの安全・
　開発保証管理　　　　218
ソユーズTM　　　　　149

【た】

第一段階設計審査　　　 28
大気制御・供給系　　　 58

多国間調整委員会　　　134
多層断熱材　　　　　　 51
多目的補給モジュール　 23

【ち】

地球および宇宙科学　　166
中温ループ　　　　　　 53
超伝導サブミリ波リム
　放射サウンダ　　　　177
直流-直流交換器　　　　 45

【つ】

追跡・データ中継衛星　 47
通信および追跡システム
　　　　　　　　　　　 46
通信制御系　　　　　　 99

【て】

低圧環境適応訓練設備　189
低温ループ　　　　　　 53
低速データ伝送系　　　 99
データ中継技術衛星　　109
デブリ防護板　　　　　 75
電力系　　　　　　　　 99

【と】

統合運用・利用計画　　135
搭乗員運用パネル　　　204
搭乗員健康管理システム
　　　　　　　　　　　 87
特殊目的精密マニピュ
　レータ　　　　　　　 71
ドーナツ形宇宙ステー
　ション構想　　　　　　3
トラス構造　　　　　　 78
トラスセグメント組立て
　システム　　　　　　 77
トラニオン　　　　　　 75
トラヒックモデル　　　142
トルク平衡姿勢　　　　 64

索引

【な】

内部オーディオサブ
　システム　　　　　　　47
内部熱制御系　　　　　　53

【に】

二酸化炭素除去装置　　　59
二次電源系　　　　　　　45

【ね】

熱制御系　　　　　　　 101

【の】

能動式ラック制振装置　108
能動熱制御系　　　 50, 52

【は】

バイオテクノロジー　　164
ハイブリッド結合
　システム　　　　　　　77
曝露部　　　　　　　　　93
ハザード　　　　　　　109

【ひ】

微小重力応用プロジェクト
　　　　　　　　　　　162
微小重力科学　　　　　163
微小重力環境　　　　　157
ビデオ系　　　　　　　　99
ビデオ配布サブシステム
　　　　　　　　　　　　49
ヒューストンのミッション
　管制センター　　　　　47
非与圧補給キャリヤ　　141
評価タスクチーム　　　　24
品質管理　　　　　　　217

【ふ】

フライトクルーシステム
　　　　　　　　　　　　85
フライトディレクタ　　133
プラズマコンタクター
　ユニット　　　　　　　45
ブルーリボンパネル　　　27
プログラム要求審査　　　24
プログレス　　　　　　148
プロトフライトモデル　115
プロトンロケット　　　147

【へ】

米国宇宙評議会　　　　　25
閉鎖環境適応訓練設備　183
閉鎖空間　　　　　　　222
閉鎖生活空間　　　　　222
閉鎖生態系　　　　　　222
並進ハンドコントローラ
　　　　　　　　　　　　69
ペイロード運用統合
　センター　　　　　　135
ベータジンバル　　　　　44

【ほ】

訪問滞在形　　　　　　224
補給部曝露区　　　　　　93
補給部与圧区　　　　　　93
保全性管理　　　　　　216

【ま】

マーキュリー計画　　　　 4
マニピュレータ　　　　　93
マランゴニ効果　　　　163

【み】

水回収・管理系　　　　　60
ミッション要求作業
　グループ　　　　　　　90
ミール　　　　　　　　　15

【む】

無重量環境試験設備
　　　　　　　　 114, 190

【も】

モジュール間換気　　　　60
モスクワのミッション
　管制センター　　　　　47

【ゆ】

有人軌道研究所　　　　　 4
有人軌道実験室　　　　　 5
有人支援機能　　　　　　20
有人支援能力　　　　　　25
誘導・航法・制御系　　　61

【よ】

与圧構造　　　　　　　　74
与圧部　　　　　　　　　93
溶液/たんぱく質結晶
　成長実験装置　　　　172
予備設計　　　　　　　　91
予備設計（フェーズ B）　23
予防システム　　　　　　88
予防保全　　　　　　　140

【ら】

ライフサイエンス　　　165
ラップトップコンピュータ
　　　　　　　　　　　　39
ラボクレイドルアセンブリ
　　　　　　　　　　　　77

【り】

リスク管理　　　　　　212
リデザイン　　　　　　　27
リフェージング　　　　　24
リブースト　　　　　　142
リフレッシャー訓練

		186, 192	【ろ】		ロボットワークステーション	68
流体物理実験装置	169	漏洩試験	115	ロボティクス検証	114
了解覚え書き	200	ロシアンアルファ	28		
利用者運用パネル	204	ロボットアーム	93		
両性形結合システム	77				

【A】		【D】		GPS	62
AAA	60	DDCU	45	【H】	
AC	24	DRTS	109	HTV	49, 92, 149
ARIS	108	【E】		【I】	
ASI	30	ECLSS	57	ICS	92, 109
ASTP	9	EETCS	54	IDR＃1	28
ATCS	50, 52	EF	93	IDRD	136
ATU	48	ELM-ES	93	IFHX	54
ATV	49, 150	ELM-PS	93	IGA	24
ATV 管制センター	153	EM	115	IMV	60
ATVCC	153	EMU	48, 79	IP	128
【B】		ERA	67	ISPDR	25
BEE	73	ESA	23	ISPR	94
BIT/BITE	69	EVA 運用	83	ISS	28
【C】		EVA 救助簡易支援装置	80	ISS 運用システム	153
CAM	119	EVA 検証	114	ISS 管制センター	134
CDG	90	EVA 保全	140	ISS・きぼう利用推進委員会	178
C & DH	38	EVR	88	ITCS	53
CDRA	59	EVR 保全	140	IVA	88
CHeCS	87	【F】		IVA 保全	139
CIL	215	FCS	85	【J】	
CMG	63	FDGF	69	JEM	22
COUP	135	FEL	27	——の宇宙飛行士運用訓練システム	193
CR	119	FMEA	215		
CSA	25	FRGF	69	JEM 搭載衛星間通信装置	92
CSC	161	FSA	28	JEMRMS	67
C & T	46	【G】		JPR/PMR	204
C & W	39, 41	GLONASS	62		
		GNC システム	61		

索引

【K】

Ku バンドサブシステム	50

【L】

LEE	68
LOS	48
LSG	119
LTL	53
LVLH	64

【M】

MAP	162
MAXI	175
MCC-H	47, 63
MCC-M	47, 63
MCOP	204
MIL-STD-1553 B バス	42
MLI	51
MMT	138
MOL	5
MORL	4
MOU	200
MRWG	90
MSS	67
MT	71
MTC	20, 25
MTL	53
MUF	168

【N】

NSC	25

【O】

Orlan 宇宙服	79
Orlan-M	80
ORU	72

【P】

PCC	204
PCU	45
PDR	25
PFM	115
PLSS	79
PM	93
PMC	27
PRR	24
PTCS	50

【R】

RHC	70
RHX	54
RMS	93
RSA	28
RWS	68

【S】

S バンドサブシステム	48
SAFER	80
SDR	28
SEDA-AP	177
S & MA	213
SMILES	177
SOC	20
SOP	80, 204
S & PA	213
SPDM	71
SPR	134
SRR	23, 28

【T】

TDRS	47
TEA	64
THC	69

【U】

UHF サブシステム	49
UOP	204

【W】

WETS	114

【X】

XPOP	66

【Z】

ZOE	50

―― 著者略歴 ――

狼　　嘉彰（おおかみ　よしあき）
- 1963 年　早稲田大学理工学部応用物理学科卒業
- 1968 年　東京工業大学大学院修了　工学博士（東京工業大学）
- 1968〜92 年　航空宇宙技術研究所勤務
- 1992 年　東京工業大学教授
- 1999 年　宇宙開発事業団勤務
- 2000 年　慶應義塾大学教授　現在に至る

冨田　信之（とみた　のぶゆき）
- 1960 年　東京大学工学部航空学科卒業
- 1960 年　新三菱重工業(株)（現三菱重工業(株)）勤務
- 1994 年　博士（工学）（東京工業大学）
- 1995 年　武蔵工業大学教授　現在に至る

堀川　　康（ほりかわ　やすし）
- 1968 年　東京大学工学部電子工学科卒業
- 1973 年　東京大学大学院工学系研究科博士課程修了（電子工学専攻）　工学博士（東京大学）
- 1973 年　宇宙開発事業団勤務
- 2003 年　宇宙航空研究開発機構勤務　現在に至る

白木　邦明（しらき　くにあき）
- 1969 年　九州工業大学工学部機械工学科卒業
- 1969 年　日本航空機製造(株)
- 1972 年　宇宙開発事業団勤務
- 1978 年　米国カリフォルニア工科大学大学院応用力学修士課程修了
- 2000 年　博士（工学）（九州大学）
- 2003 年　宇宙航空研究開発機構勤務　現在に至る

宇宙ステーションと支援技術
Space Stations and Supporting Technologies
© Ohkami, Tomita, Horikawa, Shiraki 2004

2004 年 10 月 8 日　初版第 1 刷発行

|検印省略|

著　者　狼　　　嘉　　彰
　　　　冨　田　信　　之
　　　　堀　川　　　康
　　　　白　木　邦　　明
発行者　株式会社　コロナ社
　　　　代表者　牛来辰巳
印刷所　壮光舎印刷株式会社

112-0011　東京都文京区千石 4-46-10
発行所　株式会社　コロナ社
CORONA PUBLISHING CO., LTD.
Tokyo　Japan
振替 00140-8-14844・電話(03)3941-3131(代)
ホームページ　http://www.coronasha.co.jp

ISBN 4-339-01227-0　（高橋）　（製本：染野製本所）
Printed in Japan

無断複写・転載を禁ずる
落丁・乱丁本はお取替えいたします

機械系 大学講義シリーズ

(各巻A5判)

■編集委員長　藤井澄二
■編集委員　臼井英治・大路清嗣・大橋秀雄・岡村弘之
　　　　　　黒崎晏夫・下郷太郎・田島清灝・得丸英勝

配本順		著者	頁	定価
1. (21回)	材料力学	西谷弘信著	190	2415円
3. (3回)	弾性学	阿部・関根共著	174	2415円
4. (1回)	塑性学	後藤學著	240	3045円
6. (6回)	機械材料学	須藤一著	198	2625円
9. (17回)	コンピュータ機械工学	矢川・金山共著	170	2100円
10. (5回)	機械力学	三輪・坂田共著	210	2415円
11. (24回)	振動学	下郷・田島共著	204	2625円
12. (2回)	機構学	安田仁彦著	224	2520円
13. (18回)	流体力学の基礎（１）	中林・伊藤・鬼頭共著	186	2310円
14. (19回)	流体力学の基礎（２）	中林・伊藤・鬼頭共著	196	2415円
15. (16回)	流体機械の基礎	井上・鎌田共著	232	2625円
16. (8回)	油空圧工学	山口・田中共著	176	2100円
17. (13回)	工業熱力学（１）	伊藤・山下共著	240	2835円
18. (20回)	工業熱力学（２）	伊藤猛宏著	302	3465円
19. (7回)	燃焼工学	大竹・藤原共著	226	2835円
21. (14回)	蒸気原動機	谷口・工藤共著	228	2835円
23. (23回)	改訂 内燃機関	廣安・寳諸・大山共著	240	3150円
24. (11回)	溶融加工学	大中・荒木共著	268	3150円
25. (25回)	工作機械工学(改訂版)	伊東・森脇共著	254	2940円
27. (4回)	機械加工学	中島・鳴瀧共著	242	2940円
28. (12回)	生産工学	岩田・中沢共著	210	2625円
29. (10回)	制御工学	須田信英著	268	2940円
31. (22回)	システム工学	足立・酒井・髙橋・飯國共著	224	2835円

以下続刊

5.	材料強度	大路・中井共著	7. 機械設計	北郷薫他著
20.	伝熱工学	黒崎・佐藤共著	22. 原子力エネルギー工学	有冨・斉藤共著
26.	塑性加工学	中川威雄他著	30. 計測工学	土屋喜一他著
32.	ロボット工学	内山勝著		

定価は本体価格＋税5％です。
定価は変更されることがありますのでご了承下さい。

図書目録進呈◆

システム制御工学シリーズ

(各巻A5判)

■**編集委員長** 池田雅夫
■**編集委員** 足立修一・梶原宏之・杉江俊治・藤田政之

配本順		著者	頁	定価
1.(2回)	システム制御へのアプローチ	大須賀公二・足立修二 共著	190	2520円
2.(1回)	信号とダイナミカルシステム	足立修一 著	216	2940円
3.(3回)	フィードバック制御入門	杉江俊治・藤田政之 共著	236	3150円
4.(6回)	線形システム制御入門	梶原宏之 著	200	2625円
5.(4回)	ディジタル制御入門	萩原朋道 著	232	3150円
7.(7回)	システム制御のための数学(1) －線形代数編－	太田快人 著	266	3360円
12.(8回)	システム制御のための安定論	井村順一 著	250	3360円
13.(5回)	スペースクラフトの制御	木田隆 著	192	2520円
14.(9回)	プロセス制御システム	大嶋正裕 著	206	2730円
15.(10回)	状態推定の理論	内田健康・山中一雄 共著	176	2310円

以下続刊

6. システム制御工学演習	池田雅夫・足立・梶原・杉江・藤田 共編	8. システム制御のための数学(2) －関数解析編－	太田快人 著
9. 多変数システム制御	池田・藤崎 共著	10. ロバスト制御系設計	杉江俊治 著
11. $H\infty/\mu$ 制御系設計	原・藤田 共著	サンプル値制御	早川義一 著
むだ時間・分布定数系の制御	阿部・児島 共著	信号処理	
行列不等式アプローチによる制御系設計	小原敦美 著	適応制御	宮里義彦 著
非線形制御理論	三平満司 著	ロボット制御	横小路泰義 著
線形システム解析	汐月哲夫 著	ハイブリッドシステムの解析と制御	潮・井村・増淵 共著
システム動力学と振動制御	野波健蔵 著		

定価は本体価格+税5%です。
定価は変更されることがありますのでご了承下さい。

図書目録進呈◆

メカトロニクス教科書シリーズ

（各巻A5判）

■編集委員長　安田仁彦
■編集委員　末松良一・妹尾允史・高木章二
　　　　　　藤本英雄・武藤高義

配本順			頁	定価
1.（4回）	メカトロニクスのための **電子回路基礎**	西堀賢司著	264	3360円
2.（3回）	メカトロニクスのための **制御工学**	高木章二著	252	3150円
3.（13回）	**アクチュエータの駆動と制御（増補）**	武藤高義著	200	2520円
4.（2回）	**センシング工学**	新美智秀著	180	2310円
5.（7回）	**CADとCAE**	安田仁彦著	202	2835円
6.（5回）	**コンピュータ統合生産システム**	藤本英雄著	228	2940円
8.（6回）	**ロボット工学**	遠山茂樹著	168	2520円
9.（11回）	**画像処理工学**	末松良一・山田宏尚共著	238	3150円
10.（9回）	**超精密加工学**	丸井悦男著	230	3150円
11.（8回）	**計測と信号処理**	鳥居孝夫著	186	2415円
14.（10回）	**動的システム論**	鈴木正之他著	208	2835円
16.（12回）	メカトロニクスのための **電磁気学入門**	高橋裕著	232	2940円

以 下 続 刊

7. **材料デバイス工学**　妹尾・伊藤共著
13. **光工学**　羽根一博著
12. **人工知能工学**　古橋・鈴木共著
15. メカトロニクスのための **トライボロジー入門**　田中・川久保共著

定価は本体価格+税5%です。
定価は変更されることがありますのでご了承下さい。

図書目録進呈◆

宇宙工学シリーズ

（各巻A5判）

■編集委員長　髙野　忠
■編集委員　狼　嘉彰・木田　隆・柴藤羊二

			頁	定価
1.	宇宙における電波計測と電波航法	髙野・佐藤 共著 柏本・村田	266	3990円
2.	ロケット工学	松尾 弘毅 監修 柴藤羊二 共著 渡辺篤太郎	254	3675円
3.	人工衛星と宇宙探査機	木田　隆 小松 敬治 共著 川口淳一郎	276	3990円
4.	宇宙通信および衛星放送	髙野・小川・坂庭 共著 小林・外山・有本	286	4200円
5.	宇宙環境利用の基礎と応用	東　久　雄 編著	242	3465円
6.	気　球　工　学 　成層圏および惑星大気に　 　浮かぶ科学気球の技術	矢島・井筒 共著 今村・阿部	222	3150円
7.	宇宙ステーションと支援技術	狼　・冨田 共著 堀川・白木	260	3990円

以　下　続　刊

宇宙からのリモートセンシング　髙木　幹雄監修
　　　　　　　　　　　　　　　増子・川田共著

定価は本体価格+税5％です。
定価は変更されることがありますのでご了承下さい。

図書目録進呈◆